绿色丝绸之路资源环境承载力国别评价与适应策略

绿色丝绸之路：
人居环境适宜性评价

封志明 李 鹏 游 珍 等 著

科学出版社
北京

内 容 简 介

　　本书从区域概况和人口分布着手，介绍了地形起伏度与地形适宜性、温湿指数与气候适宜性、水文指数与水文适宜性、地被指数与地被适宜性、人居环境指数与人居环境适宜性，建立了一整套由分类到综合的人居环境适宜性评价技术方法体系，从公里格网到国家和地区，定量揭示了绿色丝绸之路沿线国家和地区的人居环境适宜性与限制性及其地域特征。

　　本书可供从事人口、资源、环境与发展研究和区域发展与世界地理研究等主题的科研人员、管理人员和研究生等查阅参考。

审图号：GS（2022）2825 号

图书在版编目（CIP）数据

绿色丝绸之路：人居环境适宜性评价/封志明等著. —北京：科学出版社，2022.12
　ISBN 978-7-03-070177-0

　Ⅰ.①绿…　Ⅱ.①封…　Ⅲ. ①丝绸之路–生态环境保护–研究
Ⅳ. ①X321.2

　中国版本图书馆 CIP 数据核字(2021)第 215205 号

责任编辑：石　珺　李嘉佳 / 责任校对：郝甜甜
责任印制：吴兆东 / 封面设计：蓝正设计

科 学 出 版 社 出版
北京东黄城根北街 16 号
邮政编码：100717
http://www.sciencep.com

北京建宏印刷有限公司 印刷
科学出版社发行　　各地新华书店经销
*
2022 年 12 月第 一 版　　开本：787×1092　1/16
2022 年 12 月第一次印刷　　印张：14 1/2
字数：341 000
定价：152.00 元
(如有印装质量问题，我社负责调换)

"绿色丝绸之路资源环境承载力国别评价与适应策略"

编辑委员会

主　任　　封志明

副主任　　杨艳昭　甄　霖　杨小唤　贾绍凤　闫慧敏

编　委　（按姓氏汉语拼音排序）

蔡红艳　曹亚楠　付晶莹　何永涛　胡云锋

黄　翀　黄　麟　李　鹏　吕爱锋　王礼茂

肖池伟　严家宝　游　珍

序

　　"一带一路"是中国国家主席习近平提出的新型国际合作倡议，为全球治理体系的完善和发展提供了新思维与新选择，成为沿线各国携手打造人类命运共同体的重要实践平台。气候和环境贯穿人类与人类文明的整个发展历程，是"一带一路"倡议重点关注的主题之一。由于沿线地区具有复杂多样的地理、地质、气候条件、差异巨大的社会经济发展格局、丰富的生物多样性，以及独特但较为脆弱的生态系统，因而"一带一路"建设必须贯彻新发展理念，走生态文明之路。

　　当今气候变暖影响下的环境变化是人类普遍关注和共同应对的全球性挑战之一。以青藏高原为核心的"第三极"和以"第三极"及向西扩展的整个欧亚高地为核心的"泛第三极"正在由于气候变暖而发生重大环境变化，成为更具挑战性的气候环境问题。首先，这个地区的气候变化幅度远大于周边其他地区；其次，这个地区的环境脆弱，生态系统处于脆弱的平衡状态，气候变化引起的任何微小环境变化都可能引起区域性生态系统的崩溃；最后，也是最重要的，这个地区是连接亚欧大陆东西方文明的交汇之路，是2000多年来人类命运共同体的连接纽带，与"一带一路"建设范围高度重合。因此，"第三极"和"泛第三极"气候环境变化同"一带一路"建设密切相关，深入研究"泛第三极"地区气候环境变化，解决重点地区、重点国家和重点工程相关的气候环境问题，将为打造绿色、健康、智力、和平的"一带一路"提供坚实的科技支持。

　　中国政府高度重视"一带一路"建设中的气候与环境问题，提出要将生态环境保护理念融入绿色丝绸之路的建设中。2015年3月，中国政府发布的《推动共建丝绸之路经济带和21世纪海上丝绸之路的愿景与行动》明确提出，"在投资贸易中突出生态文明理念，加强生态环境、生物多样性和应对气候变化合作，共建绿色丝绸之路"。2016年8月，在推进"一带一路"建设的工作座谈会上，习近平总书记强调，"要建设绿色丝绸之路"。2017年5月，《"一带一路"国际合作高峰论坛圆桌峰会联合公报》提出，"加强环境、生物多样性、自然资源保护、应对气候变化、抗灾、减灾、提高风险管理能力、促进可再生能源和能效等领域合作"，实现经济、社会、环境三大领域的综合、平衡、可持续发展。2017年8月，习近平总书记在致第二次青藏高原综合科学考察研究队的贺信中，特别强调了聚焦水、生态、人类活动研究和全球生态环境保护的重要性与紧迫性。

　　2009年以来，中国科学院组织开展了"第三极环境"（Third Pole Environment，TPE）国际计划，联合相关国际组织和国际计划，揭示了"第三极"地区气候环境变化及其影

响，提出了适应气候环境变化的政策和发展战略建议，为各级政府制定长期发展规划提供了科技支撑。中国科学院深入开展了"一带一路"建设及相关规划的科技支撑研究，同时在丝绸之路沿线国家建设了 15 个海外研究中心和海外科教中心，成为与丝绸之路沿线国家开展深度科技合作的重要平台。2018 年 11 月，中国科学院牵头成立了"一带一路"国际科学组织联盟（ANSO），首批成员包括近 40 个国家的国立科学机构和大学。2018 年 9 月中国科学院正式启动了 A 类战略性先导科技专项"泛第三极环境变化与绿色丝绸之路建设"（简称"丝路环境"专项）。"丝路环境"专项将聚焦水、生态和人类活动，揭示"泛第三极"地区气候环境变化规律和变化影响，阐明绿色丝绸之路建设的气候环境背景和挑战，提出绿色丝绸之路建设的科学支撑方案，为推动"第三极"地区和"泛第三极"地区可持续发展、推进国家和区域生态文明建设、促进全球生态环境保护做出贡献，为"一带一路"沿线国家生态文明建设提供有力支撑。

"丝路环境报告和专著"系列是"丝路环境"专项重要成果的表现形式之一，将系统地展示"第三极"和"泛第三极"气候环境变化与绿色丝绸之路建设的研究成果，为绿色丝绸之路建设提供科技支撑。

中国科学院原院长、原党组书记

2019 年 3 月

前　言

本书是中国科学院 A 类战略性先导科技专项"泛第三极环境变化与绿色丝绸之路建设"（简称"丝路环境"专项）课题"绿色丝绸之路资源环境承载力国别评价与适应策略"的主要研究成果之一。人居环境适宜性评价（Suitability Assessment of Human Settlements, SAHS）是从地形、气候、水文、植被与土地利用/覆被等自然适宜性出发，旨在从分类到综合定量揭示资源环境基础对区域人口分布的适宜性与适宜程度、限制性与限制程度。

本书从区域概况和人口分布着手，由地形起伏度与地形适宜性、温湿指数与气候适宜性、水文指数与水文适宜性、地被指数与地被适宜性，到人居环境指数与人居环境适宜性，建立了一整套由分类到综合的人居环境适宜性评价技术方法体系，由公里格网到国家和地区，定量揭示绿色丝绸之路沿线 65 个国家和地区（包括中国）的人居环境适宜性与限制性及其地域特征，试图为促进人口分布与人居环境相适应提供科学依据和决策支持。

本书共 8 章。第 1 章"绪论"，扼要说明研究背景、研究内容与主要结论。第 2 章"区域自然地理与社会经济概况"，主要从自然地理条件与社会经济状况等方面分析绿色丝绸之路及蒙俄、东南亚、南亚、中亚、西亚中东、中东欧六大地区的基本状况。第 3 章"人口集疏特征与地域分布格局"，采用基尼系数和人口集聚度定量揭示 2015 年沿线国家和地区人口集疏格局，并进一步分析绿色丝绸之路沿线国家和地区人口城市化水平与国别差异。第 4 章"地形起伏度与地形适宜性"，基于地形起伏度完成绿色丝绸之路沿线国家和地区的地形适宜性评价与适宜性分区，定量揭示不同国家和地区的人居环境地形适宜性。第 5 章"温湿指数与气候适宜性"，基于温湿指数完成沿线国家和地区的气候适宜性评价与适宜性分区，定量揭示不同国家和地区的人居环境气候适宜性。第 6 章"水文指数与水文适宜性"，基于水文指数完成沿线国家和地区的水文适宜性评价与适宜性分区，定量揭示不同国家和地区的人居环境水文适宜性。第 7 章"地被指数与地被适宜性"，基于地被指数完成了地被适宜性评价与适宜性分区，定量揭示不同国家和地区的人居环境地被适宜性。第 8 章"人居环境综合评价与适宜性分区"，基于地形适宜性、气候适宜性、水文适宜性与地被适宜性构建人居环境指数模型，完成绿色丝绸之路沿线国家和地区的人居环境适宜性评价与适宜性分区，定量揭示不同国家和地区的人居环境适宜性与限制性。

　　本书由课题负责人封志明拟定大纲、组织编写，全书统稿、审定由封志明、李鹏和游珍负责完成。各章执笔人如下：第1章，封志明、李鹏、游珍；第2章，郑方钰、杨艳昭；第3章，尹旭、游珍；第4章，肖池伟、封志明；第5章，林裕梅、封志明；第6章，李文君、李鹏；第7章，祁月基、李鹏；第8章，李鹏、封志明、游珍；附图由李鹏、游珍负责编绘。读者有任何问题、意见和建议欢迎写邮件反馈到 fengzm@igsnrr.ac.cn 或 lip@igsnrr.ac.cn，作者会认真考虑、及时修正。

　　本书的编写和出版，得到了课题承担单位中国科学院地理科学与资源研究所的全额资助和大力支持，在此表示衷心感谢。要特别感谢课题组的诸位同仁：杨小唤、甄霖、贾绍凤、刘高焕、闫慧敏、蔡红艳、黄翀、付晶莹、胡云锋等。没有大家的支持和帮助，就不可能出色地完成任务；也要感谢科学出版社的石珺编辑，没有她的大力支持和认真负责，就不可能及时出版这一科技专著。

　　最后，希望本书的出版，能为"一带一路"倡议实施和绿色丝绸之路建设做出贡献，能为引导人口合理分布、促进人口合理布局提供有益的决策支持和积极的政策参考。

封志明
2020 年 9 月 10 日

中 文 摘 要

《绿色丝绸之路：人居环境适宜性评价》（*Green Silk Roads: Suitability Assessment of Human Settlements*）是中国科学院"丝路环境"专项课题"绿色丝绸之路资源环境承载力国别评价与适应策略"的主要研究成果之一。绿色丝绸之路人居环境适宜性评价是资源环境承载力综合评价的一项基础性、应用性的研究工作，旨在透过地形、气候、水文、地被等自然因素进行人居环境适宜性评价，从公里格网到国家尺度、由分类到综合，定量揭示不同国家和地区的人居环境适宜性与限制性，为促进区域人口分布与人居环境相适应提供科学依据和决策支持。

本书共 8 章。全书从区域概况和人口分布着手，由地形起伏度与地形适宜性、温湿指数与气候适宜性、水文指数与水文适宜性、地被指数与地被适宜性到人居环境指数与人居环境适宜性分区；由分类到综合、由公里格网到国家和地区，定量揭示绿色丝绸之路沿线 65 个国家和地区（包括中国）的人居环境适宜性与限制性及其地域特征。

（1）基于地形起伏度（**Relief Degree of Land Surface, RDLS**）的地形适宜性评价（Suitability Assessment of Topography，SAT），主要数据源为先进星载热发射和反射辐射仪全球数字高程模型（Advanced Spaceborne Thermal Emission and Reflection Radiometer Global Digital Elevation Model，ASTER GDEM，2015 年），相应参数为平均海拔、相对高差与平地比例。

（2）基于温湿指数（**Temperature-Humidity Index, THI**）的气候适宜性评价（Suitability Assessment of Climate，SAC），主要数据源为沿线国家气象站点多年（1980～2017 年）月相对湿度统计值。基于 GIS 利用协同克里金插值生产多年月相对湿度栅格产品。瑞士联邦研究所地球陆表高分辨率气候数据（The Climatologies at High Resolution for the Earth's Land Surface，CHELSA）提供了 1979～2013 年多年月平均气温（空间分辨率为 1km，地理坐标系 WGS-84）。

（3）基于水文指数（地表水丰缺指数 Land Surface Water Abundance Index, LSWAI）的水文适宜性评价（Suitability Assessment of Hydrology，SAH），主要数据源为沿线国家气象站点多年月平均降水统计值与中分辨率成像光谱仪（Moderate-resolution Imaging Spectroradiometer，MODIS）MOD13A1 数据产品（2013～2017 年），相应参数为经过协同克里金插值产生的多年月平均降水与 MODIS 地表水分指数（Land Surface Water Index, LSWI）栅格产品。

（4）基于地被指数（Land Cover Index, LCI）的地被适宜性评价（Suitability Assessment of Vegetation，SAV），主要数据源为 MOD13A1 归一化植被指数（Normalized Difference Vegetation Index, NDVI）产品与全球土地覆被产品（2017 年），相应参数为 MODIS NDVI 与土地覆被类型（含权重）。

（5）基于人居环境指数的人居环境适宜性评价与适宜性分区，是在地形适宜性评价与适宜性分区、气候适宜性评价与适宜性分区、水文适宜性评价与适宜性分区、地被适宜性评价与适宜性分区的基础上，结合 2015 年全球 LandScan 公里格网人口密度数据，通过构建人居环境指数（Human Settlements Index, HSI）模型，并依据人居环境指数和地形、气候、水文与地被等单要素的自然适宜性与限制性因子类型的相关关系，在公里格网层面，基于 GIS 依次划分出：人居环境不适宜地区（Non-Suitability Area, NSA），包括永久不适宜区（Permanent NSA, PNSA）与条件不适宜区（Conditional NSA, CNSA）；临界适宜地区（Critical Suitability Area, CSA），包括限制性临界区（Restrictively CSA, RCSA）与适宜性临界区（Narrowly CSA, NCSA）；适宜地区（Suitability Area, SA），包括一般适宜地区（Low Suitability Area, LSA）、比较适宜地区（Moderate Suitability Area, MSA）与高度适宜地区（High Suitability Area, HSA）。共三大类七小类，依次完成沿线国家和地区的人居环境适宜性分区。

《绿色丝绸之路：人居环境适宜性评价》基本观点和主要结论如下。

（1）基于地形起伏度的地形适宜性评价表明，绿色丝绸之路沿线国家和地区地形以平原为主，海拔 500m 以下地区占 3/5 以上；地形起伏度普遍不高，70%以上地区在 1.0 以下；地形以适宜为主要特征，临界适宜和不适宜地区不足 1/10；99%的人口集中在地形适宜地区，不适宜地区占比不到千分之一。

（2）基于温湿指数的气候适宜性评价表明，绿色丝绸之路沿线国家和地区 1/3 的地区年均温度低于 0℃，近 1/4 的地区高于 20℃；相对湿度南北两端高、中间低，约 2/3 地区高于 60%；温湿指数由低纬向高纬地区递减，45～75 的较为舒适地区占比不足 1/2；半数地区的气候适宜人类常年居住，不适宜地区占 3/10；90%以上的人口集中在气候适宜地区，不适宜地区人口不到 1%。

（3）基于水文指数的水文适宜性评价表明，绿色丝绸之路沿线国家和地区的年均降水 389mm，以干旱、半干旱类型为主；沿线国家年均地表水分指数为 0.34，地域差异显著；沿线国家和地区的水文适宜性以适宜为主要特征，水文不适宜地区约占 1/5；9/10 的人口集中在水文适宜地区，水文不适宜地区人口只占 1/50。

（4）基于地被指数的地被适宜性评价表明，绿色丝绸之路沿线国家和地区土地覆被类型主要为农田、草地和森林；沿线国家和地区归一化植被指数以低值为主，地域差异较大；地被指数以低值为主，人口集中分布在低值地区；地被以适宜为主要特征，不适宜地区占比约 1/4；近 90%的人口集中在地被适宜地区，不适宜地区占比不到 3%。

（5）基于人居环境指数的人居环境适宜性评价表明，绿色丝绸之路沿线国家和地区的人居环境指数均值为 44，中亚、蒙俄地区较低，东南亚、中东欧地区较高；沿线地区的人居环境以适宜或临界适宜两种类型为主,人居环境不适宜地区只占 1/5;占地 2/5 的人居环境适宜地区人口占比近 9/10,人口高度集聚;占地超 1/3 的人居环境临界适宜地区人口占比不足 1/10,人口密度不到人居环境适宜地区的 1/9;占地 1/5 的人居环境不适宜地区相应人口占比不足 1/50,地广人稀,甚至荒无人烟。

Abstract

This monograph titled "Green Silk Roads: Suitability Assessment of Human Settlements" is one of the main outputs of the research project of *Assessment and Adaptive Strategies of Resources and Environmental Carrying Capacity of the Countries along the Green Silk Road*, which is included in the strategic priority research program, namely the *Pan-Third Pole Environment Study for a Green Silk Road* (referred to as the *Silk Road Environment Program* for short) funded by the Chinese Academy of Sciences (CAS). The suitability assessment of human settlements (SAHS) along the Green Silk Road, is a fundamental and applied research work for the aims to comprehensively explore and finish the integrated evaluation of resources and environmental carrying capacity (RECC) of the involved countries and regions in Southeast Asia, South Asia, Central Asia, West Asia and Middle East, Mongolia and Russia, and Central-Eastern Europe, or a total of 65 nations including China. The objectives of SAHS are to quantitatively reveal the suitability and restrictiveness of human settlements in different countries and regions along the road at one kilometer resolution and then downscaling to regional and national scales, with individual suitability assessment (in the aspects of topography, climate, hydrology and vegetation) first and then integrated evaluation of human settlements as the main thread. We attempt to provide scientific basis and decision support for promoting orderly and reasonable distribution of regional population compatible with the corresponding human settlements.

The book consists of eight chapters with nearly 340 thousand words and/or characters. It started from the introduction and analyses of pan-regional biophysical, social and economic backgrounds and population distribution, followed by four parallel 1km-grid calculation work and spatial analysis via ArcGIS 10.x, primarily including the Relief Degree of Land Surface (RDLS) and suitability assessment of topography (SAT), the Temperature-Humidity Index (THI) and suitability assessment of climate (SAC), the Land Surface Water Abundance Index (LSWAI) and suitability assessment of hydrology (SAH), and the Land Cover Index (LCI) and suitability assessment of vegetation (SAV), respectively. With the four essential inputs (RDLS, THI, LSWAI and LCI), the Human Settlements Index (HSI) was established using a weighting method while the weights of the four indicators are calculated using correlation analysis with the population density of LandScan in 2015. According to the resultant 1km pixel-based HSI, three categories and seven sub-categories of the suitability and restrictiveness of human settlements of the countries and regions along the Green Silk Road were spatially defined for the first time. From kilometer-grid to national and pan-regional

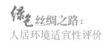
scales, an analysis process of individual first and then integrated assessments was consistently applied to quantitatively investigate and reveal the suitability and restrictiveness of human settlements and their regional to national characteristics of the 65 countries (including China) along the Green Silk Road.

The main research contents of this book include five parts.

First, it is the suitability assessment of topography, or the SAT, based on the RDLS. In this part, the most important data is the second version of Advanced Spaceborne Thermal Emission and Reflection Radiometer (ASTER) Global Digital Elevation Model (GDEM, 30m) launched in 2015. With the resampled ASTER GDEM data products (1km), three necessary parameters including the average elevation, local elevation range and flat ground ratio with an optimum window which were determined using the average change point method, were derived with the ArcGIS 10.x platform (the same below).

Second, it is the suitability assessment of climate, or the SAC, based on the THI. In this part, the most important datasets are the 1979-2013 monthly average temperature from the Climatologies at High Resolution for the Earth's Land Surface provided by Swiss Federal Institute for Forest, Snow and Landscape Research and the meteorological observation data along the Green Silk Road including the statistics of relative humidity collected from the Data Services Center of the National Meteorological Information Center of China during 1980-2017. Then, the Co-Kriging interpolation method was utilized to generate the 1km raster products of relative humidity for the calculation of the THI.

Third, it is the suitability assessment of hydrology, or the SAH, based on the LSWAI. In this part, the most important datasets are the meteorological observation data including the statistics of annual average precipitation during 1980-2017 and Moderate-resolution Imaging Spectroradiometer (MODIS) data products (MOD13A1, 2013-2017) gathered from the Earthdata Platform launched by the National Aeronautics and Space Administration. Similarly, the 1km raster products of precipitation were derived using the Co-Kriging interpolation method. MOD13A1 surface reflectance bands were applied to compute the Land Surface Water Index (LSWI). The LSWAI was then calculated using a weighting method with the same weights for both indicators.

Forth, it is the suitability assessment of vegetation, or the SAV, based on the LCI. In this part, the most important datasets are the MOD13A1 Normalized Difference Vegetation Index (NDVI) during 2013-2017 and global land cover data products (30m) in 2017 provided by the National Science and Technology Infrastructure and the National Earth System Science Data Sharing Service Platform. Both MODIS NDVI and the weighted land cover types which was generated via correlation analysis with LandScan population density in 2015, were finally used to compute the LCI.

Finally, it is the suitability assessment of human settlements, or the SAHS, based on the HSI. With the individual results of the SAT, SAC, SAH and SAV, in combination with the global population density data of LandScan at one kilometer resolution in 2015, through the construction of the HSI model, and based on the relationship between the HSI and the naturally suitable and restrictive factors of topography, climate, hydrology and vegetation, the

Non-Suitability Area (NSA) of human settlements including the Permanent NSA (PNSA) and the Conditional NSA (CNSA), the Critical Suitability Area (CSA) of human settlements including the Restrictively CSA (RCSA) and the Narrowly CSA (NCSA), and the Suitability Area (SA) of human settlements including the Low Suitability Area (LSA), the Moderate Suitability Area (MSA) and the High Suitability Area (HSA), or three categories and seven sub-categories, were spatially zoned along the Green Silk Road accordingly.

Some basic points and main conclusions of this SAHS monograph were obtained and given as follows.

The RDLS-based SAT indicated that: (1) the terrain of the countries and regions along the Green Silk Road is characterized by plains at vared sizes, and the area with elevation below 500m accounts for more than 3/5. (2) The GDEM-derived RDLS is generally not large for the entire region, and more than 70% of the study area is below 1.0. (3) The topography of human settlements is mainly featured by the suitable category, while the critically suitable and unsuitable areas are less than 10%. (4) 99% of the total population in 2015 is highly concentrated in the SA, with less than 1‰ in the NSA.

The THI-based SAC indicated that: (1) the annual average temperature of 1/3 of the regions along the Green Silk Road is lower than zero, while nearly 25% of the study area is greater than 20 °C. (2) The value of relative humidity is high in the northern (such as Mogonlia and Russia) and southern (for example, Southeast Asia) parts but quite low in the central part (including Central Asia and West Asia & Middle East), and about 2/3 of the study area has a relative humidity over 60 percent. (3) The THI decreases obviously from lower to higher latitudes, and the comfortable area with the THI ranging from 45 to 75 accounts for less than 50%. (4) A half of the entire region is the SA, while the NSA also accounts for 30%. (5) More than 90% of the total population is concentrated in the climate-suitable areas, with less than 1% the population in the climate-unsuitable areas.

The LSWAI-based SAH indicated that: (1) the average annual precipitation of the countries and regions along the Green Silk Road is 389 mm, showing the predominant features of arid and semi-arid types. (2) The annual average LSWI in the whole region is low (about 0.34), along with significant regional differences. (3) Countries and regions along the Green Silk Road are mainly characterized by hydrological suitability, and about 20% of them are hydrologically unsuitable. (4) 90% of the total population is concentrated in the hydrologically suitable areas, with merely 2% of the population in the hydrologically unsuitable areas.

The LCI-based SAV indicated that: (1) the land cover types of countries and regions along the Green Silk Road are mainly farmland, grassland and forest. (2) The NDVI of the entire region is in a low level, with large regional differences. (3) The LCI is also in a very low level, and the total population is normally concentrated in these areas. (4) Suitability is the main characteristic in the SAV and 25% of the region is defined as the NSA. (5) Nearly 90% of the total population is concentrated in the SA, and less than 3% of the population lives in the NSA.

The HSI-based SAHS indicated that: (1) the average HSI of countries and regions along

the Green Silk Road is about 44. Central Asia and Mongolia and Russia were featured by lower HSI, while higher values were typically seen in Southeast Asia and Central and Eastern Europe. (2) The countries and regions along the Green Silk Road are mainly SA and/or CSA, while the NSA is slightly over 20%. (3) The SA (over 40%) of human settlements supports nearly 90% of the total population, showing a highly concentrated pattern. (4) The CSA (over 1/3) of human settlements supports less than 10% of the total population, and the corresponding population density is less than 1/9 of the counterpart of the SA. (5) The NSA (slightly over 20%) of human settlements only supports less than 2% of the total population. In other words, there is a very sparse population scattering in the vast but desolate land in the countries and regions along the Green Silk Road.

目　　录

图　目　录

表 目 录

第 1 章　绪　论

绿色丝绸之路沿线国家和地区的人居环境适宜性评价（Suitability Assessment of Human Settlements，SAHS）隶属"绿色丝绸之路资源环境承载力国别评价与适应策略"（XDA20010200）研究课题，是中国科学院战略性先导科技专项（A 类）"泛第三极环境变化与绿色丝绸之路建设"（简称"丝路环境"专项）下设课题的重要研究内容之一。绿色丝绸之路沿线国家和地区的人居环境适宜性评价是一项兼具基础性、应用性的研究工作。本书是绿色丝绸之路沿线国家和地区的人居环境适宜性评价研究成果的综合反映和集成表达。本章将扼要阐明研究背景、科技专著内容和主要结论。

1.1　研究背景与研究目的

1.1.1　研究背景

1."一带一路"是实现区域协同发展与世界共同繁荣的国际合作平台

2013 年 9 月和 10 月，中国国家主席习近平在出访中亚和东南亚国家期间，先后提出共建"丝绸之路经济带"和"21 世纪海上丝绸之路"（即"一带一路"）的重大倡议，得到了国际社会的高度关注。"一带一路"倡议的提出和实施，有助于实现联合国 2030 年可持续发展目标，推动构建人类命运共同体；有助于探索后金融危机时代全球经济治理模式，引领包容性的全球化新时代；有助于推动中国深化改革开放，建立全方位的对外开放新格局。加快"一带一路"建设尤其是其高质量发展的关键领域——绿色丝绸之路建设，有利于促进沿线各国经济繁荣与区域经济合作，加强不同文明的交流互鉴，促进世界和平发展，这是一项造福世界各国人民的伟大事业。

地理上，"丝绸之路经济带"主要包括：中国经中亚、俄罗斯至欧洲；中国经中亚、西亚至波斯湾、地中海；中国至东南亚、南亚、印度洋。"21 世纪海上丝绸之路"主要包括：从中国沿海港口过南海到印度洋，延伸至欧洲；从中国沿海港口过南海到南太平洋。绿色丝绸之路覆盖亚洲、欧洲及非洲部分地区，涉及蒙俄、东南亚、南亚、中亚、西亚中东、中东欧与中国七个国家和地区，共 65 个国家，包括两个疆域大国（俄罗斯与中国）与两个人口大国（中国与印度），也包括柬埔寨、老挝、缅甸、孟加拉国、不丹、尼泊尔与阿富汗等一系列最不发达国家，形成亚洲唯一一条最不发达国家带（李鹏等，2021）。这些国家自然地理条件、资源环境基础与社会经济发展大相径庭。

2. 人居环境适宜性评价是科学认识绿色丝绸之路沿线地区资源环境承载力的基础环节与基本前提

"绿色丝绸之路资源环境承载力国别评价与适应策略"研究旨在科学认识沿线国家和地区的资源环境承载力及其超载风险以把握其"底线"，客观评价不同国家资源环境承载力的适宜性和限制性以摸清其"上限"。资源环境承载力关乎资源环境"最大负荷"这一基本科学命题（封志明等，2017；封志明和李鹏，2018）。资源环境承载力研究从动态评价到监测预警、从分类到综合，正由单一资源环境约束发展到人类的资源环境占用综合评价，亟待突破承载阈值界定与参数率定等关键技术，从分类到综合，发展一套系统化和数字化的评价方法与技术体系，其中人居环境适宜性评价与适宜性分区是资源环境承载力评价的基础和前提。

推进绿色丝绸之路沿线国家和地区的可持续发展，打造绿色丝绸之路，必须重视并积极开展绿色丝绸之路沿线国家和地区的资源–生态–环境承载力的基础评价与综合评价研究。其中，科学认识沿线国家和地区的资源环境承载力及其超载风险，是打造绿色丝绸之路的重要科学基础；客观评价不同国家资源环境承载力适宜性与限制性，是推进"六廊六路"国别建设的重要基础保障；厘清绿色丝绸之路沿线各国人口与资源环境的关系，提出国别适应策略与政策建议，可为绿色丝绸之路建设提供科学依据和决策支持。

1.1.2　研究目的

开展绿色丝绸之路沿线国家和地区资源环境承载力评价是"一带一路"倡议建设的重要研究主题之一。"绿色丝绸之路资源环境承载力国别评价与适应策略"研究课题的科学意义：研究提出资源环境承载力阈值界定与参数率定的方法，发展资源环境承载力研究的方法论；研究发展资源环境承载力分类评价与综合评价技术，深化资源环境承载力区域综合集成研究；研究建立资源环境承载力评价系统集成的数字化与空间化技术方法，推进资源环境承载力评价的规范化和系统化。

绿色丝绸之路沿线国家和地区的人居环境适宜性评价是资源环境承载力综合评价的基础性工作，旨在掌握沿线国家和地区的资源环境基础"底线"。绿色丝绸之路沿线国家和地区的人居环境综合评价与适宜性分区，与沿线国家和地区的社会经济发展水平适应性评价与适应性分等、沿线国家和地区的水资源承载力限制性评价与限制性分类、沿线国家和地区的土地资源承载力限制性评价与限制性分类、沿线国家和地区的生态承载力限制性评价与限制性分类，以及沿线国家和地区资源环境承载力综合评价与警示性分级，共同组成了本课题的重要研究内容（图1-1）。其中，人居环境适宜性分区是限制性分类、适应性分等、警示性分级的前提。

课题遵循"总—分—综"的基本原则，分解为如下3项研究任务：子课题1和子课题2从水资源承载力、土地资源承载力和生态环境承载力等主要资源环境类别入手，开

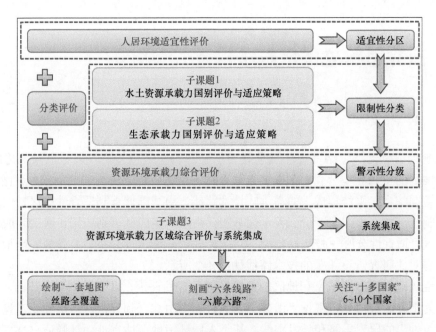

图1-1 人居环境适宜性评价与"丝路环境"专项课题"绿色丝绸之路资源环境承载力
国别评价与适应策略"的逻辑关系示意图

展资源环境承载力分类评价,以揭示水土资源和生态环境承载力限制性与国别差异,为资源环境承载力综合评价提供支持。子课题3主要开展人居环境自然适宜性评价与适宜性分区研究,为整个课题研究奠定基础。该子课题从分类到综合,开展资源环境承载力综合评价;集成资源环境承载力区域综合评价与系统,既承担资源环境承载力综合评价任务,又承担系统集成与成果集成角色。

1.1.3 研究目标

"绿色丝绸之路资源环境承载力国别评价与适应策略"总目标是面向绿色丝绸之路建设的重大国家战略需求,科学认识绿色丝绸之路沿线国家和地区资源环境承载力承载阈值与超载风险,定量揭示沿线国家和地区的水资源承载力、土地资源承载力和生态承载力及其国别差异。研究提出重要地区和重点国家的资源环境承载力适应策略与技术路径,为国家更好地落实"一带一路"倡议提供科学依据和决策支持。

绿色丝绸之路沿线国家和地区的人居环境自然适宜性评价与适宜性分区的研究目标是在绿色丝绸之路重要地区和重点国家资源环境承载力基础考察的基础上建立沿线国家和地区从分类到综合的人居环境适宜性评价专题数据库,完成沿线国家和地区的人居环境适宜性评价与适宜性分区,定量揭示绿色丝绸之路沿线国家和地区的人居环境的自然适宜性与限制性及其区域特征。

1.2 研究思路与技术方法

1.2.1 研究思路

课题"绿色丝绸之路资源环境承载力国别评价与适应策略"以绿色丝绸之路沿线国家和地区的资源环境承载力基础调查与人居环境适宜性评价为研究基础，遵循"纵向分解—横向综合—系统集成"的递进式技术路线，由基础调查到适宜性分区，由分类评价到限制性分类，由综合评价到警示性分级，由系统集成到国别应用，递次完成沿线国家和地区"适宜性分区—限制性分类—适应性分等—警示性分级"的资源环境承载力国别评价与对比研究。该课题的技术路线如图1-2所示。

绿色丝绸之路沿线国家和地区的人居环境适宜性评价，以公里格网为基础，以国家或地区为基本研究单元，遵循"由分类到综合、再由综合到分析，由定性到定量、再由定量到定性"的研究思路和技术路线，基于人居环境地形适宜性、气候适宜性、水文适宜性、地被适宜性评价，建立人居环境指数模型，逐步完成绿色丝绸之路沿线国家和地区的人居环境适宜性综合评价与适宜性分区（适宜/临界/不适宜），以定量揭示绿色丝绸之路沿线国家和地区的人居环境自然适宜性与限制性。本书有关人居环境适宜性评价的研究框架与技术流程如图1-3所示。

所谓"由分类到综合"是在地形（平地比例、相对高差、海拔）、气候（气温与相对湿度）、水文（降水与地表水分指数）与地被（归一化植被指数与土地覆被类型），在分类完成地形适宜性评价与适宜性分区、气候适宜性评价与适宜性分区、水文适宜性评价与适宜性分区，以及地被适宜性评价与适宜性分区的基础上，通过构建人居环境指数（HSI）与适宜性/限制性因子组合相结合的方法，进行人居环境适宜性综合评价与适宜性综合分区。"由综合到分析"是指在完成人居环境适宜性综合评价与综合分区的基础上，开展人居环境适宜性与限制性类型分析以及分区统计分析。

所谓"由定性到定量"是指基于地形起伏度、温湿指数、水文指数（即地表水丰缺指数）、地被指数与人居环境指数，分别完成地形适宜性评价、气候适宜性评价、水文适宜性评价、地被适宜性评价与人居环境适宜性综合评价。通过定性到定量，把地形、气候、水文、植被和土地利用对人口分布、人类生存与发展，以及人居环境的适宜与限制程度定量化。"由定量到定性"是指在完成指数计算与适宜性定量评价的基础上，基于人居环境指数适宜性/限制性因子类型和因子数量进行适宜性与限制性分区分析。其中，单因素适宜性分区是根据相应指数与人口分布的相关性划分为五种类型，即不适宜、临界适宜、一般适宜、比较适宜与高度适宜。适宜性综合分区是在利用人居环境指数完成人居环境不适宜、临界适宜与适宜三种类型的基础上，基于人居环境指数适宜性/限制性因子类型和因子数量对三种类型再分别细分为永久不适宜区与条件不适宜区、限制性临界区与适宜性临界区，以及一般适宜区、比较适宜区与高度适宜区，共 7 个亚类。

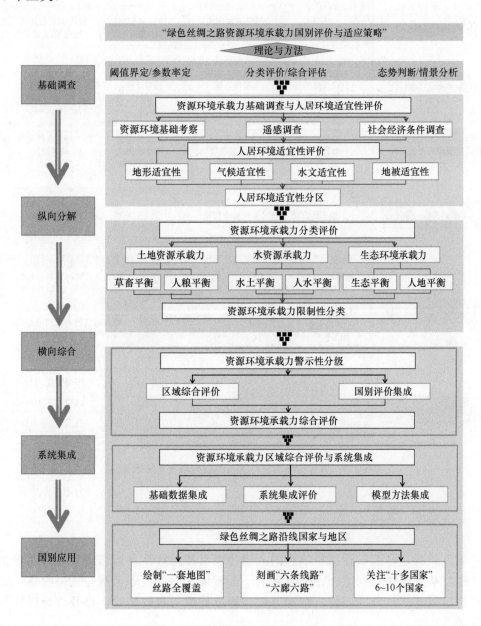

图 1-2 "丝路环境"专项下设课题"绿色丝绸之路资源环境承载力国别评价与适应策略"总体布局

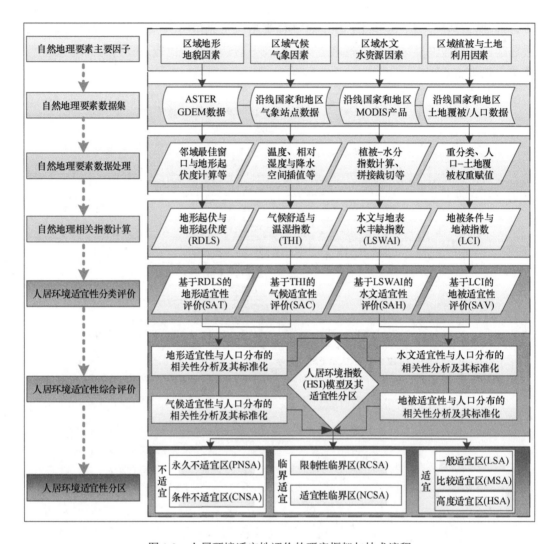

图 1-3　人居环境适宜性评价的研究框架与技术流程

1.2.2　技术方法

绿色丝绸之路沿线国家和地区的人居环境自然适宜性评价与适宜性分区包括五个步骤，从分类评价到综合评价再到因子分析依次为：基础考察与资料收集、数据整理与指数计算、分区评价与空间分析、标准处理与指数构建，以及综合评价与综合分区。

（1）基础考察与资料收集。是指在中南半岛（含中南半岛经济走廊）、蒙古国—俄罗斯（含亚欧路桥）、中亚 5 国、南亚（含中国-尼泊尔走廊、中国-巴基斯坦走廊、孟中印缅走廊），以及西亚-中东重要地区和重点国家，开展人居环境适宜性评价相关自然要素如地形地貌、气候气象、水文水资源、植被土壤等资源环境基础考察。主要包括路线考察与实地调查、地方座谈与部门访谈等形式。路线考察与实地调查过程中,考察队既要开展沿线地物与遥感影像交互对比分析,又要深入高原深处踏查植被、土壤类型等。其间,选取重点国家(老挝、哈萨克斯坦、孟加拉国等)的资源环境管理机构与科研院所进行正式非正式专题座谈会,了解相应的国家资源环境承载状况。

(2)数据整理与指数计算。从地形(包括绝对海拔、相对高差、平地比例以及地形起伏度)、气候(包括温度、相对湿度与温湿指数)、水文(包括降水、地表水分指数与地表水丰缺指数)和地被(包括归一化植被指数、土地覆被分类、地被指数)等自然地理要素入手,利用先进星载热发射和反射辐射仪(ASTER)全球数字高程模型(GDEM)数据进行极值与异常值处理,并计算相对高差、平地比例,以及地形起伏度(RDLS);利用来源于国家气象信息中心资料服务室的沿线国家和地区气象站点(相对湿度、降水)月平均值进行协同克里金插值生成相应栅格数据产品与瑞士联邦森林、雪和景观研究所提供的地球陆表高分辨率月平均气温数据(1979~2013 年)计算温湿指数(THI);利用来源于美国国家航空航天局(NASA)EarthData 平台的沿线国家和地区 MOD13A1 近红外(NIR)与中红外(MIR)数据(2013~2017 年)计算地表水分指数(LSWI),并结合降水栅格产品计算地表水丰缺指数(LSWAI);利用 MODIS 2013~2017 年多年平均 NDVI 与经过重采样的全球土地覆被产品计算地被指数(LCI)。

(3)分区评价与空间分析。结合沿线国家和地区 2015 年全球人口动态统计分析数据(LandScan),基于 GIS 分别开展地形起伏度、温湿指数、地表水丰缺指数、地被指数与人口的相关性分析,据此率定基于地形起伏度的人居环境地形适宜性分区阈值、基于温湿指数的人居环境气候适宜性分区阈值、基于地表水丰缺指数的人居环境水文适宜性分区阈值、基于地被指数的人居环境地被适宜性分区阈值。在此基础上,从国家及地区等不同尺度分析地形适宜性、气候适宜性、水文适宜性和地被适宜性的空间特征与区域差异。

(4)标准处理与指数构建。在对人居环境地形适宜性、气候适宜性、水文适宜性与地被适宜性等单因素评价的基础上,根据其与人口分布的相关性特征对其逐一进行标准化处理。基于沿线国家和地区的人居环境地形起伏度、温湿指数、水文指数、地被指数与人口分布的相关系数计算其权重,并构建综合反映人居环境适宜性特征的人居环境指数(HSI)。

(5)综合评价与综合分区。从公里格网层面到区域尺度(国家与地理区域),基于 GIS 技术(空间分析与空间统计等)定量评价沿线国家和地区的人居环境自然适宜性与限制性,根据人居环境指数、适宜性与限制性组合因子类型及数量,在空间上廓清适宜人类长年生活和居住区、临界适宜区与不适宜地区,为绿色丝绸之路沿线国家和地区的资源环境承载力评价、重点国别报告编制夯实理论与数据基础。

具体到 4 个分类评价与 1 个综合评价的技术方法,即:①基于地形起伏度的人居环境地形适宜性评价;②基于温湿指数的人居环境气候适宜性评价;③基于水文指数的人居环境水文适宜性评价;④基于地被指数的人居环境地被适宜性评价;⑤基于人居环境指数的人居环境适宜性综合评价。

1.3 研究内容与框架

人居环境适宜性评价与适宜性分区，是基于地形、气候、水文和地被等自然要素单因素的适宜性分类评价与综合评价。本书的主旨是揭示沿线国家和地区的人居环境不适宜地区（含永久不适宜与条件不适宜）、临界适宜区（限制性临界与适宜性临界）、适宜地区（一般适宜、比较适宜与高度适宜）的空间特征与区域差异及其对人口分布的支撑能力。

基于科技专著主旨和研究主题，确立如下科技专著框架：全书共分 8 章。第 1 章是绪论，第 2～第 3 章分别是分区概述与人口分布，第 4～第 7 章是分类评价，第 8 章是综合评价。

各章主要内容概述如下。

第 1 章 "绪论"，扼要说明研究背景、研究内容与主要结论。

第 2 章 "区域自然地理与社会经济概况"，主要从自然地理条件与社会经济状况等方面，分析了绿色丝绸之路及蒙俄、东南亚、南亚、中亚、西亚中东、中东欧六大区的基本状况。

第 3 章 "人口集疏特征与地域分布格局"，基于世界银行社会经济统计数据和全球人口空间化栅格数据，采用基尼系数和人口集聚度定量揭示 2015 年沿线国家和地区的人口集疏格局，并进一步分析沿线国家和地区的人口城市化水平与国别差异。

第 4 章 "地形起伏度与地形适宜性"，基于地形起伏度完成沿线国家和地区的地形适宜性评价与适宜性分区，定量揭示不同国家和地区的人居环境地形适宜性。

第 5 章 "温湿指数与气候适宜性"，基于温湿指数完成沿线国家和地区的气候适宜性评价与适宜性分区，定量揭示不同国家和地区的人居环境气候适宜性。

第 6 章 "水文指数与水文适宜性"，基于水文指数完成沿线国家和地区的水文适宜性评价与适宜性分区，定量揭示不同国家和地区的人居环境水文适宜性。

第 7 章 "地被指数与地被适宜性"，基于地被指数完成了地被适宜性评价与适宜性分区，定量揭示不同国家和地区的人居环境地被适宜性。

第 8 章 "人居环境综合评价与适宜性分区"，基于地形适宜性、气候适宜性、水文适宜性与地被适宜性构建人居环境指数模型，完成沿线国家和地区的人居环境适宜性评价与适宜性分区，定量揭示不同国家和地区的人居环境适宜性与限制性。

1.4 基本认识与主要结论

绿色丝绸之路沿线包括 65 个国家和地区，陆域总面积 5167.09×10^4km²，占世界陆地面积的 38.4%；2018 年总人口 47×10^8 人，占全球 6 成以上，是世界人口大国主要集中地；沿线国家和地区的国内生产总值（GDP）23.42 万亿美元（现价），占全球的 31.22%，但国别和地区差异较大。

1.4.1　区域土地特征与人口分布格局

1. 沿线国家和地区以平原为主，地势总体中间高两侧低

绿色丝绸之路沿线国家和地区以平原为主，约 2/3 的区域为平原。就分区而言，蒙俄地区、南亚地区、中东欧地区与中亚地区平原分布广泛，西亚中东地区大部分是高原，中亚地区则以平原与丘陵为主。

2. 沿线国家和地区土地覆被主要以农田、草地、森林、裸地为主

蒙俄地区气候多样，以温带气候为主，森林、草地资源最为丰富。东南亚地区自然植被以热带雨林和热带季风林为主，2/3 的植被类型为森林。南亚地区以热带气候为主，约 1/2 的植被类型为农田。中亚地区大部分为温带大陆性气候，植被以草原、荒漠为主。西亚中东地区气候干燥，裸地占西亚中东的 2/3。

3. 沿线国家和地区人口分布"北疏南密，两头高中间低"

沿线国家和地区人口分布高度不均衡，80% 的人口集中在不到 20% 的土地上，人口主要集中在亚热带和温带的沿河沿海地区，人口稀疏区分布于广大寒冷干旱的内陆高原山地地区。从七大分区看，中国、东南亚和南亚以人口密集区为主，西亚和中东欧以人口均值区为主，蒙俄、中亚以人口稀疏区为主。

4. 沿线国家和地区人口城市化低于世界水平，且内部差异巨大

绿色丝绸之路沿线国家和地区中蒙俄、中东欧、西亚的人口城市化率较高均超过了 60%，处于城市化中后期阶段，然后是中国、东南亚、中亚，南亚地区最低，仅为 30%。沿线国家和地区同样是世界大城市的集中地，主要分布在中国、东南亚和南亚，人口规模超过 500 万的大城市数量占世界总量的 50%。

1.4.2　地形起伏度与地形适宜性

1. 地形以平原为主，海拔 500m 以下地区占 3/5 以上

沿线国家和地区以平原为主，平均海拔为 694m，海拔 500m 以下的土地占 60% 以上。其中，海拔 200m 以下地区约占 40%，主要分布在大江大河中下游平原，如中国的长江中下游平原、蒙俄的鄂毕河谷平原（西西伯利亚平原）、南亚的恒河平原与印度河平原，以及西亚中东的尼罗河平原等；海拔 200~500m 的地区占 20% 以上，主要分布在南亚的德干高原、蒙俄地区的俄罗斯西伯利亚高原等区域。

2. 地形起伏度普遍不高，70% 以上地区在 1.0 以下

沿线国家和地区的地形起伏度以低值为主，平均地形起伏度为 0.93；地形起伏度由青藏高原—喜马拉雅山脉—天山山脉—帕米尔高原一线向四周递减，中间高、四周低。低地形起伏度在空间上则呈连片带状之势，集中分布在东欧平原与西西伯利亚平原、中国的东北平原与华北平原、印度河平原与恒河平原、湄公河三角洲等地区。整体而言，沿线国家和地区的地形起伏度自西向东随经度增加先上升后下降，中间高两侧低、呈倒"U"形分布；由南向北随纬度增加先上升后下降，呈单峰状、倒"V"形分布。

3. 地形以适宜为主要特征，临界适宜和不适宜地区不足 1/10

沿线国家和地区以地形适宜为主要特征，地形适宜地区占地 90%以上，地形适宜程度整体表现为平原、盆地高于高原、山地。高度适宜是沿线国家和地区比例最大的地形适宜性类型，占比近 40%，在空间上广泛分布，以大江大河中下游平原地区为主。比较适宜地区在空间上介于高度适宜地区和一般适宜地区之间，超过全域的 1/3，多为丘陵、盆地和高原。一般适宜地区在空间分布上毗邻比较适宜地区，约占全域的 20%，多为高原、低山和丘陵。临界适宜和不适宜地区在空间上高度集聚，占比不足 9%，主要集中在中国的青藏高原、天山山脉及中国与南亚的尼泊尔、印度交界处的喜马拉雅山脉沿线地区。

4. 99%的人口集中在地形适宜地区，不适宜地区占比不到 0.1%

沿线国家和地区的人口分布明显趋向于低平地区，99%的人口集中在地形适宜地区。高度适宜地区人口占沿线国家和地区的 65%，该区地形起伏度较低，地势和缓，平地集中，加上水热条件优越、光照充足、交通便利，大多是人口与产业集聚地区，人类活动频繁。比较适宜地区人口占比超过 1/4，人口分布相对集中。一般适宜地区人口占比 8%，人地比例相对适宜。临界适宜地区受地形条件限制，勉强适合人类常年生活和居住的地区的人口占比 1%以下。不适宜地区生态环境脆弱、地广人稀，人口不足 0.1%。

1.4.3 温湿指数与气候适宜性

1. 1/3 地区年均温度低于 0℃，近 1/4 的地区高于 20℃

绿色丝绸之路沿线国家和地区的气候类型复杂多样，区域差异显著。年均温度低于 0℃的地区面积占 32.56%，该部分地区主要位于蒙俄地区的大部分区域、青藏高原—帕米尔高原—天山山脉等高纬度高海拔地区。年均温度高于 20℃的地区占比近 1/4，主要分布在西亚中东地区的埃及、阿拉伯半岛、南亚和东南亚的大部分区域以及中国的广东、广西和海南地区。

2. 相对湿度南北两端高、中间低，约 2/3 地区高于 60%

年均相对湿度低于 60%的地区面积占 35.48%，主要分布在中国西北部、蒙古国南部、南亚西北部、中亚南部和西亚大部分国家等干旱半干旱地区。年均相对湿度 60%～80%的地区面积占 59.95%，主要分布在中国东北和东南部、东南亚的中南半岛、南亚东南部、中亚的北部以及蒙俄和中东欧各国大部分地区。年均相对湿度高于 80%的地区主要分布在 70°N 附近的北冰洋沿岸地区、10°S～10°N 的东南亚印度尼西亚群岛地区以及中国海南岛等地。

3. 温湿指数由低纬向高纬地区递减，45～75 的比较适宜地区占比不足 1/2

温湿指数低于 35 的极冷地区面积占 29.90%，该区域主要位于蒙俄地区、中亚北部及东南部帕米尔高原区、中国东北地区—青藏高原—天山山脉等高纬度高海拔地区。温湿指数 55～75 人体感觉相对舒适的地区占比 29.73%，主要分布于中亚南部、西亚中东的埃及、阿拉伯半岛北部、伊朗高原、南亚的西部和北部、中国中南部大部分地区。温湿指数高于 75 的地区气候闷热，面积占 5.81%，主要分布在西亚中东的东南部、南亚东南部沿海地区、东南亚的中南半岛南部以及印度尼西亚群岛的大部分地区。

4. 半数地区的气候适宜人类长期居住，不适宜地区占 3/10

沿线国家和地区的气候适宜地区占比 50.62%。其中，气候高度适宜地区占全域的 17.23%，主要分布于沿线国家和地区的中部 30°N 附近区域，这些地区温湿条件较好，气候非常适宜。气候比较适宜地区占全域总面积的 12.50%，在空间上分布于高度适宜地区的外围地区。一般适宜地区约占全域总面积的 20.89%，广泛分布于各个地区。临界适宜地区占比 19.48%，集中分布于中北部地区。占比近三成的气候不适宜地区高度集聚于高纬度高海拔地区。

5. 90%以上的人口集中在气候适宜地区，不适宜地区人口不到 1%

沿线国家和地区 90.84%的人口分布于水热条件较好的气候适宜地区。其中气候高度适宜地区人口占 1/3，该类地区水热条件较好，气候非常适宜，是人口与产业集聚地区。气候比较适宜地区人口约占 1/3，该区域气候条件相对较好，人口相对集中。气候一般适宜地区人口占比近 1/4。气候临界适宜地区人口仅占 8.98%，该地区是沿线国家和地区气候适宜性与否的过渡区域，人口分布相对较少。气候不适宜地区人口仅占全域总人口的 0.18%，该地区常年寒冷，温湿指数较低，受气候条件限制，地广人稀。

1.4.4　水文指数与水文适宜性

1. 沿线国家和地区年均降水 389mm，以干旱、半干旱类型为主

绿色丝绸之路沿线国家和地区的降水量低于我国年平均降水量、亚洲陆面平均降水量以及全球陆面平均水平。整体而言，绿色丝绸之路沿线降水由东南向西部逐渐降低。其中，干旱区占地 29.62%，2015 年人口比例为 13.75%；半干旱区占地 37.28%，相应人口比例 18.78%；半湿润区占地 21.56%，相应人口比例 38.13%；湿润区占地 11.34%，相应人口比例为 29.34%。

2. 沿线国家和地区年均地表水分指数为 0.34，地域差异显著

沿线国家和地区的年均地表水分指数介于 –0.89～0.98，由东南和东北向中部逐渐降低，以蒙古高原—青藏高原为分界线，自此以西地区地表水分指数偏低，多为干旱气候和沙漠气候。其中，西亚中东平均地表水分指数最低，仅为 0.05，源于该区域内广泛分布的沙漠，仅在小亚细亚半岛等沿海地区地表水分指数较高；东南亚地表水分最为充沛，其地表水分指数均值高达 0.61，源于其盖度较高的植被和水域面积，地表水资源极为丰富。

3. 沿线国家和地区以水文适宜为主要特征，水文不适宜地区约占 1/5

沿线国家和地区的水文适宜地区占地 69.52%，以水文适宜为主要特征。其中，高度适宜地区占地接近 1/4，是沿线国家和地区比例最大的水文适宜性类型，以沿海地区及大江大河流域为主；沿线国家和地区的不适宜地区约占 20.46%，不适宜地区是沿线国家和地区比例最小的水文适宜性类型，空间上高度集聚在西亚北非、中亚至中国及蒙俄内陆高原荒漠等地区。

4. 9/10 的人口集中在水文适宜地区，水文不适宜地区人口只占 1/50

沿线国家和地区 90.71%的人口分布在水文适宜地区。其中，水文高度适宜地区人口占 43.01%，达 19.69×10^8 人，主要分布在中国东南部的长江中下游平原、越南湄公河流域，以及马来群岛的苏门答腊岛—加里曼丹岛—新几内亚群岛。水文不适宜地区人口只有 0.93×10^8 人，不足全域的 2%。水文不适宜地区主要集聚在中国的青藏高原北部、新疆、甘肃等西北地区，并向北延伸至蒙俄地区的蒙古高原北部地区。

1.4.5 地被指数与地被适宜性

1. 沿线国家和地区土地覆被类型主要为农田、草地和森林

沿线国家和地区地形以平原为主，其中农田面积占比为 14.98%，主要分布在中国东北部、南亚地区、东南亚地区的南部以及中东欧地区的南部；森林面积占比为 28.09%，主要分布在中东欧地区的东部寒冷湿润区、中国东部季风区、东南亚等地区；草地和裸地面积占比接近，分别为 21.93%和 23.52%，主要分布在中亚地区、中国部分地区和蒙古高原等地区。

2. 沿线国家和地区的 NDVI 以低值为主，地域差异较大

NDVI 以低值为主，平均值为 0.42。空间上，NDVI 由青藏高原—喜马拉雅山脉—天山山脉—帕米尔高原一线向四周递增，低 NDVI 值主要分布在东欧平原和西西伯利亚平原、青藏高原等地区，高 NDVI 值主要分布在平原地区。整体而言，NDVI 由南至北呈现出高—低—高—低的变化特征。人口分布和面积大小随着 NDVI 增大总体呈现出先增加后逐渐减小的特征。

3. 地被指数以低值为主，人口集中分布在低值地区

沿线国家和地区的地被指数以低值为主。沿线国家和地区超过一半的人口居住在地被指数小于 40 的地区，当地被指数介于 15～16 时，人口占比达到最大。其中，中亚、中东欧、西亚中东、蒙俄和东南亚五个区域地被指数小于 30 的面积占各区总面积的 80%以上，相应人口则占总人口的 90% 以上，人口分布更具集聚性。中国地被指数集中分布明显偏低值，人口分布较为分散。

4. 地被以适宜为主要特征，不适宜地区占比约 1/4

沿线国家和地区以地被适宜地区为主要类型，适宜地区占比 55.67%。其中，高度适宜地区面积占比 14.93%，主要集中分布在中下游平原和盆地地区；比较适宜地区面积占比为 16.58%，主要分布在中国、印度、阿拉伯半岛等地区；一般适宜地区面积占比为 24.16%，分布在高原、丘陵。不适宜地区占地 27.48%，主要集中分布在高原寒冷和干旱荒漠地区。

5. 近 90% 的人口集中在地被适宜地区，不适宜地区占比不到 3%

沿线国家和地区的人口分布明显趋向于地被适宜地区，88.40% 的人口集中在地被适宜地区。高度适宜地区居住人口约为沿线国家和地区人口的 55.29%，该区域所在地的地被覆盖度较高，地势和缓，土地覆被类型多为森林、农田等，平地集中。比较适宜地区人口超过全域的 1/5，该区域多为地被覆盖较好的丘陵、盆地等，人口分布集中。一般适宜地区人口约为全域的 14.47%，人地比例相对适宜。临界适宜地区所在地多为高原、山地，人口稀疏或相对集聚，人口占比不足 10%。不适宜地区在空间上高度集聚，但人口分布不到 3%。

1.4.6　人居环境指数与人居环境适宜性

1. 沿线国家和地区的人居环境指数均值在 44 的水平，中亚、蒙俄较低，东南亚、中东欧较高

统计表明，绿色丝绸之路沿线国家和地区的人居环境指数均值偏低，保持在 44 的水平，人居环境适宜性较差。其中，东南亚地区人居环境指数最高达 63.3，其次是中东欧地区 56.5，人居环境适宜性相对较好；中亚地区人居环境指数最低在 39.5，其次是蒙俄地区 40.6，人居环境适宜性相对较差。中国人居环境指数均值低于绿色丝绸之路平均水平，人居环境适宜性中等偏下。

2. 人居环境以适宜或临界适宜为主要特征，不适宜地区只占 1/5

统计表明，绿色丝绸之路沿线国家和地区的人居环境适宜地区、临界适宜地区与不适宜地区面积之比大体是 43：36：21，人居环境以适宜和临界适宜为主要特征。人居环境适宜地区、临界适宜地区、不适宜地区的相应人口占比大体是 89∶9∶2，也就是说，绿色丝绸之路沿线国家和地区的人口高度集聚在人居环境适宜地区。人居环境适宜地区、临界适宜地区和不适宜地区的人口密度分别是 186 人/km²、22 人/km² 和 8 人/km²，地域分异显著，区域差异悬殊。

3. 占地 2/5 的人居环境适宜地区人口占比近 9/10，人口高度集聚

统计表明，绿色丝绸之路沿线国家和地区的人居环境适宜地区占地 2196.45km²，占比 42.51%；相应人口 40.88×10⁸ 人，占比 89.27%；人口密度约为 186 人/km²，远高于沿线平均水平。其中，高度适宜地区、比较适宜地区与一般适宜地区占地之比大体是 14∶40∶46，相应人口占比大体是 32∶46∶22。高度适宜地区基本不受限制，人口密度 429.8 人/km²，两倍于比较适宜地区；一般适宜地区土地与人口占比相适应，人口密度 88.7 人/km²，基本处于沿线国家和地区的平均水平。绿色丝绸之路沿线国家和地区的人居环境高度适宜和比较适宜地区主要分布在东南亚和南亚地区，中国也有相对较大面积分布；一般适宜地区则以蒙俄地区最多，中东欧和中国也有大面积分布。

4. 占地超 1/3 的人居环境临界适宜地区人口占比不足 1/10，人口密度不到人居环境适宜地区的 1/9

统计表明，绿色丝绸之路沿线国家和地区的人居环境临界适宜地区占地 1874.08×10⁴km²，占比 36.27%；相应人口 4.04×10⁸ 人，占比 8.82%；人口密度为 21~22 人/km²，不到人居环境适宜地区的 1/9。其中，限制性临界区与适宜性临界区占地之比大体是 44∶56，相应人口之比大体是 31∶69；人居环境限制性临界区由于限制性更加突出，人口密度只有 15.2 人/km²，远较人居环境适宜性临界区 26.5 人/km² 低。绿色丝绸之路人居环境临界适宜地区主要集中在蒙俄、西亚中东和中亚地区，中国也有较大面积分布。

5. 占地 1/5 的人居环境不适宜地区相应人口不足 1/50，地广人稀

统计表明，绿色丝绸之路沿线国家和地区的人居环境不适宜地区占地 1096.56×10⁴km²，占比 21.22%；相应人口 8723.8×10⁴ 人，占比 1.90%；人口密度只有 8.0 人/km²，可以说地广人稀。其中，人居环境不适宜地区与永久不适宜地区占地之比大体是 47∶53，相应人口之比大体是 73∶27；人居环境永久不适宜地区由于受到地形和气候等人居环境条件强限制，人口密度只有 4.1 人/km²，远低于人居环境不适宜地区的 12.2 人/km²。绿色丝绸之路人居环境不适宜地区主要集中在蒙俄、中亚和西亚中东地区，中国西北部也有广泛分布。

第 2 章　区域自然地理与社会经济概况

　　绿色丝绸之路沿线国家和地区在自然地理空间布局上具有其独特的人文与自然特性，且社会经济发展基础与水平不一，发展阶段复杂多样，各个国家和地区在其固有的位置上发挥着自己独特的区域性与全球性作用。因此，沿线国家和地区在政治体制、经济发展、宗教文化、自然条件与自然资源各方面均存在明显差异。各国资源禀赋的差异性显示出较强的经济互补性，因此给予了区域各国彼此较强的合作潜力与空间（刘卫东，2015）。

　　本章将沿线国家和地区划分为六大区域，分别是蒙俄、东南亚、南亚、中亚、西亚中东、中东欧区域，并从自然条件（包括高程、坡度等）与社会经济状况（人口与 GDP）两方面来阐述六大区域的基本概况。了解沿线国家和地区自然条件的基础特征，比较各个区域的经济发展状况，可为本书人居环境适宜性评价与适宜性分区奠定坚实的基础，进而为开展沿线国家和地区的资源环境承载力评价，以及据此提出适宜策略提供基本背景与支撑。

2.1　区域概况

　　绿色丝绸之路沿线国家和地区在地理空间布局上具有其独特的地理特征。它以亚欧大陆为主要的地理板块（吴绍洪等，2018），以穿越亚欧大陆的古代丝绸之路为地理主轴，形成了一个以发展中国家为主要群体的新型地缘政治板块（陆钢，2018）（图 2-1）。具体而言，"一带"指的是"丝绸之路经济带"，它有三个走向：一是从中国经中亚、俄罗斯到达欧洲；二是从中国经中亚、西亚至波斯湾、地中海；三是中国到东南亚、南亚、印度洋。"一路"指的是"21 世纪海上丝绸之路"，重点方向是两条：一是从中国沿海港口过南海到印度洋，延伸至欧洲；二是从中国沿海港口过南海到南太平洋。

　　"一带一路"是一个开放的国际区域经济合作网络，并无严格的空间范围。但是，在相关学术研究中存在一个普遍认可的地理范围，即"一带一路""三向两条"涉及的65 个沿线国家和地区，并被划分为六个地理大区（吴绍洪等，2018），在《共建绿色丝绸之路：资源环境基础与社会经济背景》一书中，将其划分为蒙俄、东南亚、南亚、中亚、西亚中东、中东欧共六个大区。具体地，蒙俄地区包括蒙古国、俄罗斯两国；东南亚地区包括其境内的 11 国，分别是文莱、柬埔寨、印度尼西亚、老挝、马来西亚、缅甸、菲律宾、新加坡、泰国、越南、东帝汶；南亚地区包括其境内的 8 国，分别是阿富

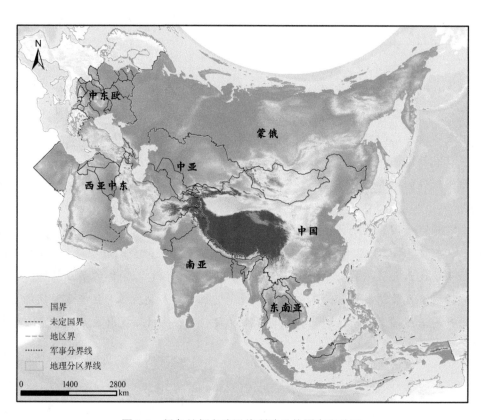

图 2-1　绿色丝绸之路沿线所涉及的国家和地区

汗、孟加拉国、不丹、印度、马尔代夫、尼泊尔、巴基斯坦、斯里兰卡；中亚地区包括
一般意义上的 5 个斯坦共和国，分别是哈萨克斯坦、吉尔吉斯斯坦、塔吉克斯坦、土库
曼斯坦、乌兹别克斯坦；西亚中东地区包括 19 国，分别是亚美尼亚、阿塞拜疆、巴林、
埃及、巴勒斯坦、格鲁吉亚、伊朗、伊拉克、以色列、约旦、科威特、黎巴嫩、阿曼、
卡塔尔、沙特阿拉伯、叙利亚、土耳其、阿联酋、也门；中东欧地区亦包括 19 国，分
别是阿尔巴尼亚、波黑、保加利亚、克罗地亚、捷克、爱沙尼亚、匈牙利、拉脱维亚、
立陶宛、黑山、波兰、罗马尼亚、塞尔维亚、斯洛伐克、斯洛文尼亚、北马其顿、白俄
罗斯、摩尔多瓦、乌克兰（表 2-1）。

表 2-1　绿色丝绸之路沿线国家和地区土地、人口与 GDP（2015 年）的基本情况

序号	地区	国别	土地面积/10^4km^2	总人口/10^6人	GDP/10^8美元	人均 GDP/10^3美元
1		中国	960	1374.62	113702.88	8.27
2	蒙俄地区	蒙古国	156.41	3.00	117.50	3.92
3		俄罗斯	1709.82	144.10	13635.94	9.46
4		文莱	0.58	0.41	129.30	31.16
5	东南亚地区	印度尼西亚	191.09	258.38	8608.54	3.33
6		柬埔寨	18.10	15.52	180.50	1.16

续表

序号	地区	国别	土地面积/$10^4 km^2$	总人口/10^6 人	GDP/10^8 美元	人均 GDP/10^3 美元
7		老挝	23.68	6.74	143.90	2.13
8		缅甸	67.66	52.68	596.87	1.13
9		马来西亚	33.08	30.27	2966.36	9.80
10	东南亚地区	菲律宾	30.00	102.11	2927.74	2.87
11		新加坡	0.07	5.54	3080.04	55.65
12		泰国	51.31	68.71	4012.96	5.84
13		越南	33.17	92.68	1932.41	2.09
14		东帝汶	1.49	1.20	30.93	2.59
15		阿富汗	65.29	34.41	199.07	0.58
16		孟加拉国	14.85	156.26	1950.79	1.25
17		不丹	4.70	0.73	20.60	2.83
18	南亚地区	印度	328.73	1310.15	21035.88	1.61
19		斯里兰卡	6.56	20.97	806.44	3.84
20		马尔代夫	0.03	0.45	41.09	9.03
21		尼泊尔	14.72	27.02	214.11	0.79
22		巴基斯坦	79.61	1999.43	2705.56	1.36
23		哈萨克斯坦	272.49	17.54	1843.88	10.51
24		吉尔吉斯斯坦	20.00	5.96	66.78	1.12
25	中亚地区	塔吉克斯坦	14.26	8.45	78.55	0.93
26		土库曼斯坦	48.81	5.57	358.00	6.43
27		乌兹别克斯坦	44.74	31.30	818.47	2.62
28		阿联酋	8.36	9.26	3581.35	38.66
29		亚美尼亚	2.97	2.93	105.53	3.61
30		阿塞拜疆	8.66	9.65	530.74	5.50
31		巴林	0.08	1.37	311.26	22.69
32		埃及	100.15	92.44	3326.98	3.60
33		格鲁吉亚	6.97	3.73	139.94	3.76
34	西亚中东地区	伊朗	174.52	78.48	3858.75	4.92
35		伊拉克	43.83	35.57	1774.99	4.99
36		以色列	2.21	8.38	3004.71	35.86
37		约旦	8.93	9.27	376.69	4.10
38		科威特	1.78	3.84	1145.67	29.87
39		黎巴嫩	1.05	6.53	499.74	7.65
40		阿曼	30.95	4.27	689.21	16.15
41		巴勒斯坦	0.60	4.27	126.73	2.97
42		卡塔尔	1.16	2.57	1617.40	63.04

序号	地区	国别	土地面积/10^4km²	总人口/10^6人	GDP/10^8美元	人均GDP/10^3美元
43		沙特阿拉伯	214.97	31.72	6542.70	20.63
44	西亚中东地区	叙利亚	18.52	18.00		
45		土耳其	78.54	78.53	8597.97	10.95
46		也门	52.80	26.50	426.28	1.61
47		阿尔巴尼亚	2.88	2.88	113.87	3.95
48		保加利亚	11.10	7.18	502.01	6.99
49		波黑	5.12	3.43	162.12	4.73
50		白俄罗斯	20.76	9.49	564.55	5.95
51		捷克	7.89	10.55	1868.30	17.72
52		爱沙尼亚	4.53	1.32	229.04	17.41
53		克罗地亚	5.66	4.20	495.19	11.78
54		匈牙利	9.30	9.84	1230.74	12.50
55		立陶宛	6.53	2.90	415.07	14.29
56	中东欧地区	拉脱维亚	6.45	1.98	269.17	13.64
57		摩尔多瓦	3.39	3.55	77.45	2.18
58		北马其顿	2.57	2.08	100.65	4.84
59		黑山	1.38	0.62	40.53	6.51
60		波兰	31.27	37.99	4775.77	12.57
61		罗马尼亚	23.84	19.82	1778.93	8.98
62		塞尔维亚	8.84	7.10	460.69	6.49
63		斯洛伐克	4.90	5.42	877.70	16.18
64		斯洛文尼亚	2.07	2.06	431.02	20.89
65		乌克兰	60.36	45.15	910.31	2.02

注：沿线国家和地区的土地、人口与GDP数据根据2015年世界银行发布的统计资料整理而成，叙利亚由于内战原因，其GDP数据只更新到2007年，下同。

沿线国家和地区（包括中国）陆域总面积约5167.09×10^4km²，占世界陆地总面积的38.40%，主要位于亚欧大陆板块。据2015年世界银行统计，沿线国家和地区的总人口为47.07×10^8人，占世界总人口的62.39%，GDP合计为234168.11×10^8美元（现价美元）。然而，沿线国家和地区的经济发展水平极不平衡，贫富差距非常突出，部分国家和地区甚至存在局部冲突。当然，部分国家经济活力较强，近年来保持着快速的经济增长（见表2-1），如东南亚的越南等。

2.2 蒙俄地区

蒙俄地区位于中国北部，共2个国家，即蒙古国和俄罗斯。该区域总面积约1866.24×10^4km²，占绿色丝绸之路沿线国家和地区（包括中国）总面积的36.12%。

1. 蒙俄地区地形以平原和高原为主，地势总体呈现南高北低、东高西低态势

蒙俄地区地形复杂多样，地势东部高，西部低，南部高，北部低。蒙古国地势总体高于俄罗斯（图 2-2）。前者平均海拔为 1485.87m，后者为 369.28m。俄罗斯西部多为平原，以乌拉尔山为界，分为东欧平原和西西伯利亚平原两部分。东部多高原和山地，主要有中西伯利亚高原、南西伯利亚山地、东西伯利亚山地和远东山地。蒙古国山地占总面积的 1/2，大部分区域海拔在 1000m 以上，主要有阿尔泰山脉与蒙古高原，可耕地较少，大部分土地被草原、荒漠覆盖，北部和西部多山脉，南部为戈壁沙漠。

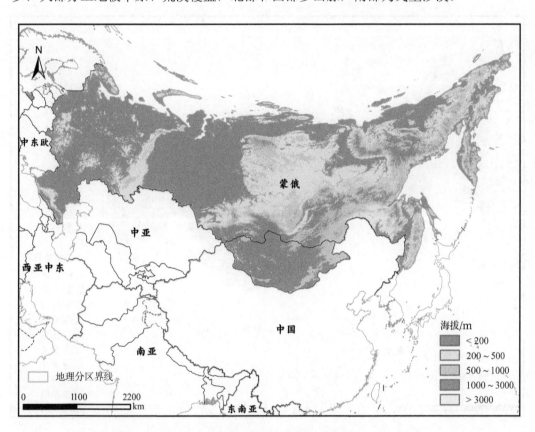

图 2-2　基于 ASTER GDEM 的蒙俄地区地形图（1km×1km）

数据来源于日本航空航天探索局网站（http://gdem.ersdac.jspacesystems.or.jp/）与美国 NASA（http://reverb.echo.nasa.gov/reverb/）全球 ASTER GDEM 瓦片，下同

2. 蒙俄地区气候多样，分布有大陆性温带草原气候、温带大陆性气候，自然资源种类繁多，森林、草地资源最为丰富

俄罗斯大部分地区所处纬度较高，属于温带大陆性气候与寒带气候（又称极地气候）。冬季干燥寒冷，夏季湿润温暖，降水量由西向东逐渐减少。温差普遍较大，1 月平均温度为 –18～–10℃，7 月平均温度为 11～27℃。年平均降水量为 150～1000mm。西伯利亚地区纬度较高，冬季严寒而漫长，但夏季日照时间长，气温和湿度适宜，利于针叶

林生长。蒙古国大部分地区属于温带大陆性草原气候，季节变化明显，冬季长夏季短，昼夜温差较大，降水很少，年平均降水量为120~250mm。

　　蒙俄地区自然资源十分丰富，种类繁多。有森林资源、草地资源、苔原资源、裸地资源等，其中森林资源最为丰富，主要集中在俄罗斯中部区域，约 $738.78\times10^4km^2$，占蒙俄地区总面积的39.97%；其次是草地资源，约 $491.28\times10^4km^2$，占蒙俄地区总面积的26.58%。森林主要存在于俄罗斯的中部，苔原资源主要位于俄罗斯北部，蒙古国草地资源最为丰富（图2-3）。

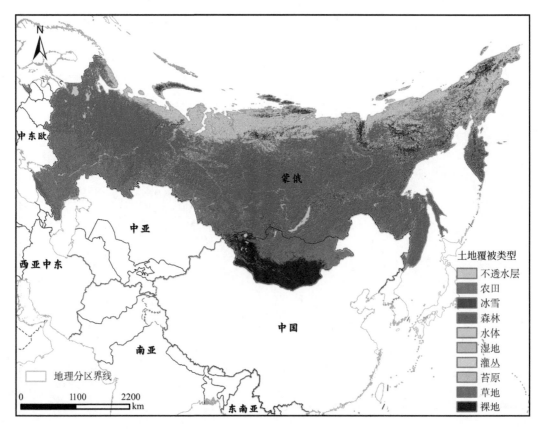

图2-3　蒙俄地区2017年土地覆被类型（1km×1km）

数据来源于国家科技基础条件平台——国家地球系统科学数据中心共享服务平台（http: //www.geodata.cn），下同

3. 蒙俄地区人口分布极不均匀，人口密度较低。GDP 差异悬殊，但均呈波动上升趋势

　　根据蒙俄地区人口密度分布图可以看出（图2-4），蒙俄地区人口主要集中在西南部，自西向东逐渐减少。据世界银行 2015 年人口统计数据，蒙俄地区总人口约 147.10×10^6 人，其中俄罗斯人口占 97.96%，俄罗斯国土总面积为 $1709.82\times10^4km^2$，即每平方千米不足一人，人口密度极低。

据 2018 年统计（现价美元），俄罗斯 GDP 为 13635.94×10^8 美元，人均 GDP 达到 9463.04 美元，主要出口商品是石油和天然气等矿产品、金属及其制品、化工产品、机械设备和交通工具、宝石及其制品、木材及纸浆等。主要进口商品是机械设备和交通工具、食品和农业原料产品、化工产品及橡胶、金属及其制品、纺织服装类商品等。蒙古国 GDP 为 117.50×10^8 美元，人均 GDP 为 3918.58 美元，其经济以畜牧业和采矿业为主，出口商品主要为矿产品、纺织品和畜产品等；进口商品主要有矿产品、机器设备、食品等。

根据 2000～2018 年 GDP 变化趋势图（图 2-5），俄罗斯 GDP 呈现波动上升趋势。具体来看，2000～2008 年一直呈现增长趋势，受美国次贷危机等影响 2008～2009 年 GDP 出现下跌，之后又呈现上升趋势，到 2013 年达到 21 世纪以来最高值，达 22971×10^8 美元，接着 2013～2018 年有波动，从 2016 年开始呈现上升趋势。根据蒙古国 GDP 具体数据，2000～2018 年蒙古国 GDP 总体呈现缓慢上升趋势，2008～2009 年同样呈现了下降趋势，蒙俄两国经济差距悬殊，但其变化趋势较为一致。

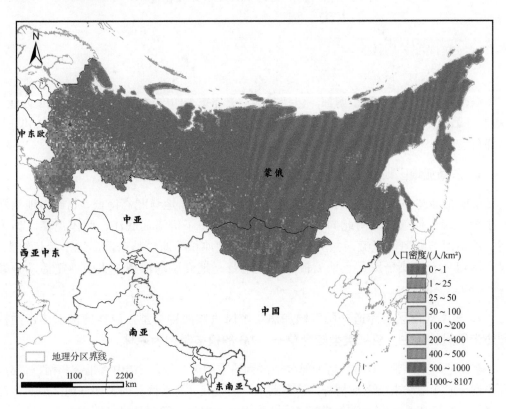

图 2-4　蒙俄地区 2015 年基于 LandScan 的人口密度分布图（1km×1km）

数据来源于 LandScan 全球人口栅格数据，下同

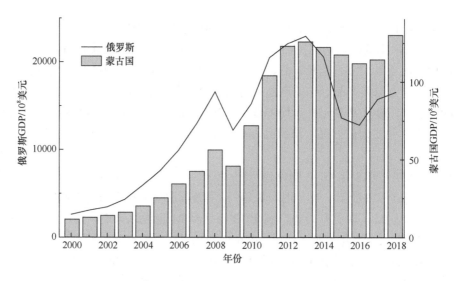

图 2-5 蒙俄地区 2000～2018 年 GDP 变化趋势图

2.3 东南亚地区

东南亚地区位于亚洲东南部,包括文莱、柬埔寨、印度尼西亚、老挝、马来西亚、缅甸、菲律宾、新加坡、泰国、越南、东帝汶 11 个国家。该区域总面积约 450.23×10⁴km²,占绿色丝绸之路沿线国家和地区(包括中国)总面积的 8.71%。

1. 东南亚地区地形以山地为主,地势呈北部高、南部低的特点

中南半岛与马来群岛自然地理差异显著。中南半岛地势北高南低,北部山地为横断山脉向南延伸部分,南北向山系间自西向东发育了伊洛瓦底江、萨尔温江、湄公河、湄南河与红河等干流,并形成重要的三角洲冲积平原。马来群岛地形起伏较大,仅在沿海处有小块平原,且地处板块交接地带,地壳运动活跃,火山地震活动频繁(图 2-6)。

2. 东南亚地区有赤道多雨气候和热带季风气候两种类型,自然植被以热带雨林和热带季风林为主,植被类型较为单一,2/3 的植被类型为森林

东南亚地处热带,中南半岛大部分地区为热带季风气候,一年中有旱季和雨季之分,农作物一般在雨季来临之前播种,旱季到来之前收获。马来群岛的大部分地区属热带雨林气候,终年高温多雨,分布着茂密的热带雨林,农作物随时播种,四季都有收获。东南亚地区 63.85%的土地覆被类型为森林,其次是农田,约 26.28%,主要分布在柬埔寨洞里萨湖(河)平原、越南南北两大三角洲、泰国南部区域、缅甸中部区域,其余地区广泛分布着森林植被(图 2-7)。

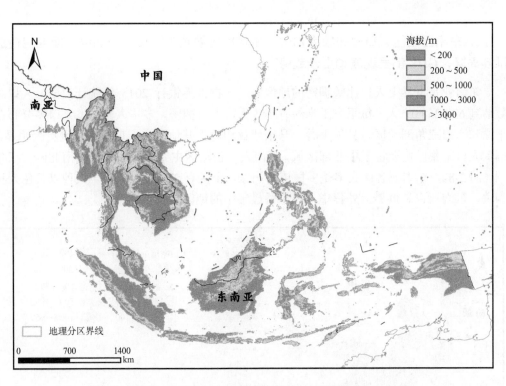

图 2-6　基于 ASTER GDEM 的东南亚地区地形图（1km×1km）

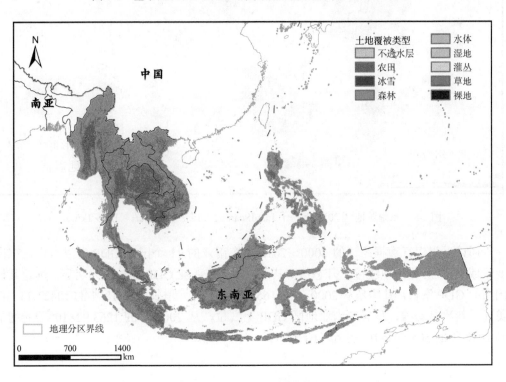

图 2-7　东南亚地区 2017 年土地覆被类型（1km×1km）

3. 东南亚地区人口分布较为均匀，密集区主要位于河口三角洲以及印度尼西亚爪哇岛等，GDP 都呈现波动上升趋势

东南亚是世界上人口比较稠密的地区之一。据世界银行 2015 年统计数据，人口总数达到 634.25×10^6 人，每平方千米约有 141 人，人口稠密，多华人聚居，人口多分布在平原和河口三角洲地区。具体来看，马来西亚相对于其他国家人口密集程度更为明显，缅甸人口密集区主要位于中北部区域，越南人口密集区主要分布在该国的南北两大三角洲（图 2-8）。东南亚各国大多是多民族的国家，全区有 350 多个民族。人种以黄色人种为主，东南亚也是世界上外籍华人和华侨最集中的地区之一。

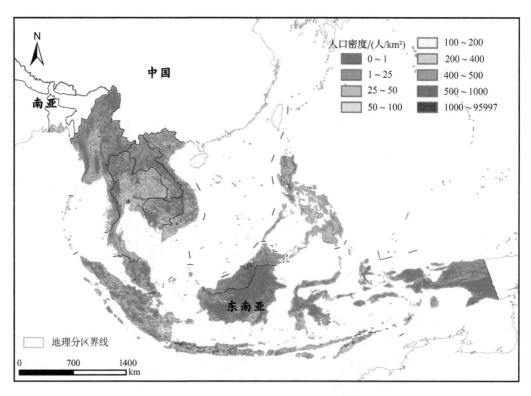

图 2-8　东南亚地区 2015 年基于 LandScan 的人口密度分布图（1km×1km）

通过世界银行数据统计的 2000～2018 年东南亚的 11 个国家 GDP 可以看出，东南亚区域 GDP 总体呈现缓慢上升态势。其中，印度尼西亚 GDP 增长最为明显，远超其他国家的 GDP 增长，具体是从 2000 年的 1650.21×10^8 美元增长到 2018 年的 10421.73×10^8 美元；其次是泰国，稳居东南亚地区 GDP 第二位，从 2000 年的 1263.92×10^8 美元增加到 2018 年的 5049.93×10^8 美元（图 2-9）。

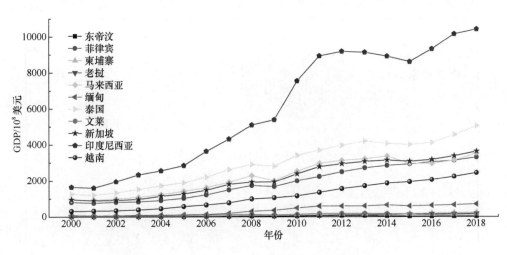

图 2-9　东南亚地区 2000～2018 年 GDP 变化趋势图

2.4　南亚地区

南亚地区位于亚洲南部的喜马拉雅山脉与印度洋之间，东濒孟加拉湾，西濒阿拉伯海。该区共包括 8 个国家，即阿富汗、孟加拉国、不丹、印度、马尔代夫、尼泊尔、巴基斯坦、斯里兰卡。该区域总面积约 $514.48 \times 10^4 \mathrm{km}^2$，占绿色丝绸之路沿线国家和地区（包括中国）总面积的 9.96%。

1. 南亚地区地形以平原为主，地势呈北部高、南部低的特点

南亚地势呈现明显的北部高、南部低的态势。地势较高的区域主要位于阿富汗、尼泊尔、不丹与中国接壤的区域（图 2-10）。其地形以山地、平原与高原为主，北部是喜马拉雅山地，平均海拔超出 6000m，中部为大平原（由印度河、恒河和布拉马普特拉河冲积而成），河网密布，灌渠众多，土壤肥沃。南部为德干高原和东西两侧的海岸平原。高原与海岸平原之间为东高止山脉和西高止山脉。

2. 南亚地区以三种热带气候为主，约 1/2 的土地覆被类型为农田，1/5 的土地覆被类型为裸地

南亚大部分地区属热带季风气候，一年分热季（3～5 月）、雨季（6～10 月）和凉季（11 月～次年 2 月），全年高温，各地降水量相差很大。西南季风迎风坡降水极其丰富，是世界降水最多的地区之一（如印度的乞拉朋齐）；西北部则降水较少，形成了印度大沙漠。南亚大部分地区位于赤道以北和 30°N 以南，除印度西北部和巴基斯坦南部属热带沙漠气候外，其他大部分地区属热带季风气候。南亚季风气候的形成，与海陆热力性质差异、气压带风带的季节性移动以及青藏高原的地形作用等都有密切关系。

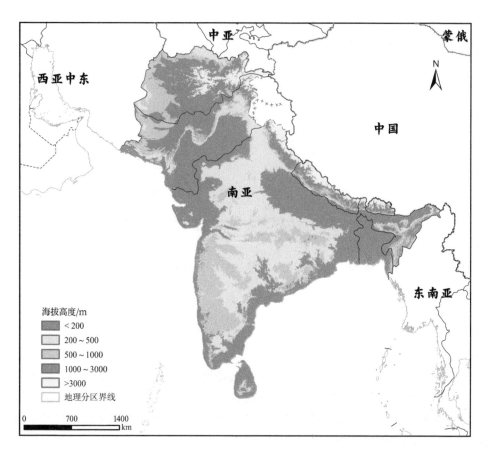

图 2-10　基于 ASTER GDEM 的南亚地区地形图（1km×1km）

南亚地区各类土地覆被类型占比较不平衡，45.09%的土地覆被类型为农田，主要集中在印度区域；其次有 22.44%的裸地，主要分布在阿富汗与巴基斯坦区域；森林也存在少量的分布，主要分布在尼泊尔、不丹的南部区域、孟加拉国的西部区域和斯里兰卡的大部分区域（图 2-11）。

3. 南亚地区人口分布较为集中，人口密度较大，GDP 呈现波动上升趋势

据世界银行 2015 年数据统计，南亚地区人口总数达到 $1749.42×10^6$ 人，人口密度为 340 人/km²，人口密集程度较高。南亚区域人口分布较为集中，马尔代夫人口极度密集，已达 1516 人/km²，孟加拉国人口密度在 1053 人/km²；另外，人口密集程度较高的地区位于巴基斯坦的东部、印度的北部，人口密度均在 400 人/km² 左右；人口稀疏区域主要位于阿富汗南部、巴基斯坦西部区域，人口密度低于 50 人/km²（图 2-12）。

南亚地区 2/3 区域为农田，是芒果、蓖麻、茄子、香蕉、甘蔗以及莲藕等农作物的原产地。所产黄麻、茶叶约占世界总产量的 1/2。水稻、花生、芝麻、油菜籽、甘蔗、棉花、橡胶、小麦和椰子等产量在世界上也占重要地位。

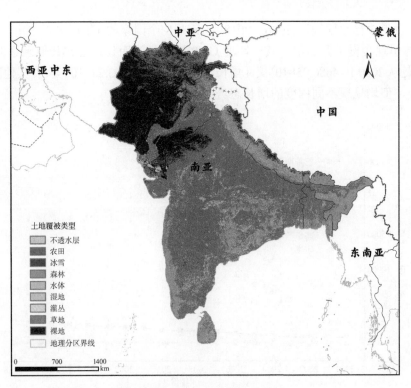

图 2-11　南亚地区 2017 年土地覆被类型（1km×1km）

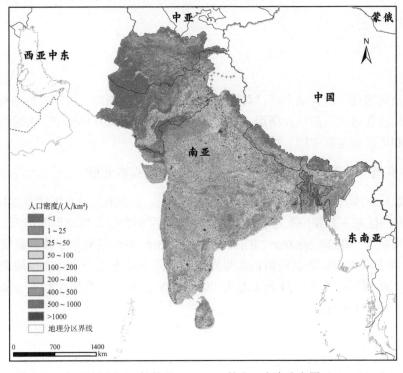

图 2-12　南亚地区 2015 年基于 LandScan 的人口密度分布图（1km×1km）

通过世界银行数据统计 2000～2018 年南亚 8 个国家的 GDP 可以看出，南亚地区 GDP 总体呈现缓慢上升态势。其中印度 GDP 增长最为明显，远超其他国家的 GDP 增长，具体是从 2000 年 4686.95×10⁸ 美元增长到 2018 年的 27263.23×10⁸ 美元。其他国家 GDP 差距较小，但均呈现不同程度的增长态势（图 2-13）。

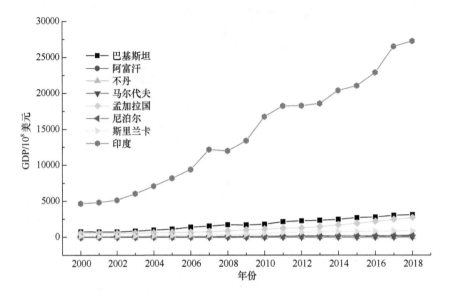

图 2-13　南亚地区 2000～2018 年 GDP 变化趋势图

2.5　中亚地区

中亚地区地处亚欧大陆中部，共 5 个国家，即哈萨克斯坦、吉尔吉斯斯坦、塔吉克斯坦、土库曼斯坦、乌兹别克斯坦。该区域总面积约 400.29×10⁴km²，占绿色丝绸之路沿线国家和地区（包括中国）总面积的 7.75 %。

1. 中亚地区地形以平原与丘陵为主，地势东南高西北低

中亚地区总体上呈现东南高、西北低的地形特征。从其海拔分布图（图 2-14）可以看出，地势高的区域主要集中在塔吉克斯坦帕米尔地区和吉尔吉斯斯坦西部天山地区，山势陡峭，海拔在 4000～5000m，并有海拔为 7495m 的伊斯梅尔·萨马尼峰和海拔为 7134m 的列宁峰。在哈萨克斯坦西部里海附近有陆上低于海平面 132m 的最低点。东西之间的广阔地区，荒漠、绿洲在海拔 200～400m，丘陵、草原在海拔 300～500m，东部山区在海拔 1000m 左右。

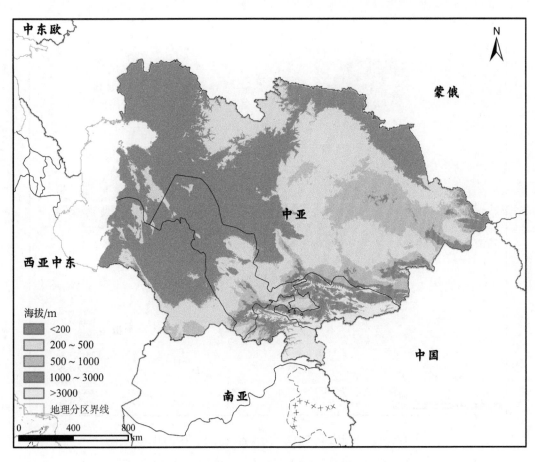

图 2-14　基于 ASTER GDEM 的中亚地区地形图（1km×1km）

2. 大部分地区为温带大陆性气候，冬冷夏热，降水稀少，气温年较差与日较差大，植被以草原、荒漠为主

由于处于欧亚大陆腹地，尤其是东南缘高山阻隔了印度洋、太平洋的暖湿气流，该地区气候为典型的温带沙漠、草原的大陆性气候。雨水稀少，极其干燥，一般年降水量在 300mm 以下。中纬度大陆内部地区，晴天多，太阳辐射强，温度高，蒸发旺盛。温度变化剧烈，许多地方白天最高气温与夜晚最低气温之间可相差 20～30℃。由于地形特征为东南高、西北低，故而河流走向基本为西北走向。水量小，水能少，汛期在春夏季节，原因是冰山融化和夏季降雨。

中亚地区土地覆被类型以草地和裸地为主（图 2-15）。3/5 的土地覆被类型为草地，主要分布在哈萨克斯坦大部区域与东南部的吉尔吉斯斯坦和塔吉克斯坦区域；约 3/10 的土地覆被类型为裸地，主要分布于乌兹别克斯坦与土库曼斯坦境内，少量分布于塔吉克斯坦的东南部。农田零散分布在本区北部和南部。

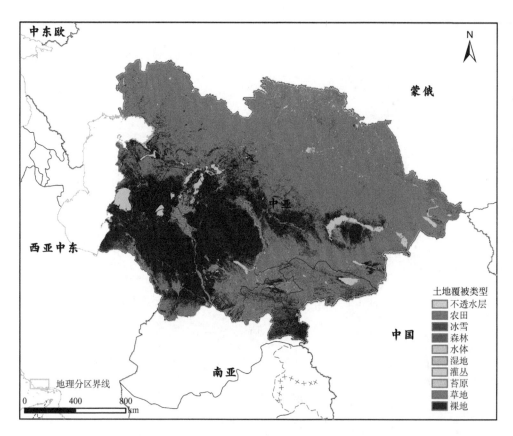

图 2-15　中亚地区 2017 年土地覆被类型（1km×1km）

3. 中亚地区人口分布较为集中，人口密度国家间分布不均匀，GDP 都呈现波动式上升趋势

据世界银行 2015 年统计数据，中亚地区人口总数达到 68.82×10^6 人，人口密度为 17 人/km^2，人口密度整体较低，但是中亚各国人口分布区域差异较大。哈萨克斯坦领土辽阔，其面积是其他四个共和国总面积的两倍多，乌兹别克斯坦领土虽然仅为哈萨克斯坦的 1/6，但其人口却比哈萨克斯坦多出近两成。哈萨克斯坦人口密度为 6 人/km^2，而乌兹别克斯坦人口密度为 73 人/km^2，国家间差异明显。由中亚地区人口密度分布（图 2-16）可以看出，中亚地区整体人口密集区主要位于全区域东南部与哈萨克斯坦北部。

世界银行统计数据显示，2000～2018 年中亚 5 个国家 GDP 总体呈现波动上升态势。其中哈萨克斯坦 GDP 增长最为明显，远超其他国家，从 2000 年的 182.92×10^8 美元增长到 2018 年的 1705.39×10^8 美元；其次是乌兹别克斯坦，2000～2016 年一直呈现上升趋势，之后出现下滑状态。其他国家 GDP 差距较小，都呈现不同程度的增长态势（图 2-17）。

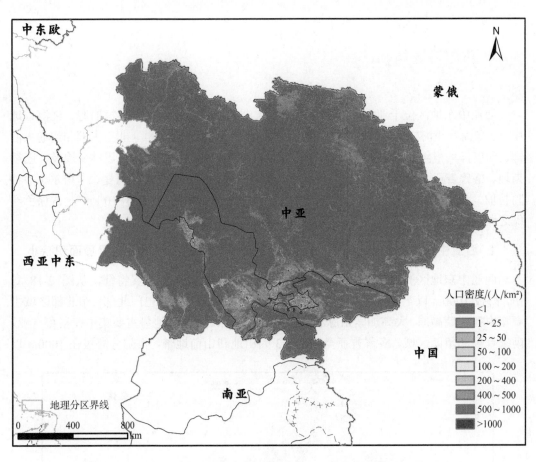

图 2-16　中亚地区 2015 年基于 LandScan 的人口密度分布图（1km×1km）

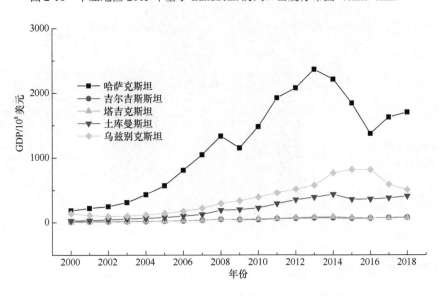

图 2-17　中亚地区 2000～2018 年 GDP 变化趋势图

2.6 西亚中东地区

西亚中东地区位于亚洲、非洲、欧洲三大洲的交界地带，位于阿拉伯海、红海、地中海、黑海和里海之间，被称为"五海三洲之地"，是联系亚、欧、非三大洲和沟通大西洋、印度洋的枢纽。该地区涉及 19 个国家，即亚美尼亚、阿塞拜疆、巴林、埃及、巴勒斯坦、格鲁吉亚、伊朗、伊拉克、以色列、约旦、科威特、黎巴嫩、阿曼、卡塔尔、沙特阿拉伯、叙利亚、土耳其、阿联酋、也门。该地区总面积约 757.03×10⁴km²，占绿色丝绸之路沿线国家和地区（包括中国）总面积的 14.65%。

1. 西亚中东地区大部分是高原，高原边缘有较高的山岭耸立，平原面积狭小

西亚中东地区的地势高低悬殊，地势从东向西呈现高—低交叉特征，从图 2-18 看出，海拔 1000m 以上的区域主要集中在东北部与沙特阿拉伯、也门北部，东北部区域主要集中在伊朗高原、大高加索山脉和安纳托利亚高原。具体高地势主要集中在格鲁吉亚、阿塞拜疆和伊朗区域。格鲁吉亚全境约 2/3 为山地和山前地带，大部分海拔在 1000m 以

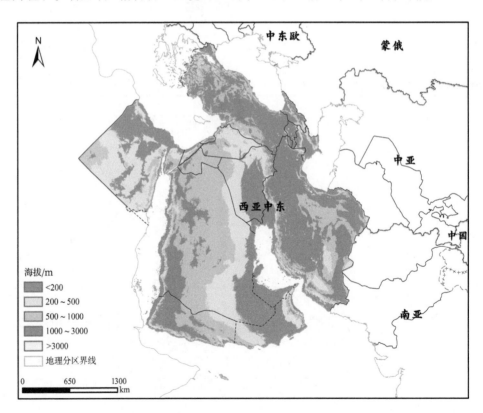

图 2-18 基于 ASTER GDEM 的西亚中东地形图（1km×1km）

上，属于高加索山区，北部是大高加索山脉，南部是小高加索山脉。阿塞拜疆全境内土地约半数为山地，境内最高峰巴萨杜兹峰，位于高加索山脉。伊朗亦是一个高原国家，海拔一般在 900～1500m，北部有厄尔布尔士山脉，西部和西南部是宽阔的扎格罗斯山脉，约占土地面积的一半。

2. 西亚中东地区气候干燥，主要有热带沙漠气候、地中海气候、温带大陆性气候，自然资源十分匮乏，裸地占 2/3

西亚中东地区的温度差异较大，由南向北逐渐降低，降水量南多北少，差异明显。土耳其东部地区多山，气温较低，沿海地区属于地中海气候，由内陆高原向热带草原和沙漠气候过渡，年平均降水量为 250～400mm。格鲁吉亚西部亚热带气候，西部湿润，东部干燥，年降水量西部为 1000～3000mm，东部为 300～800mm。阿塞拜疆境内中部与东部为干燥气候，东南部降水较为充沛。

土地覆被类型分布方面，裸地占到西亚中东地区的 2/3，森林、草地与农田仅占 1/5，其中土耳其、格鲁吉亚与阿塞拜疆区域分布着相对于其他区域较多的森林资源、草地资源与农田资源。西亚中东地区西南部的也门有小部分灌丛资源分布（图 2-19）。

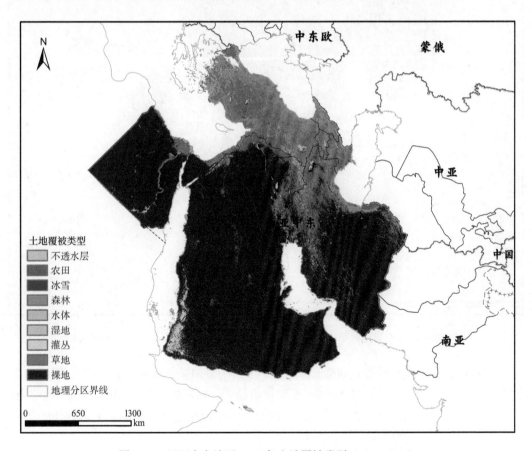

图 2-19　西亚中东地区 2017 年土地覆被类型（1km×1km）

3. 西亚中东地区人口分布较为集中，各个国家人口密度分布不均匀，GDP 都呈现波动上升趋势

西亚中东地区人口密集区主要集中在其东北部尼罗河三角洲与阿拉伯半岛西南狭长地带，密集程度最高的区域主要是也门西南部、埃及尼罗河三角洲、黎巴嫩、以色列靠近地中海区域、西南部的也门与沙特阿拉伯的西南区域（图 2-20）。全区人口密度约为 59 人/km²，各个地区密度差距较大：巴林人口密度在 2018 年达到 2017 人/km²，而沙特阿拉伯占据西亚中东 214.97×10⁴km² 的土地，人口仅 33.70×10⁶ 人，人口密度为 15 人/km²，各个国家人口密度分布极不均匀。

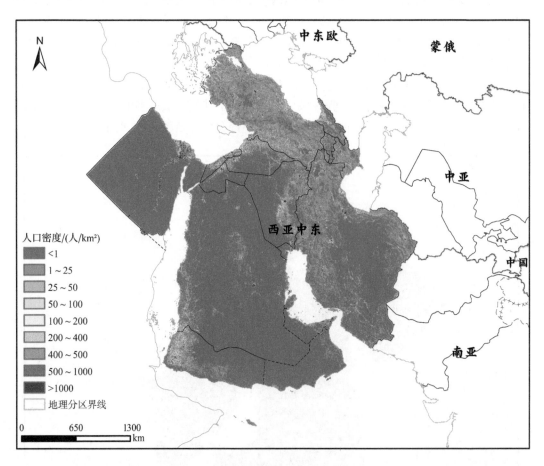

图 2-20　西亚中东地区 2015 年基于 LandScan 的人口密度分布图（1km×1km）

根据世界银行统计数据，2000～2018 年西亚中东的 19 个国家 GDP 总体呈现缓慢上升态势，土耳其的 GDP 在 2000～2018 年一直稳居 19 国的首位，发展态势最好，其次是沙特阿拉伯、伊朗、阿联酋、以色列、埃及。受到国际金融危机的影响西亚中东国家总体在 2009 年呈下滑状态（图 2-21）。

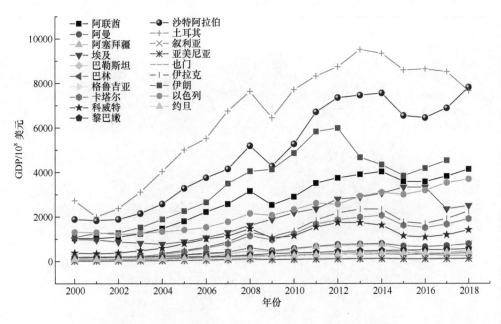

图 2-21　西亚中东地区 2000～2018 年 GDP 变化趋势图

2.7　中东欧地区

中东欧地区位于欧洲中东部，共有 19 个国家，即阿尔巴尼亚、波黑、保加利亚、克罗地亚、捷克、爱沙尼亚、匈牙利、拉脱维亚、立陶宛、黑山、波兰、罗马尼亚、塞尔维亚、斯洛伐克、斯洛文尼亚、北马其顿、白俄罗斯、摩尔多瓦、乌克兰。该区域总面积约 $218.82×10^4km^2$，占绿色丝绸之路沿线国家和地区（包括中国）总面积的 4.23%。

1. 中东欧地区地貌类型以平原为主，地势整体呈现西部高、东部低的特点

中东欧即指欧洲中东部，地貌类型比较单一，以东欧平原为主。本区域的地形以巴尔干半岛为分界，大致分成东西两部分。东部的平原位于波兰、立陶宛、拉脱维亚等区域，地势由南向北倾斜。南部地形较为复杂，山地平原交错，只有在匈牙利东部和罗马尼亚南部，才可见到面积较大的平原；西部区域地势较高，主要包括巴尔干半岛的山地与阿尔卑斯山脉余脉区域（图 2-22）。

2. 气候以温带大陆性气候为主，主要分布在东欧平原上

中东欧地区绝大部分属于温带大陆性气候。冬季严寒，夏季温暖，春秋季较短，年温差大。夏季多雨，水汽主要由西风自北大西洋带入，年雨量约为 500mm。本区域冬季气温甚低，故河流冰封，雪橇通行，部分地区冬季长达 6～8 个月。冬季降雪区域广泛，

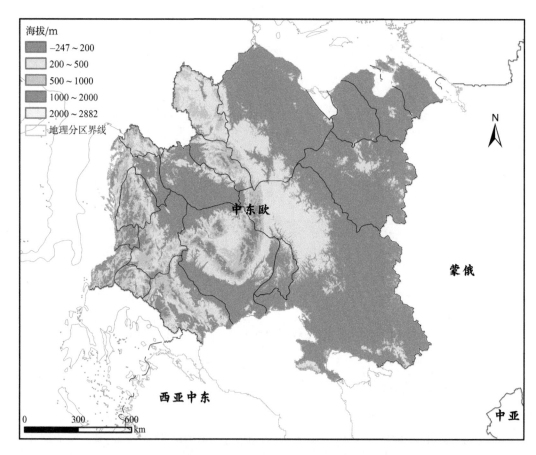

图 2-22　基于 ASTER GDEM 的中东欧地区地形图（1km×1km）

每年 11 月～翌年 3 月，时常降雪，北部泰加针叶林区冬雪最多，春季雪融缓慢，融雪水渗入土中，可供植物吸收，对寒带森林的发育裨益甚大。

中东欧地区自然资源丰富，本区域有 37.76% 的农田、32.86% 的森林与 25.48% 的草地，三种土地覆被类型在中东欧占比超过 96%。中东欧西部区域，如乌克兰、摩尔多瓦区域大多为平原地带，整体上覆盖肥沃的冲积土，为农业发展的重要地带。森林主要集中在中东欧的中西部区域，俄罗斯、保加利亚、斯洛伐克、波黑、克罗地亚等区域居多，草地分布于中东欧的各个区域，较为集中的区域是西南区域的黑山与波黑等区域（图 2-23）。

3. 中东欧地区人口分布较为均匀，GDP 都呈现波动上升趋势，各国 GDP 高低差距较大

中东欧地区缺乏超大人口密集区，人口居多的区域是波兰、捷克、罗马尼亚区域（图 2-24），人口均达到 $10×10^6$ 人以上，其中波兰人口达到 $37.99×10^6$ 人。人口密度方面，中东欧区域整体人口密度为 80 人/km²，人口密度较高，其中人口密度最高区域是捷克，达到 134 人/km²。

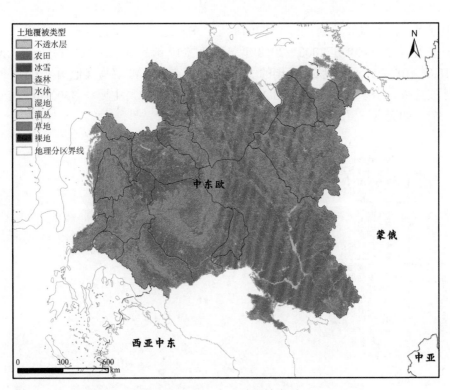

图 2-23　中东欧地区 2017 年土地覆被类型（1km×1km）

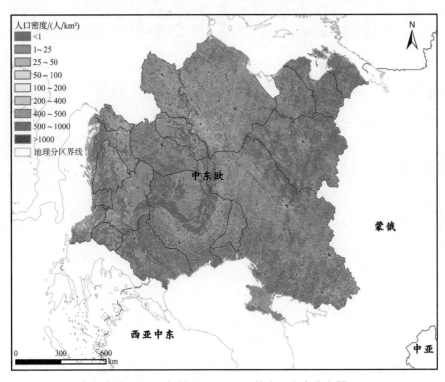

图 2-24　中东欧地区 2015 年基于 LandScan 的人口密度分布图（1km×1km）

　　根据世界银行统计数据，2000～2018 年中东欧地区的 19 个国家 GDP 总体呈现缓慢上升态势，波兰 GDP 在 2000～2018 年一直稳居 19 国的首位，发展态势最好，从 2000 年 1718.86×10^8 美元增长到 2018 年的 5857.83×10^8 美元，波兰与其他国家 GDP 差距较大，除波兰外，中东欧其他国家 GDP 水平分布较为集中，主要在 3500×10^8 美元以下（图 2-25），如捷克、罗马尼亚和乌克兰等。

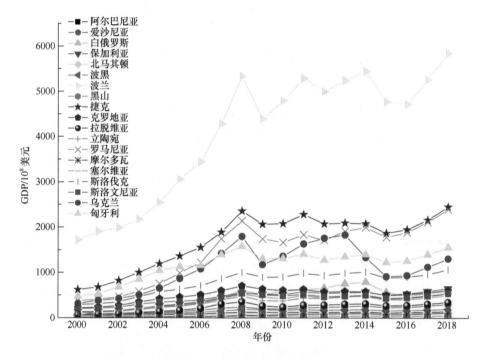

图 2-25　中东欧地区 2000～2018 年 GDP 变化趋势图

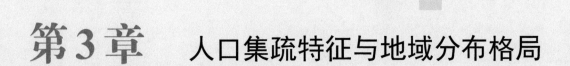

第3章　人口集疏特征与地域分布格局

人口是一个国家和地区社会经济发展的关键性因素，也是实施国民经济发展重大战略的基础。人口分布不仅体现了人口在地理空间上的分配格局，其地域集疏格局直接或者间接影响着国家和地区的发展战略规划、资源合理配置和产业优化布局等。自习近平总书记 2013 年提出"一带一路"倡议以来，绿色丝绸之路沿线国家和地区越来越成为全球发展的重点区域和投资热土，中国新时代"走出去"战略方兴未艾，那么绿色丝绸之路沿线国家和地区的人口分布格局是什么样的？哪些地区是人口密集区？哪些地区是人口稀疏区？为解决上述问题，基于世界银行（World Bank）社会经济统计数据和 LandScan 全球人口空间化栅格数据，采用基尼系数和人口集聚度等方法，系统揭示 2015 年绿色丝绸之路沿线国家和地区的人口集疏特征和地域分布格局，并进一步分析了沿线国家和地区的人口城市化水平与国别差异。

3.1　人口数据来源与处理

3.1.1　数据来源

本章涉及的人口统计数据（表 3-1）来源于世界银行和联合国人口司（UN Population Division）。此外，当前国际上全球尺度的人口空间化数据集主要有全球人口栅格（Gridded Population of the World，GPW）数据集、全球资源信息数据库（Global Resource Information Database，GRID）、世界人口行动计划（WorldPop）数据集和 LandScan 全球人口动态统计分析数据库（LandScan Population Distribution Database）（柏中强等，2013）。在具体人口密度栅格产品选择时，本章简要评述了上述四种数据集特点及其应用范围。

表 3-1　人口集疏特征与地域分布格局分析所用数据来源

数据类型	统计数据	栅格数据	矢量数据
内容描述	绿色丝绸之路沿线国家和地区 1960~2018 年人口统计数据	绿色丝绸之路沿线国家和地区 2015 年 LandScan 人口空间化栅格数据集	绿色丝绸之路沿线国家和地区下二级行政区边界，如中国为省级行政边界。时间节点为该数据集 2018 年 5 月发布的最新一期
来源	世界银行和联合国人口司	美国橡树岭国家实验室（Oak Ridge National Laboratory）	全球行政区划（Global Administrative Areas，GADM）
预处理及用途	进行区域和国家尺度人口总量分析时，采用了世界银行的统计数据。进行沿线国家大城市空间表征时采用了联合国人口司的数据	计算人口基尼系数和基于二级行政区人口集聚度时，采用了二级行政边界分区统计边界内的栅格数据值，以得到二级区域内的人口总量	按照绿色丝绸之路沿线 65 个国家的范围获取其二级行政区范围，并对二级行政边界有明显错误的地方进行了调整

GPW 数据集是由美国哥伦比亚大学国际地球科学信息网络中心（Columbia University and Center for International Earth Science Information Network，CIESIN）和 NASA 社会经济数据中心联合发布的全球人口栅格化空间数据产品。该产品从 1995 年首次发布至今已经更新到了第四版（GPW V4）。该数据集是非数学建模产品，其制备原理是收集各国官方发布的某一等级的行政区划内人口统计数据及其行政边界。以中国为例，最新的 GPW V4 数据集使用的是 2010 年第六次全国人口普查的乡镇（街道）级人口统计点数据。然后，计算该等级行政区内的平均人口密度，并叠加某一特定尺寸格网，按照每个格网的面积及对应的行政区内人口密度逐个格网计算人口数量，最终实现不规则行政边界人口数量的规则等面积栅格化。当前该数据集更新到 GPW V4.11，发布的时间序列上包含 2000 年、2005 年、2010 年、2015 年、2020 年共五期的全球人口空间分布数据集，其空间分辨率为30″（在赤道处约 1km）数据，可提供 2.5′、15′、30′和 1°四种解决方案。但是，其缺点在于未考虑人口空间分布的自然环境要素，主要是将各国人口统计数据栅格化来表征全球人口分布情况，因此其人口空间分布数据的分辨率和精度有待提高。

UNEP/GRID 数据集是由联合国环境规划署（United Nations Environment Programme，UNEP）支持的全球资源信息数据库，由设立在美国苏尔福斯（Sioux Falls）的多个子数据库提供全球人口和行政边界数据。目前该数据库主要提供非洲 1960 年、1970 年、1980 年、1990 年和 2000 年人口密度分布数据集（Population Distribution Database）、亚洲部分地区（East Asia、South Central Asia、South East Asia、West Asia）的 1995 年人口密度分布数据集、拉丁美洲及加勒比海地区（Latin America & Caribbean）的 1960 年、1970 年、1980 年、1990 年和 2000 年人口密度分布数据集以及全球尺度 1990 年的人口分布栅格数据集，其中全球尺度的空间分辨率为 1°。UNEP/GRID 人口分布数据集制备原理是假设人们往往倾向于集中在交通基础设施条件较好的地方，通过交通网、城市中心、城镇位置和大小等信息，构建模型计算基于网络节点的人口潜能，利用保护区、水域等信息剔除不适合人口分布的区域，将各行政单元的人口总数根据临近指数分布到每个格点。其缺点在于全球尺度的人口分布数据仅有 1990 年且年代久远，空间分辨率也较低，对区域性研究精度和时间要求匹配较差。

世界人口计划数据集（WorldPop）是由英国南安普顿大学地理数据研究所领导的全球人口分布制图计划，佛罗里达大学、牛津大学等多个机构参与其中，并得到了美国联邦、世界银行、联合国以及数个基金会的财政支持，其空间分辨率为 0.00083°（在赤道处约 1km）。WorldPop 发起于 2013 年，其前身即 AsiaPop、AfriPop 和 AmeriPop 三个计划。该计划实施目的是为低收入国家（中南美洲、非洲和亚洲）提供高精度、免费使用的人口分布和综合地图，其属性字段不仅包括人口数量，还有人口年龄、出生率、怀孕率、贫困人口和城市增长，可用于流行病学、资源分配、扶贫、道路和城市规划及环境影响评估研究。该数据集的生产方法是：收集各国权威或官方发布的人口统计数据，与相应的行政区划数据联接。以中国为例，采用的是国家统计局 2010 年发布的市/县/区三级统计数据。基于 Landsat TM 数据，联合多种数据源（Open Street Map、已有的建成区数据等），提取居住区数据；利用行政区划数据和居住区边界数据能够实现大多数地区的人口空间分配,对少数无法用上述方法进行人口空间化的农村地区,根据土地利用类型实现人口再分布。目前,新版的 WorldPop 数据集已采用随机森林算法实现人口再分布。

LandScan 数据集是美国国家橡树岭实验室全球人口项目的一部分,空间分辨率约为 1km。它使用地理信息系统和遥感相结合的创新方法,在发展、制作全球人口格网数据方面居于世界领先地位。LandScan 数据集制备原理是收集各国权威可信的人口统计数据(通常到省级),构建基于坡度、道路可达性、土地覆被、城市密度、夜间灯光的权重模型,计算所有像元的人口分布概率系数,以各行政区界线和人口总数为控制条件,依据系数分配,并用高分辨率影像进行检验。针对全球各国或地区在居住文化、统计数据的可获得性、数据质量、数据尺度及精确性等方面的差异,LandScan 项目组开发了适应不同数据条件和区域特征的人口分配算法,并且这种算法每年十月更新一次并同时更新数据集。目前,该数据集包括 1998 年和 2000 年以来的全球数据。

本章选取了 LandScan 人口栅格空间数据集作为数据来源。通过比对这 4 种数据集的精度和可用性,考虑到 2015 年是很多国家的抽样调查年份,数据质量相对精确,最终选取 2015 年的 LandScan 数据集作为研究绿色丝绸之路沿线国家和地区的人口集疏特征与地域分布格局的数据来源。

3.1.2 数据处理

数据处理是后续研究工作开展的基础和前提,数据处理的精细程度关乎研究的准确性和科学性。本章分别对三种数据进行了处理校对:①世界银行分国别的人口统计数据。由于各资料统计口径不一致,对于中国,本章采用国内较为权威的统计数据,其中 1960~2017 年的全国人口数据来源于《中国人口与就业统计年鉴(2018)》,2018 年全国人口数据来源于《中华人民共和国 2018 年国民经济和社会发展统计公报》。另外,部分国家人口统计数据存在缺失,因此绿色丝绸之路沿线国家和地区总人口数存在一定偏差。例如,科威特缺失 1992 年之后的人口数据,巴勒斯坦缺失 1960~1989 年的人口数据,塞尔维亚缺失 1960~1989 年人口数据。需要说明的是,科索沃自治省与塞尔维亚被世界银行分开统计,本章将科索沃的数据并入塞尔维亚进行处理。②LandScan 数据。利用绿色丝绸之路沿线国家和地区的二级行政区矢量边界对研究区域内的人口栅格数据进行了提取。具体采用的工具为 ArcGIS 10.2 中的“Zonal Statistics as Table”,以二级行政边界为输入字段,以栅格数据集为复制字段,统计类型为“Sum”,得到了 2015 年沿线国家和地区的二级行政区的人口栅格数据集。然后进行了 Albers 等积圆锥投影变换(Krasovsky_1940_Albers,标准纬线为 25°与 70°,中央经线为 105°,投影原点纬度为 0°,单位为 m)并转换成 1km×1km 的栅格数据,最终得到绿色丝绸之路沿线 65 个国家 2015 年的 1km×1km 人口密度空间分布图。③对于采用世界银行的统计数据计算国家尺度的人口总量和采用 LandScan 栅格数据计算国家二级行政尺度人口数量的衔接问题,本章采取了总量控制的原则,即采用世界银行的统计数据对沿线国家和地区栅格数据统计出来的总人口进行校对,然后依照国家二级行政区在本国的人口占比进行了修正,最终获得了沿线国家和地区二级行政边界的人口数量。

3.2 沿线国家和地区人口分布的时空格局特征

3.2.1 基于统计数据的沿线国家和地区人口时间变化

沿线国家和地区 1960～2018 年人口总量持续上升，占世界人口比重先增后减。世界银行的各国人口统计数据可上溯到 1960 年，因此本章收集整理了 1960 年以来的世界人口与沿线国家和地区人口，并绘制成沿线国家和地区人口总量以及占世界人口比重的柱状或折线图。由图 3-1 可知，沿线国家和地区的人口总量从 1960 年的 18.58×10^8 人上升到 2018 年的 47.07×10^8 人，在近 60 年人口增加了约 1.5 倍，年均增长人口近 5000×10^4 人，年均增长率约为 2.6%。从世界人口占比看，近 60 年沿线国家和地区人口占比均在 3/5 以上，沿线国家和地区人口占比在 1960～1990 年持续增加，但在 1990 年后人口占比持续小幅下降，这一部分可能是沿线国家和地区内部分人口大国人口增长缓慢及区域外国家（如非洲）人口快速增长共同作用导致的。就大国人口增长放缓来看，主要有苏联解体导致俄罗斯和中亚地区人口增加缓慢甚至负增长及中国实行"计划生育"（1982～2013）严格控制人口增长等。

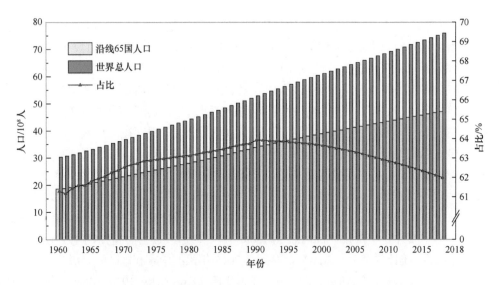

图 3-1　沿线国家和地区 1960～2018 年人口总量及占世界人口比例
资料来源：世界银行数据库

沿线国家和地区人口总量差别极大，是世界人口大国的主要集中地。由图 3-2 可知，2015 年沿线 65 个国家总人口为 45.76×10^8 人。中国人口总量最多，为 13.75×10^8 人，约占沿线国家和地区总人口的 30.02%；文莱人口最少，仅为 41.50×10^4 人，占沿线国家和地区人口比例不及 0.01%。该地区人口最多和最少的国家相差 3300 多倍，沿线国家和地区人口总量差异极大。2015 年沿线国家和地区人口总量在 1 亿人以上的国家有中国（13.75×10⁸ 人）、印度（13.10×10⁸ 人）、印度尼西亚（2.58×10⁸ 人）、巴基斯坦（1.99×10⁸ 人）、孟加拉国（1.56×10⁸ 人）、俄罗斯（1.44×10⁸ 人）和菲律宾（1.02×10⁸ 人）共 7 个国家。可见，绿色丝绸之路沿线国家和地区人口过 1×10⁸ 的国家占世界人口过亿国家（13 个）的一半以上。本区人口总量少于 1000×10⁴ 人的国家有 37 个，占沿线国家和地区人口总数一半以上。从分区看，人口较多的国家主要集中在东南亚和南亚。相对而言，西亚、中亚和中东欧的国家人口较少：一是这些地区自然本底条件较差，多为干旱、半干旱区，资源环境承载力较低；二是这些国家的国土面积普遍较小，如中东欧国家。

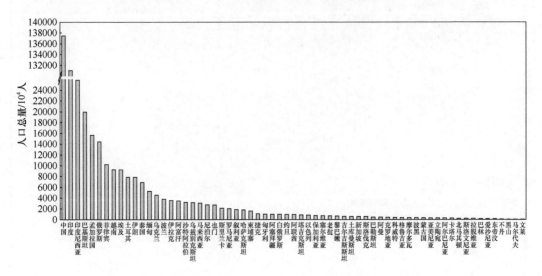

图 3-2　沿线国家 2015 年人口总量分布图

资料来源：世界银行数据库（科威特 2015 年人口数据存在缺失，本章采用了 LandScan 2015 栅格数据统计的结果）

3.2.2　基于栅格数据的沿线国家和地区人口分布格局

沿线国家和地区人口分布格局呈现"北疏南密，两头高中间低"的空间格局。基于 2015 年 LandScan 公里格网数据，制作了沿线国家和地区人口密度分布图（图 3-3）。其中，人口密度在 1 人/km² 以下的人口稀疏地区土地面积占比为 66.74%，人口总量占比为 0.12%，沿线国家和地区大部分地区为地广人稀地区，主要分布在俄罗斯远东地区、蒙古国、中亚五国、中国塔里木盆地和青藏高原、阿拉伯半岛、埃及沙漠地区，这些地区要么气候寒冷干燥，要么干旱少雨，要么地形起伏度高。人口密度在 500 人/km² 以上的人口密集区土地面积占到 2.42%，人口总量占比为 75.67%，沿线国家和地区大部分人口仅分布在面积很小的地区（图 3-4），主要分布在中国东部京津冀、长江三角洲、四川盆地和珠江三角洲，越南红河三角洲和湄公河三角洲，以及印度恒河流域、孟加拉国、巴基斯坦印度河流域、印度尼西亚爪哇岛、埃及尼罗河三角洲、东欧平原等地，多为气候湿润、地形平坦、交通便利、经济发达的沿江沿海地区。

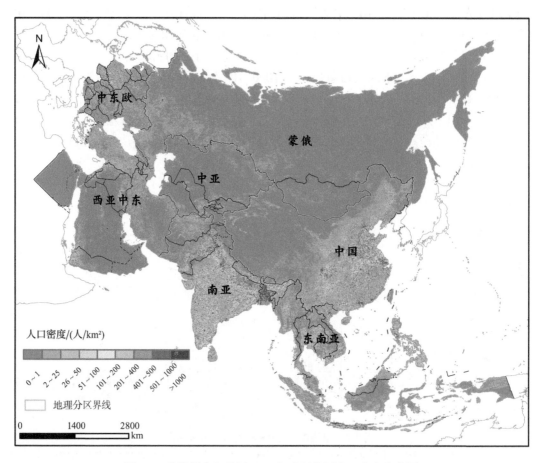

图 3-3　沿线国家和地区 2015 年公里格网人口密度分布图

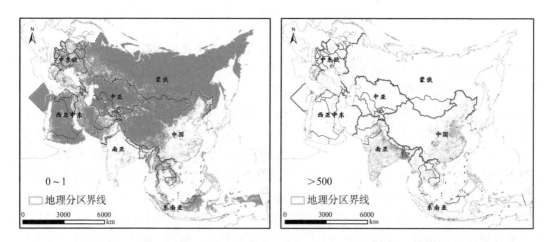

图 3-4　沿线国家和地区 2015 年公里格网特征人口密度值空间分布

3.3　人口分布的空间集疏特征

3.3.1　研究方法

采用洛伦兹（Lorenz）曲线直观地揭示沿线国家和地区人口分布的不均衡性。洛伦兹曲线最初用于经济学，从最低收入住户开始，以住户收入的累计百分比相对住户数目的累计百分比绘制得到（胡祖光，2004）。洛伦兹曲线越远离对角线，说明收入分配越不均衡。本章借鉴洛伦兹曲线分析了沿线国家和地区人口与土地面积分布的不均衡性。具体步骤如下：按照沿线国家和地区二级行政区的人口密度由小到大进行排序，计算各二级行政单元的土地累计比例和人口累计比例；然后以土地面积累计比例为横轴，人口累计比例为纵轴，绘制沿线国家和地区人口分布的洛伦兹曲线。

采用基尼系数定量揭示沿线国家和地区人口–土地分布的不均衡性。基尼系数是根据洛伦兹曲线原理计算的一个从总体上衡量一定范围（国家或地区）内居民收入分配不均衡程度的相对量统计指标，其值域在 0～1，值越大表示收入分配越不均衡（中国人口分布适宜度研究课题组，2014）。土地–人口基尼系数反映了人口分布的不均衡程度，假定样本土地面积可以分为 n 组，设 W_i、m_i、P_i 分别代表第 i 组的人口占比、平均人口密度和土地占比（$i=1,2,\cdots,n$），对全部样本按平均人口密度（m_i）由小到大进行排序后，基尼系数（G）可用式（3-1）表示：

$$G = 1 - \sum_{1}^{n} P_i \left(2Q_i - W_i\right) \tag{3-1}$$

式中，G 为基尼系数；Q_i 为累计人口占比；P_i 为土地占比；W_i 为人口占比。

3.3.2　基于基尼系数的空间集疏变化

沿线国家和地区人口空间分布不均衡，基本符合"二八定律"，即 80% 的人口集中在 20% 的土地上。由沿线国家和地区土地–人口洛伦兹曲线图（图 3-5）可知，基于二级行政区计算的沿线国家和地区土地–人口洛伦兹曲线严重偏离对角线，表明沿线国家和地区人口分布不均衡。进一步根据洛伦兹曲线原理制作 2015 年沿线国家和地区二级行政区分级人口和土地面积统计表。由表 3-2 可知，沿线国家和地区在二级行政区尺度下人口累计 9.07% 时，土地面积仅累计了 0.39%；而当人口累计到 89.74% 时，土地面积累计比重仅为 26.71%。对比基于县域单元的中国人口土地洛伦兹曲线结果（韩嘉福等，2009），沿线国家和地区人口空间分布表现出了更大的不均衡性。

土地-人口基尼系数可以定量化描述沿线国家和地区人口集聚程度的大小。洛伦兹曲线大致刻画了沿线国家和地区人口分布的不均衡，而基于国家二级行政区人口数量，采用土地–人口基尼系数计算公式得到 2015 年沿线国家和地区土地–人口基尼系数为

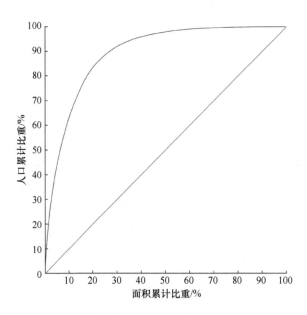

图 3-5 沿线国家和地区 2015 年土地–人口洛伦兹曲线

表 3-2 2015 年沿线国家和地区二级行政区分级人口和面积统计表

人口累计 比重分级/%	人口密度分级 /（人/km²）	二级行政区 数量/个	人口总数/10⁶ 人	人口累计 比重/%	地域面积 /10⁴km²	土地面积累计 比重/%
0~10	1179~30994	91	415.14	9.07	20.35	0.39
10~20	895~1172	30	414.92	18.13	39.82	1.16
20~30	615~872	31	498.56	29.01	65.91	2.44
30~40	542~613	19	407.57	37.92	71.37	3.82
40~50	380~539	50	515.73	49.18	122.12	6.18
50~60	316~379	39	488.19	59.84	148.48	9.06
60~70	211~314	90	425.29	69.13	166.36	12.28
70~80	145~211	111	496.47	79.97	277.38	17.65
80~90	66~145	384	447.55	89.74	468.37	26.71
90~100	0~66	538	469.64	100.00	3786.93	100.00

0.78，进一步量化说明了沿线国家和地区人口空间分布的不均衡性（图 3-6）。分区域看，蒙俄地区的土地–人口基尼系数最高，为 0.79，高于沿线国家和地区的平均基尼系数，说明蒙俄两国人口分布高度不均衡，大量人口集聚在很小的土地面积上。中东欧地区的土地–人口基尼系数最低，为 0.34，人口分布较为均衡，主要原因为中东欧地区地势较为平坦，以平原为主，水热条件差异不大，人口分布较均衡。其他地区中，南亚地区土地–人口基尼系数较低，为 0.47，人口分布相对均衡，主要原因为南亚国家基本位于亚热带和热带地区，且区域内地形差异相对较小，各二级行政区人口密度差异较小。而西亚中东地区、中亚地区、东南亚地区、中国的土地–人口基尼系数均高于 0.6，人口分

布区域差异较大，这些地区有的自然条件差异显著，有的区域经济发展不平衡，导致人口高度集中于地理位置优越，社会经济条件好的地区。

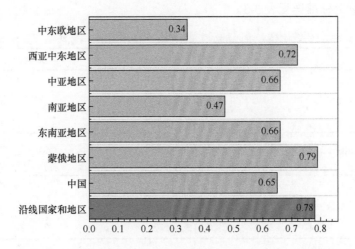

图 3-6　沿线国家和地区及各大分区 2015 年土地–人口基尼系数

3.4　人口分布的地域集疏格局

3.4.1　研究方法

人口集聚度是指某一地区人口相对全区域人口的区域集聚程度，可以用某一地区相对于全区域 1%土地面积上的人口占全区域人口的比重来表达（%）。人口集聚度一般以小数表示（刘睿文等，2010）。计算公式为

$$\mathrm{JJD}_i = \left(P_i / A_i\right) \times \left(\frac{A_n}{100}\right) / P_n = \frac{D_i}{D_n} / 100 \qquad (3\text{-}2)$$

式中，JJD_i 为 i 分国家和地区（国家和地区二级行政区）的人口集聚度（%）；P_i 为 i 分国家和地区（国家和地区二级行政区）的人口数量（人）；A_i 为 i 分国家和地区（国家和地区二级行政区）的土地面积（km²）；P_n 为绿色丝绸之路沿线国家和地区的人口总数（人）；A_n 为绿色丝绸之路沿线国家和地区的土地面积（km²）；D_i 为绿色丝绸之路沿线 i 分国家和地区（国家和地区二级行政区）的平均人口密度（人/km²），D_n 为绿色丝绸之路沿线国家和地区的平均人口密度（人/ km²）。

3.4.2　基于人口集聚度的地域集疏格局

人口集聚度分级根据沿线国家和地区人口集聚程度的高低，可划分为人口密集区、人口均值区和人口稀疏区三类。进一步根据人口稀疏程度可以细分为人口高度密集区、

人口中度密集区、人口低度密集区、人口密度均上区、人口密度均下区、人口相对稀疏区、人口绝对稀疏区和人口极端稀疏区共计 8 个级别（中国人口分布适宜度研究课题组，2014）。具体划分标准详见表 3-3。

表 3-3 沿线国家和地区基于二级行政边界尺度的人口集聚度分级标准

	人口集聚度分级	人口集聚度（JJD）/%
人口密集区	人口高度密集区	JJD≥8
	人口中度密集区	4≤JJD<8
	人口低度密集区	2≤JJD<4
人口均值区	人口密度均上区	1≤JJD<2
	人口密度均下区	0.5≤JJD<1
人口稀疏区	人口相对稀疏区	0.2≤JJD<0.5
	人口绝对稀疏区	0.05≤JJD<0.2
	人口极端稀疏区	JJD<0.05

沿线国家和地区人口分布不均衡，地区差异极大。2015 年沿线国家和地区的人口集聚度为 3.78。以国家二级行政单元为统计尺度，统计了基于二级行政单元尺度的人口密集区、人口均值区和人口稀疏区的土地面积及占比、人口总量及占比，具体见表 3-4。其中，沿线国家和地区人口密集区的人口在沿线国家和地区占比为 75.76%，土地面积占沿线国家和地区的比例为 15.28%，大致符合"二八定律"。而人口稀疏区土地面积占比 68.14%，人口总量占比为 7.04%，沿线国家和地区人口分布表现出了极大的不均衡性。而人口均值区的土地占比和人口占比均较小，但国家和地区二级行政单元的数量却较多，在国家和地区二级行政单元分布上，人口集聚度呈"正态分布"。

表 3-4 沿线国家和地区二级行政边界人口集聚度统计表

统计属性	人口密集区	人口均值区	人口稀疏区
二级行政单元/个	392	603	388
土地面积/10^4km^2	789.53	856.70	3520.85
土地比例/%	15.28	16.58	68.14
人口总量/10^6 人	3469.06	787.60	322.41
人口比例/%	75.76	17.20	7.04
人口密度/（人/km²）	1443	94	21

2015 年沿线国家和地区的二级行政单元人口集聚度计算结果表明，中国人口集聚度最高，达 13.53%，蒙俄人口集聚度最低，仅为 1.62%，二者相差超过 8 倍。本章得到的中国人口集聚度数值与分县尺度下得到的 2010 年人口集聚度（2.98%）有较大差异（中国人口分布适宜度研究课题组，2014）。横向看，本章中人口集聚度计算单元是二级行

政单元（省级），而后者是基于分县单元。另外，中国 34 个省级行政单元中澳门和香港在沿线国家和地区二级行政区的人口计算中分别达到了 224.49% 和 69.46%，这两个高值极大地提高了中国人口集聚度。类似地，排除澳门和香港的情况下，中国人口集聚度仅为 4.94%。沿线国家和地区其他区域人口集聚度从高到低排放依次为西亚（7.01%）、东南亚（6.51%）、中亚（6.37%）、南亚（6.24%）和中东欧（2.07%）。沿线国家和地区人口集聚度划分、人口密度、土地面积、土地比例和人口总量及占比见表 3-5。

表 3-5　沿线国家和地区人口集聚度统计表

区域	分类	二级行政单元/个	人口密度/（人/km²）	土地面积/10⁴km²	土地比例/%	人口总量/10⁶ 人	人口比例/%
中国	人口密集区	24	400.16	28587.57	29.78	1091.93	79.44
	人口均值区	6	118.73	19929.41	20.76	225.86	16.43
	人口稀疏区	4	12.54	47483.01	49.46	56.84	4.13
蒙俄地区	人口密集区	3	2267.17	77.01	0.04	17.40	11.83
	人口均值区	19	69.09	5605.78	3.00	38.59	26.23
	人口稀疏区	83	5.05	180940.81	96.96	91.10	61.64
东南亚地区	人口密集区	157	521.04	8465.19	18.80	430.37	67.86
	人口均值区	143	94.84	17404.61	38.66	161.07	25.39
	人口稀疏区	50	22.91	19153.10	42.54	42.81	6.75
南亚地区	人口密集区	61	472.82	36325.73	70.61	1668.19	95.36
	人口均值区	37	111.37	5431.50	10.56	58.75	3.36
	人口稀疏区	37	23.88	9690.46	18.83	22.47	1.28
中亚地区	人口密集区	11	368.73	563.13	1.41	21.14	30.72
	人口均值区	8	87.46	1724.13	4.31	15.35	22.31
	人口稀疏区	29	8.41	37741.75	94.28	32.33	46.97
西亚中东地区	人口密集区	96	488.95	4655.58	6.15	214.42	50.18
	人口均值区	129	79.73	20110.67	26.57	151.04	35.35
	人口稀疏区	78	12.89	50936.93	67.28	61.85	14.47
中东欧地区	人口密集区	40	429.25	666.69	3.05	27.47	15.47
	人口均值区	261	87.39	15858.58	72.47	133.04	74.92
	人口稀疏区	107	33.17	5357.04	24.48	17.06	9.61

沿线国家和地区二级行政区人口集聚度差异显著。中国以人口密集区分布为主，属于沿线国家和地区中人口密集的区域；蒙俄地区以人口稀疏区分布为主，属于沿线国家和地区中人口稀疏的区域；东南亚地区以人口密集区和人口均值区分布为主，属于沿线国家和地区中人口分布均上的区域；南亚地区以人口密集区分布为主，属于沿线国家和地区中人口密集的区域；中亚地区以人口稀疏区分布为主，属于沿线地区中人口稀疏的区域；西亚中东地区以人口密集区分布为主，属于沿线地区中人口均等的区域；中东欧

地区以人口均值区分布为主，属于沿线国家和地区中人口均等的区域。从人口密度差异看，蒙俄地区人口密集区的人口密度显著高于其他区域，但人口稀疏区的人口密度又是所有区域中最低的，这表明蒙俄地区的人口集聚分布程度显著高于其他区域，人口分布极度不均衡。同时需要说明的是，本节所得出的结论是基于沿线国家和地区二级行政单元的人口集聚度计算结果，更为准确、详尽的结论有待后续研究的进一步深入。

从国别尺度来看，新加坡人口集聚度最高，哈萨克斯坦人口集聚度最低。由表 3-6 可知，经济相对发达但土地面积较小的国家人口集聚度排名靠前，如新加坡、巴林、科威特和以色列等。相对而言，这些国家一般人多地少，人口分布高度集中、人口密度高。例如，新加坡全国共划分为 5 个社区（行政区）：中部、东北、西南、西北和东南社区，其中东北社区人口密度超过 11000 人/km²。中国人口集聚度位列沿线 65 个国家和地区第 10 位，在沿线国家和地区中属于集聚度较高的国家。相比而言，内陆欠发达国家等的人口集聚度排名靠后，如哈萨克斯坦、蒙古国、不丹和老挝等国。这些国家或者自然条件较差，或者交通不便，又或者经济发展水平滞后，人口总量相对较小，人口密度较低。总体来看，人口集聚度排名靠前和靠后的国家人口总量都较少，但区别在于排名靠前的国家是"地狭人密"，而排名靠后的国家是"地少人稀"。相比而言，小国较大国的人口集聚度表现得更为明显，这和基于二级行政区单元的统计有关。一方面，小国易于统计到二级行政区，且因区域小而精确度高；另一方面，大国尤其是中国和印度只统计到二级行政区则显得较为粗糙。

表 3-6 沿线国家和地区人口集聚度位序表

位序	国家	人口集聚度/%	人口密度/（人/km²）	人口总量/10⁶ 人	占全区比例/%
1	新加坡	100.37	7916.71	5.54	0.12
2	黎巴嫩	49.89	625.14	6.53	0.14
3	巴林	47.97	1763.30	1.37	0.03
4	科威特	39.88	215.24	3.84	0.08
5	巴勒斯坦	33.74	709.32	4.27	0.09
6	以色列	20.96	379.71	8.38	0.18
7	马尔代夫	17.32	1516.38	0.45	0.01
8	印度	13.79	398.55	1310.15	28.63
9	塔吉克斯坦	13.57	59.31	8.45	0.18
10	中国	13.53	143.19	1374.62	30.02
11	孟加拉国	13.01	1052.51	156.26	3.41
12	吉尔吉斯斯坦	11.35	29.79	5.96	0.13
13	埃及	10.10	92.31	92.44	2.02
14	马来西亚	9.89	91.51	30.27	0.66
15	卡塔尔	8.80	220.99	2.57	0.06
16	印度尼西亚	8.51	135.21	258.38	5.65

续表

位序	国家	人口集聚度/%	人口密度/（人/km²）	人口总量/10⁶人	占全区比例/%
17	土库曼斯坦	8.00	11.40	5.57	0.12
18	叙利亚	7.18	97.19	18.00	0.39
19	菲律宾	7.11	340.38	102.11	2.23
20	伊拉克	6.60	81.16	35.57	0.78
21	乌兹别克斯坦	6.18	69.96	31.30	0.68
22	斯里兰卡	5.86	319.62	20.97	0.46
23	越南	5.86	279.41	92.68	2.02
24	巴基斯坦	5.68	250.50	199.43	4.37
25	也门	5.50	50.19	26.50	0.58
26	亚美尼亚	5.01	98.37	2.93	0.06
27	格鲁吉亚	4.72	53.45	3.73	0.08
28	阿联酋	4.01	110.80	9.26	0.20
29	北马其顿	3.53	80.88	2.08	0.05
30	捷克	3.44	133.71	10.55	0.23
31	约旦	3.42	103.75	9.27	0.20
32	柬埔寨	3.33	85.73	15.52	0.34
33	泰国	3.21	133.92	68.71	1.50
34	罗马尼亚	3.12	83.12	19.82	0.43
35	匈牙利	2.71	105.80	9.84	0.21
36	尼泊尔	2.53	183.55	27.02	0.59
37	乌克兰	2.33	74.81	45.15	0.99
38	俄罗斯	1.99	8.43	144.10	3.15
39	缅甸	1.98	77.86	52.68	1.15
40	摩尔多瓦	1.88	105.00	3.55	0.08
41	文莱	1.84	71.91	0.41	0.01
42	阿尔巴尼亚	1.55	100.20	2.88	0.06
43	斯洛伐克	1.51	110.62	5.42	0.12
44	土耳其	1.49	99.99	78.53	1.71
45	波兰	1.48	121.49	37.99	0.83
46	东帝汶	1.43	80.45	1.20	0.03
47	阿塞拜疆	1.38	111.42	9.65	0.21
48	波黑	1.26	66.97	3.43	0.07
49	伊朗	1.23	44.98	78.49	1.71
50	阿富汗	1.21	52.71	34.41	0.75
51	克罗地亚	1.17	74.28	4.20	0.09
52	斯洛文尼亚	1.10	99.81	2.06	0.05
53	塞尔维亚	1.08	80.30	7.10	0.15
54	保加利亚	0.96	64.67	7.18	0.16
55	黑山	0.70	45.05	0.62	0.01

续表

位序	国家	人口集聚度/%	人口密度/（人/km²）	人口总量/10⁶人	占全区比例/%
56	白俄罗斯	0.52	45.71	9.49	0.21
57	立陶宛	0.47	44.50	2.90	0.06
58	阿曼	0.45	13.79	4.27	0.09
59	老挝	0.43	28.47	6.74	0.15
60	拉脱维亚	0.39	30.66	1.98	0.04
61	沙特阿拉伯	0.26	14.75	31.72	0.69
62	爱沙尼亚	0.26	29.01	1.32	0.03
63	不丹	0.26	15.49	0.73	0.02
64	蒙古国	0.24	1.92	3.00	0.07
65	哈萨克斯坦	0.09	6.44	17.54	0.38

基于二级行政单元的人口集聚度分布图进一步表明了沿线国家和地区人口分布具有"北疏南密，两头高中间低"的空间格局（图 3-7）。横向来看，人口集聚度较高的二

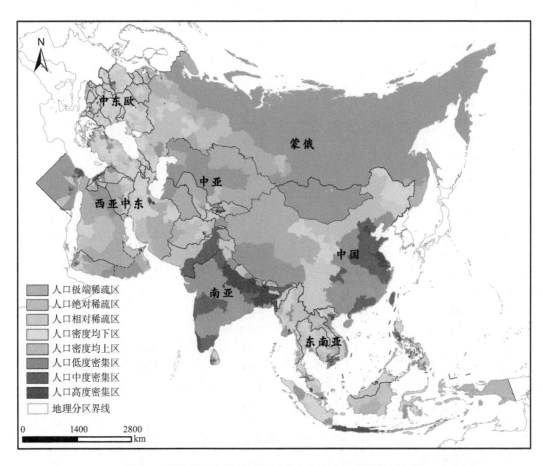

图 3-7 沿线国家和地区二级行政单元的人口集聚度分布图

级行政单元主要在中国的东部沿海各省（区）、越南的红河三角洲和湄公河三角洲各省（区）、菲律宾的吕宋岛各省（区）、印尼的爪哇岛各省（区）、印度恒河流域的北方邦和比哈尔邦、孟加拉国各省（区）、巴基斯坦印度河流域的旁遮普省和信德省、约旦河西岸各省（区）、埃及的尼罗河三角洲各省（区）等。直观来看，这些区域地势低平，利于人口的分布与集中，且部分为国家或省（区）的行政中心。人口集聚度较低的二级行政单元主要分布在俄罗斯亚洲部分的西伯利亚联邦区和远东联邦区，蒙古国各省（区），中国西部的新疆、青海和西藏，中亚国家各省（区），阿拉伯半岛各省（区），埃及的马特鲁省、新河谷省和红海省等地。直观来看，这些区域地势较高，或深居内陆，地广人稀。此外，中国、东南亚地区和南亚地区人口密集的二级行政区单元较多，是沿线国家和地区人口分布的主要密集区；西亚中东地区北部的高加索，小亚细亚半岛和中东欧地区是人口分布适中的地区；蒙俄地区、中亚和西亚地区南部的阿拉伯半岛与埃及则是人口分布稀疏区。

从人口集聚度统计分析分区看（表 3-7），人口高度密集区人口占比 25.98%，土地面积仅占 2.01%，而人口密度平均值高达 3486 人/km²，人口密度最高值为黎巴嫩的首都贝鲁特，为 30994 人/km²（基于 LandScan 栅格数据计算得出）。人口极端稀疏区人口仅占 0.64%，而土地面积占比高达 35.92%，人口密度平均值为 2 人/km²，人口密度最低值为俄罗斯的楚科奇民族自治区，人口密度仅为 0.06 人/km²（基于 LandScan 栅格数据计算得出）。而从二级行政单元的数量分布看，人口密度均下区占比是最高的，为 327 个，约占总数的 23.64%，人口均值地区的二级行政单元也是最多的，符合"正态分布"的规律。从各个集聚度分区的人口总量看，人口密集地区的高度密集、中度密集和低度密集分区人口总量均超过了 10×10⁸ 人。人口均值区的均上区、均下区人口总量分别超过 4×10⁸ 人和 3×10⁸ 人。而人口稀疏区的相对稀疏区人口总量不到 2×10⁸ 人，绝对稀疏区约为 1×10⁸ 人，而极端稀疏区还不到 3000×10⁴ 人，土地面积却超过了 1800×10⁴km²，约相当于中国国土面积的 2 倍。

表 3-7 沿线国家和地区 2015 年人口集聚度统计表

人口集聚度分区分类		二级行政单元	人口		土地		人口密度/（人/km²）	
		数量/个	总量/10⁶人	比例/%	面积/10⁴km²	比例/%	值域	平均值
人口密集地区	人口高度密集区	137	1189.75	25.98	103.91	2.01	721~30994	3486
	人口中度密集区	95	1181.81	25.81	248.68	4.81	361~702	498
	人口低度密集区	160	1097.50	23.97	437.13	8.46	181~359	254
	小计	392	3469.06	75.76	789.72	15.28	181~30994	1443
人口均值地区	人口密度均上区	276	471.69	10.30	370.40	7.17	90~178	125
	人口密度均下区	327	315.91	6.90	486.12	9.41	45~89	68
	小计	603	787.60	17.20	856.53	16.58	45~178	94
人口稀疏地区	人口相对稀疏区	212	191.65	4.18	696.64	13.48	18~45	33
	人口绝对稀疏区	116	101.47	2.22	968.39	18.74	5~18	11
	人口极端稀疏区	60	29.29	0.64	1855.80	35.92	0.06~4	2
	小计	388	322.41	7.04	3520.83	68.14	0.06~45	21

3.5 沿线国家和地区的人口城市化国别差异

3.5.1 人口城市化水平及其国家差异

人口城市化一般是指城镇人口占总人口的比重。1979 年，美国地理学家 Northam 将城市化概述为一条拉平的 S 形曲线（Northam，1979），并将其分为城市化起步发展阶段（<30%）、城市化加速发展阶段（30%～70%）和城市化成熟稳定发展阶段（>70%）。但由于其划分缺乏理论解释，不够精确，诸多学者对其进行了修正（陈彦光和周一星，2005；方创琳等，2008）。本章采用方创琳等（2008）对城市化水平的划分标准（表 3-8），对沿线国家和地区的人口城市化水平进行了划分。

表 3-8　城市化发展的四个阶段

阶段划分	初期阶段	中期阶段	后期阶段	顶级阶段
划分标准/%	1～30	30～60	60～80	80～100

2015 年的人口城市化率计算结果显示（图 3-8），沿线国家和地区平均人口城市化率为 47.30%，低于同期世界 53.91% 的水平，沿线国家和地区城市化整体发展水平落后于世界。城市化率最高的国家为新加坡和科威特，人口城市化率均达到了 100%；而人口城市化率最低的国家为斯里兰卡，仅为 18.26%。中国的城市化率为 56.10%，排在沿线 65 个国家和地区中第 35 位，处于中等水平。从图 3-8 可知，城市化率较高的主要是一些小国，如新加坡、科威特、卡塔尔、以色列、约旦和巴林等国，这些国家国土面积小，人口大量集中在城市，同时大量资源需要外界的援助，如新加坡的淡水、食物等都需要从马来西亚输送。而城市化率较低的多为经济发展滞后、人口密集的国家，如印度、巴基斯坦、孟加拉国、老挝、柬埔寨、越南等。这些国家人口增长速度较快，经济发展水平不高，城市基础设施建设落后，从而制约了城市化水平的提升。

从七大分区来看，中国人口城市化率高于沿线国家和地区的平均水平，在沿线国家和地区中处于中等水平；蒙俄人口城市化率水平较高，俄罗斯和蒙古国的人口城市化率分别为 74.05% 和 68.23%，高于沿线国家和地区的平均水平；东南亚人口城市化率平均值为 49.69%，整体上人口城市化率不高，但区域内部差异巨大，人口城市化率最高的新加坡为 100%，而最低的柬埔寨仅为 22.19%，经济发展水平不同导致了人口城市化的巨大差异；南亚人口城市化率平均值为 30.24%，为沿线国家和地区七大分区中最低，人口城市化率最高的不丹为 38.68%，最低的斯里兰卡仅为 18.26%，人口城市化水平的可提升潜力巨大；中亚人口城市化率平均值为 44.16%，哈萨克斯坦、乌兹别克斯坦、土库曼斯坦、吉尔吉斯斯坦和塔吉克斯坦的人口城市化率分别为 57.19%、50.75%、50.32%、35.78% 和 26.74%，整体上城市化水平不高；西亚和中东地区人口城市化率平均值为 74.00%，为七大分区最高，人口城市化率最高的科威特为 100%，最低的也门为

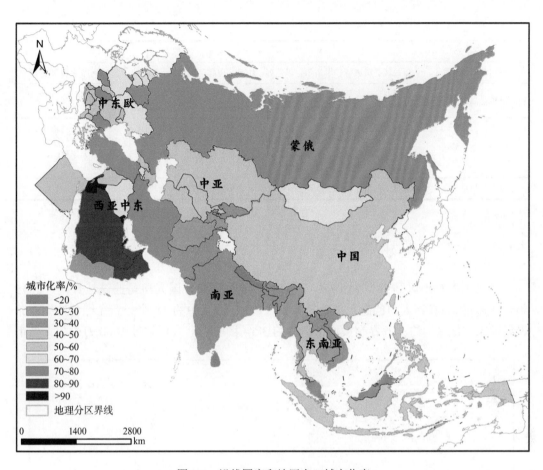

图 3-8　沿线国家和地区人口城市化率

34.78%，区域内部差异同样巨大；中东欧人口城市化率平均值为 61.68%，整体水平较高，人口城市化率最高的白俄罗斯为 77.18%，最低的摩尔多瓦为 42.49%，区域内城市化发展水平相对较为均衡。

　　按照城市化发展的四个阶段，对沿线 65 个国家和地区的人口城市化阶段进行划分。由表 3-9 可知，处于城市化顶级阶段的国家有 10 个，多为一些小国，除新加坡外，主要集中西亚中东地区，如黎巴嫩、以色列和阿联酋等国；处于城市化后期阶段的国家有 19 个，主要集中在蒙俄、中东欧地区；处于城市化中期阶段的国家有 29 个，约占沿线国家和地区的一半，说明沿线国家和地区主要处于城市化中期阶段。而依据方创琳等（2008）对城市化四阶段的描述，城市化中期阶段对应一个国家工业化的中期阶段和经济快速增长阶段，沿线国家和地区约一半处于城市化快速推进时期，说明沿线国家和地区投资潜力巨大，未来很有可能成为世界经济增长的重要引擎；而处于城市化初期阶段的国家有 7 个，多为世界银行定义的低收入和欠发达国家，主要分布在东南亚和南亚地区，如缅甸、尼泊尔和柬埔寨等国。这些国家社会经济发展相对滞后，以从事第一产业生产的农业人口为主，同时可开发潜力巨大，未来城市化水平有很大提升空间。

表 3-9　沿线国家和地区人口城市化阶段划分

阶段划分	国家
城市化顶级阶段	新加坡、科威特、卡塔尔、以色列、约旦、巴林、黎巴嫩、阿联酋、沙特阿拉伯和阿曼
城市化后期阶段	白俄罗斯、文莱、巴勒斯坦、马来西亚、俄罗斯、保加利亚、土耳其、捷克、伊朗、匈牙利、伊拉克、乌克兰、爱沙尼亚、蒙古国、拉脱维亚、立陶宛、黑山、亚美尼亚和波兰
城市化中期阶段	格鲁吉亚、阿尔巴尼亚、北马其顿、哈萨克斯坦、克罗地亚、中国、塞尔维亚、阿塞拜疆、斯洛伐克、罗马尼亚、斯洛文尼亚、印度尼西亚、叙利亚、乌兹别克斯坦、土库曼斯坦、泰国、波黑、菲律宾、埃及、摩尔多瓦、不丹、马尔代夫、巴基斯坦、吉尔吉斯斯坦、也门、孟加拉国、越南、老挝和印度
城市化初期阶段	缅甸、东帝汶、塔吉克斯坦、阿富汗、柬埔寨、尼泊尔和斯里兰卡

3.5.2　沿线国家和地区大城市的分布

沿线国家和地区是世界大城市分布的集中地。据联合国人口司的统计数据，2015年全球超过 1000 万人口的超大城市一共有 29 个，而其中的 18 个分布在绿色丝绸之路沿线国家和地区，约占世界超大城市总数的 3/5（图 3-9）。人口超过 1000 万的超大城市

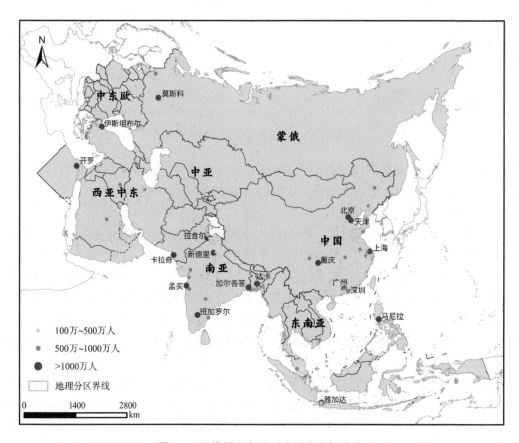

图 3-9　沿线国家和地区大城市空间分布

为中国的北京、天津、上海、广州、深圳和重庆，印度的德里、加尔各答、班加罗尔和孟买，巴基斯坦的卡拉奇和拉合尔，孟加拉国的达卡，印度尼西亚的雅加达，菲律宾的马尼拉，埃及的开罗，土耳其的伊斯坦布尔和俄罗斯的莫斯科等。中国、南亚、西亚中东和东南亚是沿线国家和地区大城市的集聚地。沿线国家和地区人口在 500 万～1000 万人的特大城市有 25 个，约占同期世界特大城市的一半，主要集中在中国（12 个）和印度（5 个），如中国的香港、成都、武汉、沈阳等，印度的金奈、海得拉巴、浦那和苏拉特等，以及泰国的曼谷，越南的胡志明市，马来西亚的吉隆坡，新加坡，伊朗的德黑兰，俄罗斯的圣彼得堡等城市。沿线国家和地区人口在 100 万～500 万人的大城市有 241 个，同样占到了同期世界大城市的一半以上，主要分布在中国东部沿海、东南亚沿江沿海、南亚的恒河印度河流域和沿海地区、波斯湾、地中海沿岸，以及俄罗斯西伯利亚铁路沿线等地区。可见，沿线国家和地区是全球大城市的集聚地，是世界城市格局分布的一半。

第 4 章　地形起伏度与地形适宜性

　　地形适宜性评价（Suitability Assessment of Topography，SAT）是人居环境自然适宜性评价的基础与核心内容之一，它着重探讨一个区域地形地貌本底起伏特征对该区域人类生活、生产与发展的影响与制约。地形起伏度（Relief Degree of Land Surface，RDLS）作为影响区域人口分布的重要因素之一，本章将其纳入沿线国家和地区人居环境地形适宜性评价体系。在系统梳理国内外地形起伏度研究的基础上，本章采用全球数字高程模型（GDEM）数据构建了人居环境地形适宜性评价模型，利用 ArcGIS 窗口分析、邻域分析等方法，提取了沿线国家和地区 1km×1km 栅格大小的地形起伏度；并从比例结构、空间分布和高度特征等方面度量了地形起伏度的分布规律及其与人口分布的相关性和适宜性。

4.1　地形起伏度的概念与计算

4.1.1　基本概念与计算公式

　　地形起伏度，又称地表起伏度，是区域海拔高度和地表割切程度的综合表征（斯皮里顿诺夫，1956）。地形起伏度研究最早起源于 1948 年苏联科学院地理研究所为描述地貌形态而提出的割切深度，其定义为分水岭或斜坡上任一点沿最大斜坡线到谷底基面的高差，又称为垂直割切强度或侵蚀基准深度，通称相对高度。由于地方侵蚀基准的局限性和确定地方基准的任意性，割切深度较难科学地描述地貌形态特征（周自翔等，2012）。因此，人们逐渐趋向于用地形起伏度代替割切深度来描述区域地貌基本特征。地形起伏度概念提出初期，常作为划分地貌类型的一项重要指标而应用于国内外地图编制。描述区域地貌基本特征的地形起伏度，不仅是国内外地貌类型划分的重要指标，也是区域资源环境评价的一个基本要素（吴良镛，2001）。

　　随着计算机的普及和 DEM 数据集的建立，以及区域人口、资源、环境与发展相互关系研究的日益深入，国内外地理学、资源科学和环境科学的学者将地形起伏度作为区域资源环境评价的重要指标，对区域土壤侵蚀、水土流失、区域可持续发展和人口分布与人居环境适宜性等方面进行了评价（Niu and Harris，1996；熊鹰等，2007；Xiao et al.，2018）。在参考国内外地貌制图及 2008 年以来中国科学院地理科学与资源研究所封志明研究团队关于地形起伏度提取方法研究（封志明等，2007，2011，2020）的基础上，本章将地形起伏度定义为

$$RDLS = ALT/1000 + \{[Max(H) - Min(H)] \times [1 - P(A)/A]\}/500 \quad (4-1)$$

式中，RDLS 为地形起伏度；ALT 为以某一栅格单元为中心一定区域内的平均海拔（m）；Max（H）和 Min（H）分别为该区域内的最高和最低海拔（m）；P（A）为区域内的平地面积（相对高差≤30m 的区域）（km^2）；A 为区域总面积（km^2），本章筛选确定以 5km×5km 栅格为区域单元，即 A 为 25km^2。特别地，本章将地貌类型中低山的海拔 500m 视为基准山体高度，从而使得地形起伏度这一独立数值具备了地理学意义：地形起伏度为 1 的几倍则表示其地形起伏为几个基准山体的高度，小于 1 则表明低于一个基准山体的起伏。

4.1.2 数据来源与数据处理

1. ASTER GDEM

本章使用的数字高程模型（DEM）数据为 GDEM 数据（Tachikawa et al.，2011），即先进星载热发射和反射辐射仪全球数字高程模型（Advanced Spaceborne Thermal Emission and Reflection Radiometer Global DEM，ASTER GDEM）。基于 ASTER GDEM 构建地形起伏度模型，并利用地形起伏度定量评价沿线国家和地区的人居环境地形适宜性。GDEM 数据是第三个全球覆盖的高程数据，数据质量与精度较以前的 SRTM3 DEM 数据和 GTOPO30 数据有明显的提高。其全球空间分辨率约为 30m，其投影系统为 UTM/WGS84，数据格式为 TIFF。在全球范围内，在置信度为 95%时，其垂直精度为 20m、水平精度为 30m。该数据是美国 NASA 根据新一代对地观测卫星 TERRA 近 10 年的详尽观测结果制作完成的，TERRA 卫星发射于 1999 年 12 月，全球覆盖数据最终于 2009 年形成。GDEM 数据覆盖范围为 83°N～83°S 的 99%的陆地区域，按照 1°×1°进行分片，在全球共有 22600 个瓦片，每个瓦片包含 3601 行×3601 列，每个瓦片中陆地区域面积所占的比例至少为瓦片面积的 0.01%。

GDEM 数据第一版 V1 于 2009 年 6 月 29 日公布，V1 版 ASTER GDEM 数据自发布以来，在全球对地观测研究中取得了广泛应用，但是 ASTER GDEM V1 原始数据局部地区存在异常。GDEM 数据第二版 V2 则采用了一种先进的算法对 V1 版 GDEM 影像进行了改进，提高了数据的空间分辨率精度和高程精度。该算法重新处理了 150 万幅影像，通过立体测量生成大量基于独立场景的 ASTER GDEM 数据，此外还包括去云处理、除去残余的异常值并取平均值，其中 25 万幅影像是在 V1 版 GDEM 数据发布后新获取的影像。日本经济产业省（METI）和 NASA 两个机构对 V2 版 GDEM 的数据精度进行了验证，结果显示 V2 版对 V1 版中存在的错误做了很好的矫正。ASTER GDEM V2 数据于 2015 年 1 月 6 日正式发布，用户可以通过网络平台免费下载使用。

本书使用了 ASTER GDEM V2 数据。沿线国家和地区 GDEM 数据主要来源于课题组已处理完成的全球 1km 分辨率的 ASTER GDEM 数据。课题组先后从日本航空航天探索局网站（http://gdem.ersdac.jspacesystems.or.jp/，目前该网站已暂停数据申请与下载服务）与美国 NASA（http://reverb.echo.nasa.gov/reverb/）下载了全球 ASTER GDEM 瓦片文件。其中，日本网站下载的数据为 1°×1°标准下载，而美国网站下载的数据基于区域单元下载。本章下载的全球 ASTER GDEM 瓦片文件均包含两个文件，分别是 dem.tiff 和 num.tiff，即数字高程模型（DEM）数据和质量控制（QA）数据。

2. GDEM 预处理

在计算地形起伏度与开展沿线国家和地区地形适宜性评价之前，需要对 ASTER GDEM 数据进行相关预处理。基于 ArcGIS 10.x 软件平台，利用空间分析工具等模块对 ASTER GDEM 进行相关预处理，主要技术操作流程如下：

1）拼接全球 GDEM 瓦片数据。主要使用工具为 Mosaic To New Raster。

2）裁切沿线国家和地区范围内的 GDEM 数据。基于沿线国家和地区矢量数据，利用 Extract by Mask 工具对拼接好的全球 GDEM 进行裁剪。

3）异常值、极值处理。利用条件函数（Con）分别将属性值中的最低像元值替换为 −416（死海，位于以色列和约旦之间），最高像元值替换为 8848（珠穆朗玛峰，中国和尼泊尔之间）。

4）定义投影。将经过前 3 步处理好的沿线国家和地区 GDEM 数据（地理坐标系，即 GCS_WGS_1984）定义投影坐标系，为 Continental-Asia Lambert Conformal Conic。再通过重采样（Resample），将栅格大小转换为 1km×1km 的网格。处理后的沿线国家和地区 GDEM 数据如图 4-1 所示。

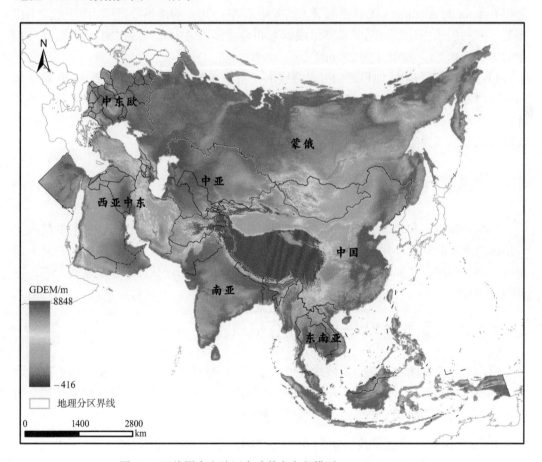

图 4-1　沿线国家和地区全球数字高程模型（GDEM，1km）

4.1.3　地形起伏度提取方法

在沿线国家和地区 ASTER GDEM 数据获取的基础上，本章采用窗口分析法与条件函数（Con）等空间分析方法，结合式（4-1）对沿线国家和地区的地形起伏度进行提取分析，主要利用邻域（Neighborhood）分析工具中的焦点统计（Focal Statistics）模块实现。具体包括以下几个步骤：

1）沿线国家和地区栅格区内平均海拔提取。采用窗口分析法，以 5km×5km 栅格大小为单元开辟研究矩形（Rectangle）栅格区，并利用 Focal-Mean 函数获取沿线国家和地区栅格区内平均海拔，即式（4-1）中的 ALT。

2）沿线国家和地区栅格区内最大高差提取。采用窗口分析法，以 5km×5km 栅格大小为单元开辟研究栅格区，并利用焦点统计范围（最大值与最小值之差）Focal-Range 函数得到沿线国家和地区范围内每个栅格中心的最大高差，即式（4-1）中的 Max（H）– Min（H）。

3）沿线国家和地区栅格区内非平地比例提取。在上述最大高差结果数据的基础上，利用 Extract By Attributes 工具提取最大高差小于等于 30m 的栅格数据层，即平地 P（A）图层，并利用栅格计算器运算求得沿线国家和地区栅格区内非平地比例，即式（4-1）中的 1–P（A）/A，其中 A 为 25km^2。

4）沿线国家和地区地形起伏度最终提取。将步骤 1）的运算结果除以 1000 即可获得区域内地形的绝对起伏度，再将步骤 2）、步骤 3）的结果图层进行相乘，运算结果再除以 500 即可获得全区范围内地形的相对起伏度，再将绝对起伏度与相对起伏度两者相加即可完成沿线国家和地区栅格单元地形起伏度的最终提取。

4.2　地形起伏度的统计特征与分布规律

根据沿线国家和地区 1km GDEM 地形分布数据，利用式（4-1），计算了沿线国家和地区的地形起伏度，并据此分析了全区和分区域（中亚地区、中东欧地区、西亚中东地区、南亚地区、蒙俄地区、东南亚地区）以及中国的地形起伏度的地理基础、统计特征与空间规律。

4.2.1　地形起伏度的地理基础分析

地形起伏度试图定量刻画区域地形地貌特征，可以通过海拔高度、相对高差和平地比例等基础地理数据定量表达。研究获取了沿线国家和地区的平均海拔与平地及其空间分布状况，为地形起伏度的分析研究提供了基础。

1. 沿线国家和地区平均海拔为 694m，500m 以下的土地占 3/5

基于海拔统计分析，沿线国家和地区平均海拔为 694m（表 4-1）。其中，海拔在 200m

以下的地区面积占比为 39.25%，主要分布在大江大河中下游平原，如中国的长江中下游平原与华北平原、蒙俄地区的鄂毕河谷平原（西西伯利亚平原）、南亚地区的恒河平原与印度河平原及西亚中东地区的尼罗河平原等；200～500m 的地区面积占比为 22.97%，主要分布在南亚地区的德干高原、蒙俄地区的俄罗斯西伯利亚高原等区域；500～1000m 的地区面积占比为 17.01%，主要分布在西亚中东地区的阿拉伯高原、蒙俄地区的蒙古高原与中国东北平原的过渡地带区域；1000～2000m 的地区面积占比为 13.11%，主要分布在西亚中东地区的伊朗高原与阿拉伯高原、蒙俄地区的蒙古高原、中国西北部的黄土高原及中国东部与青藏高原交界的横断山区等；2000～5000m 的地区面积占比为 6.57%，主要分布在喜马拉雅山脉南麓、四川盆地周边和西亚中东的伊朗高原西北部等区域；5000m 以上的地区仅占 1.09%，集中在中国的昆仑山、喜马拉雅山与唐古拉山等地区。

表 4-1　沿线国家和地区各海拔相应面积比例与平均海拔

区域	海拔区间占比/%						平均海拔/m
	<200m	200～500m	500～1000m	1000～2000m	2000～5000m	>5000m	
中亚地区	42.51	32.67	13.16	4.47	7.00	0.19	540
中东欧地区	62.68	22.96	9.90	4.35	0.11	—	270
西亚中东地区	20.14	21.90	29.16	23.21	5.59	0.00	770
南亚地区	33.16	26.35	18.36	9.39	11.15	1.59	821
蒙俄地区	44.07	24.65	16.62	12.53	2.13	0.00	463
东南亚地区	53.28	19.37	16.56	9.38	1.41	0.00	380
中国	15.91	11.76	15.77	24.53	25.43	6.60	1831
全区	39.25	22.97	17.01	13.11	6.57	1.09	694

就沿线国家和地区"6+1"分区而言，中东欧地区的平均海拔最低，为 270m，其中海拔在 200m 以下的地区占到 62.68%，以东欧平原为主；2000m 以上的地区面积占比不足 1%，主要集中在中俄罗斯高地。东南亚地区的平均海拔仅次于中东欧地区，为 380m，200m 以下地区面积占比为 53.28%，主要分布在中南半岛南部，如湄公河三角洲与湄南河三角洲等区域，在加里曼丹岛南部和苏门答腊岛东侧也有一定分布；2000m 以上的地区零星分布在缅甸北部山区和伊里安岛的毛克山脉。蒙俄地区的平均海拔为 463m，其中 500m 以下的地区占比为 68.72%，在西西伯利亚平原和东欧平原连片带状分布；1000m 以上的地区占比为 14.66%，主要分布在蒙古高原与东西伯利亚山地等地区。中亚地区的平均海拔为 540m，其中 500m 以下的面积占比为 75.18%，主要分布在里海沿岸平原和辽阔的图兰低地等区域；5000m 以上的地区高度集聚在塔吉克斯坦境内的帕米尔高原部分。西亚中东地区的平均海拔为 770m，其中 500m 以下的地区占 42.04%，主要分布在撒哈拉沙漠的埃及部分和美索不达米亚平原；2000m 以上的地区以阿拉伯半岛西侧的希贾兹山脉和伊朗高原为主，占比为 5.59%。南亚地区的平均海拔为 821m，500m 以下的地区占 59.51%，主要分布在印度河平原与恒河平原；2000m 以上的地区占 12.74%，

主要沿喀喇昆仑山－喜马拉雅山一线南侧分布。中国的平均海拔最高，达 1831m，其中 500m 以下的地区占 27.67%，主要分布在华北平原、洞庭湖平原、鄱阳湖平原和东北平原等；2000m 以上的地区占 32.03%，集中分布于青藏高原和横断山区。

2. 沿线国家和地区平地占 1/5，平原占近 2/3

基于平地（相对高差小于 30m 的区域）统计分析，沿线国家和地区的平地占比为 20.51%。由图 4-2 可知，沿线国家和地区的平地主要分布在中国的华北平原与东北平原、东南亚地区的湄公河平原、泰国东北部地区、柬埔寨中部地区、南亚地区的恒河平原、印度河平原、德干高原北部地区、西亚中东地区的美索不达米亚平原、尼罗河流域、图兰低地以及蒙俄地区的西西伯利亚平原。其中，平原面积占比为 66.16%，集中分布在中国的华北平原、长江中下游平原和南亚地区的印度恒河平原及蒙俄地区的中部与中亚地区交界的三大密集连片地带，中国的东南沿海、西亚中东地区的埃及尼罗河三角洲、东南亚地区的湄公河三角洲以及南亚地区的印度南部等区域也有较多分布。

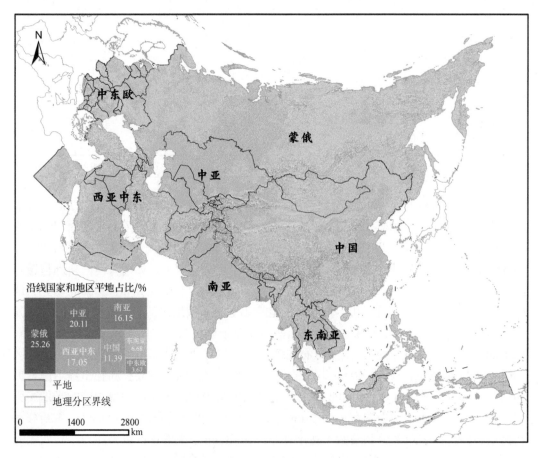

图 4-2　沿线国家和地区平地空间分布图

就沿线国家和地区"6+1"分区而言，蒙俄地区的平地最多，超过沿线国家和地区平地的 1/4，主要分布在辽阔的西西伯利亚平原，河谷沿线也有零星分布。中亚地区的平地约占全区平地的 1/5，集中分布于地势平坦的里海沿岸低地和图兰低地。西亚中东地区与南亚地区的平地均占 1/6 左右，其中西亚中东地区的平地主要分布在美索不达米亚平原和波斯湾沿岸平原，南亚地区的平地则集中在喜马拉雅山南麓的印度河与恒河平原。中国的平地则主要集中在华北平原和东北平原，约占沿线国家和地区平地的 1/10。东南亚地区的平地占全区平地的 6.68%，主要分布在湄公河三角洲。中东欧地区的平地最少，仅占 3.67%，高度集中在第聂伯河沿岸高地。

4.2.2　地形起伏度的地域统计特征

1. 沿线国家和地区平均地形起伏度为 0.93，最高 19.92，最低–0.42

基于地形起伏度统计分析，沿线国家和地区地形起伏度以低值为主（图 4-3），平均地形起伏度为 0.93，地形起伏度介于–0.42～19.92，地域之间差异较大。

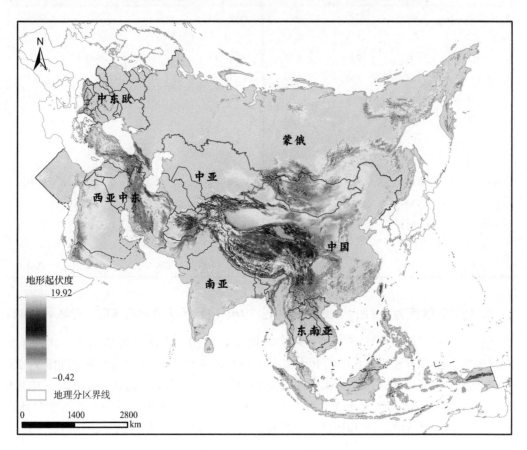

图 4-3　基于 GDEM 计算的沿线国家和地区地形起伏度空间分布

整体而言，沿线国家和地区的地形起伏度由青藏高原—喜马拉雅山脉—天山山脉—帕米尔高原一线向四周递减，中间高、四周低。特别地，在中国的台湾山脉、西亚中东地区的伊朗扎格罗斯山脉、东南亚地区的印度尼西亚新几内亚岛毛克山脉以及蒙俄地区的俄罗斯远东地区地形起伏度相对较高。低地形起伏度在空间上则呈连片带状之势，集中分布在蒙俄地区的东欧平原与西西伯利亚平原、中国的东北平原与华北平原、南亚地区的印度河平原与恒河平原、东南亚地区的湄公河三角洲，以及西亚中东地区的波斯湾沿岸平原等地区。

表 4-2 是以栅格为单元的沿线国家和地区地形起伏度及其对应的海拔高度、相对高差和平地比例的统计分析结果。由该表可以看出，沿线国家和地区地形起伏度表现为高值地形起伏度对应高值平均海拔和相对高差以及低值平地比例，反之亦然。如地形起伏度为 0.1 时（即 RDLS≤0.1），其对应的相对高差和平均海拔均不足 50m，平地近占 50%。

表 4-2　沿线国家和地区地形起伏度主要参数均值统计

地形起伏度值域	相对高差/m	平均海拔/m	平地比例/%	地形起伏度值域	相对高差/m	平均海拔/m	平地比例/%
0~0.1	46	48	48.27	3.0~3.1	671	2125	0.00
0.1~0.2	72	156	20.67	⋮	⋮	⋮	⋮
0.2~0.3	106	256	8.20	3.9~4.0	740	2955	0.00
0.3~0.4	127	358	5.39	⋮	⋮	⋮	⋮
0.4~0.5	150	457	3.07	4.9~5.0	428	4528	0.01
0.5~0.6	169	558	1.59	⋮	⋮	⋮	⋮
0.6~0.7	182	658	1.24	5.9~6.0	937	4507	0.00
0.7~0.8	181	759	1.63	⋮	⋮	⋮	⋮
0.8~0.9	181	860	1.39	6.9~7.0	1288	4758	0.00
0.9~1.0	170	959	1.50	⋮	⋮	⋮	⋮
1.0~1.1	169	1056	1.23	8.9~9.0	1618	4846	0.00
⋮	⋮	⋮	⋮	⋮	⋮	⋮	⋮
2.9~3.0	649	2068	0.00	19.5~19.92	7094	5852	0.00

2. 地形起伏度为 1.0 时，土地占比超过 7/10；地形起伏度超过 5 时，占地不足 4%

统计表明，当地形起伏度为 0.2 时（即 RDLS≤0.2），土地占比 37.38%，其中平地占 68.94%。在 RDLS 为 1.0 时，其土地占比的累计频率超过 73.16%。在 RDLS 为 2.0 时，其土地占比高达 87.11%。当 RDLS 达到 3.0 时，累计频率已经超过 91.82%。在 RDLS 大于 5.0 时，其土地比例仅为 3.37%，由此可见，沿线国家和地区的地形起伏度明显偏重低值。图 4-4 为沿线国家和地区的地形起伏度比例分布及其累计频率曲线。

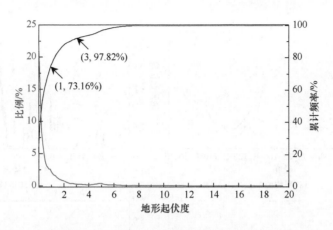

图 4-4　沿线国家和地区的地形起伏度比例分布及其累计频率曲线

4.2.3　地形起伏度的空间变化规律

在对沿线国家和地区地形起伏度主要参数进行统计分析的基础上，本章分析了沿线国家和地区地形起伏度自西向东（经向）和自南向北（纬向）的变化趋势，并进一步选取具有代表性的三条纬线（30°N、40°N、50°N）和三条经线（45°E、75°E、100°E），分析了其地形起伏度的空间变化规律，分别揭示了沿线国家和地区地形起伏度沿经向与纬向的变化规律。

1. 地形起伏度自西向东随经度增加先上升后下降，中间高两侧低，呈倒 "U"形分布

图 4-5 为沿线国家和地区的地形起伏度随经度变化曲线。由图 4-5（a）可知，地形起伏度随经度增加先呈现逐步增加而后波动下降的趋势，与全区地势整体由青藏高原向四周递减相符。地形起伏度随经度变化过程中在 20°E～70°E 经度段的值稳定在 0.5 左右，这是由于地势平坦的撒哈拉沙漠、东欧平原和广袤的西西伯利亚平原占绝对优势；93°E～103°E 经度段的 "高峰" 则是因为此处位于地势高耸的青藏高原和地形起伏度很大的喜马拉雅山脉沿线及山河相间的藏东南——横断山区和祁连山脉；110°E 经线以东区域由于地形起伏度小于相对平坦的蒙古高原与中西伯利亚高原和地势平坦的长江中下游平原、华北平原及东北平原的存在，平均地形起伏度均在 1.0 以下。

图 4-5（b）～图 4-5（d）分别为 30°N、40°N 和 50°N 纬线附近地形起伏度随经度变化曲线。30°N 纬线上的地形起伏度较大且整体表现为 "西低东高再低"，并有多处 "低谷"，这是由于此纬线自西向东依次穿过地势相对平坦的撒哈拉沙漠、中等起伏的阿拉伯高原与伊朗高原和地形起伏度较低的印度河河谷，随后骤升至地形起伏度较大的青藏高原、喜马拉雅山脉和地形起伏度较低的藏南谷地，而后穿过地形起伏度较大的横断山区北部与四川盆地的交界地带，最后经江南丘陵进入地势平坦的长江中下游平原。40°N

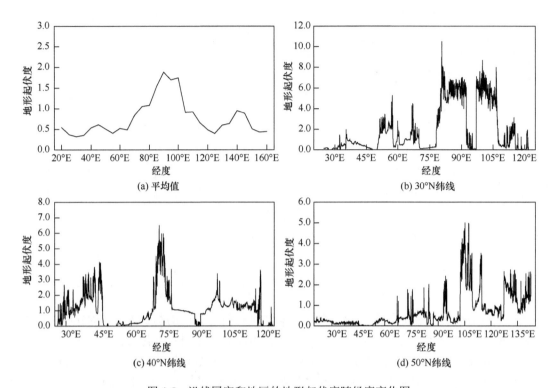

图 4-5　沿线国家和地区的地形起伏度随经度变化图

纬线上的地形起伏度整体呈中间高、两头低的趋势，且西段变化剧烈，这是由于此线西起地形破碎的小亚细亚半岛，47°E～67°E 经度跨越地形起伏度较小的卡拉库姆沙漠，随后经过地貌复杂的帕米尔高原而迅速上升，再依次进入塔里木盆地、黄土高原和华北平原，最后穿过中等地形起伏度的朝鲜半岛北部的妙香山脉而又有所回升。50°N 纬线上地形起伏度整体较低，并自西向东呈现出整体递增且东段变化相对剧烈的特征。该纬线起点为地形平坦的东欧平原，随后依次穿过哈萨克斯坦丘陵和蒙古高原而缓慢上升，而后穿过地形起伏度较小的东北平原北部，最后经外兴安岭南部地区又有所回升。

2. 地形起伏度由南向北随纬度增加先上升后下降，呈单峰状、倒"V"形分布

图 4-6 为沿线国家和地区的地形起伏度随纬度变化曲线。由图 4-6（a）可知，沿线国家和地区地形起伏度随纬度增高先逐步增加而后逐渐降低，曲线的变化特征符合沿线国家和地区南部多沿海平原、丘陵，中部多高山，北部多高原、平原的地貌特征。具体而言，由南向北由于德干高原和阿拉伯高原的存在，40°N 的地形起伏度为 1.2 左右；随着喜马拉雅山脉、青藏高原和昆仑山—祁连山等高大山体的出现，地形起伏度迅速在 30°N～40°N 的区域上升到 2.5 以上，再往北由于黄土高原、蒙古高原以及平坦广袤的东欧平原、西西伯利亚平原和中西伯利亚高原的递次出现，地形起伏度呈逐渐下降趋势并趋于低值。

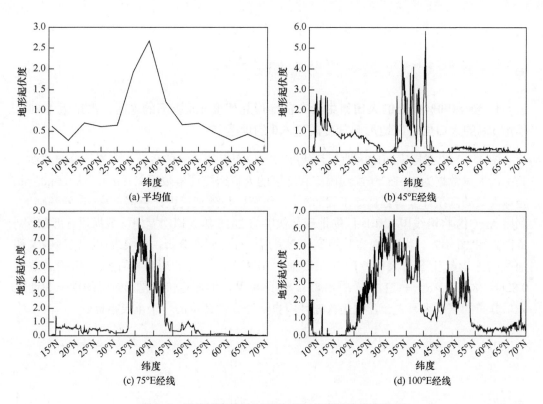

图 4-6　沿线国家和地区的地形起伏度随纬度变化图

图 4-6（b）～图 4-6（d）分别为 45°E、75°E 和 100°E 经线附近地形起伏度随纬度变化曲线。45°E 经线由南向北从海岸/沿海平原快速过渡到中等地形起伏度的阿拉伯高原，向北至美索不达米亚平原引起地形起伏度逐渐下降，中间越过伊朗境内的扎格罗斯山脉和伊朗高原，最后进入地势平坦的东欧平原。75°E 经线上的地形起伏度整体呈中间高两侧低的趋势，34°N～42°N 纬线段的"高峰"位于青藏高原西部与南亚北部交界处的过渡地带和帕米尔高原，南北两侧分别为地形起伏度较小的印度河平原与德干高原及地势平坦、地域辽阔的西西伯利亚平原。100°E 经线上的地形起伏度呈现高低相间分布，地形起伏度变化剧烈，25°N～38°N 纬线段的"高峰"主要是由于穿过两广丘陵、长江中下游平原与四川盆地以及渭河谷地、黄土高原等丘陵、平原、高原相间分布的区域。55°N 以北为地形起伏度变化较小的中西伯利亚高原。

4.3　基于地形起伏度的地形适宜性评价

根据人居环境地形适宜性评价的需要，在对沿线国家和地区地形起伏度空间分布规律实证分析的基础上，本章定量计算了沿线国家和地区的地形起伏度与人口分布的相关性及其区域差异。在此基础上，探讨了基于地形起伏度的人居环境地形适宜性，以期在栅格尺度上定量揭示沿线国家和地区的地形起伏度及其对人口分布的影响。

4.3.1　地形起伏度与人口分布的相关性

1. 全域90%以上的人口集中分布在地形起伏度1.0以下的地区，占地近7/10；不足1‰的人口居住在地形起伏度超过5.0的地区

图4-7为沿线国家和地区地形起伏度与人口密度的相关关系及人口累计分布曲线。其中，人口数据为2015年沿线国家和地区的人口密度栅格数据（1km），从LandScan全球人口动态统计分析数据库下载而来，具体获取与处理流程详见第3章。在此基础上，利用ArcGIS将沿线国家和地区的地形起伏度与2015年人口密度栅格数据进行匹配，制成散点图[图4-7（a）]，观察并剔除异常值后进行回归性分析。结果表明：沿线国家和地区的地形起伏度与人口密度存在较强的相关性，二者的对数曲线拟合相关系数达0.82[$Y=28.19\ln(x)+121.37$，$R^2=0.82$]。由此可见，地形起伏度是影响沿线国家和地区人口分布的重要因素之一，也是人居环境自然适宜性评价的一个重要指标。

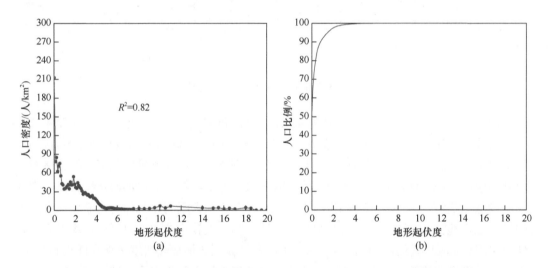

图4-7　沿线国家和地区的地形起伏度与人口密度的相关关系及人口累计分布曲线

由图4-7（b）可知，地形起伏度对沿线国家和地区人口分布的影响极为显著，大部分人口集聚在全区的低地形起伏度区域。当地形起伏度为0.2时（即RDLS≤0.2，以平原为主），沿线国家和地区相应累计人口占到总量的65.12%；当地形起伏度为1.0时（即RDLS≤1.0，以平原、丘陵和盆地为主），沿线国家和地区的累计人口数已达到全区总人口的91.89%；当地形起伏度达到2.0时（即RDLS≤2.0，以丘陵、盆地和高原为主），累计人口数占比达到97.57%。相比之下，地形起伏度大于5.0（相当于极高山地区）的累计人口比例仅为0.10%。总体而言，即沿线国家和地区超过六成的人口居住在地形起伏度小于0.2的平原区，不足0.10%的人口居住在地形起伏度大于

5.0 的极高山地区。

2. 中亚、中东欧和蒙俄地形起伏度低值集中明显，西亚中东、东南亚、南亚人口更具集聚性，中国人口分布偏重低值，区域差异显著

在梳理沿线国家和地区地形起伏度与人口密度相关关系的基础上，利用 ArcGIS 分区统计工具分别对沿线国家和地区的"6+1"各区的地形起伏度区间所对应的面积和人口占比进行统计，从全区到分区进一步探讨沿线国家和地区地形起伏度与人口分布相关性的区域差异与特征。表 4-3 为沿线国家和地区"6+1"各地形起伏度区间对应的面积与人口比例统计结果。整体而言，沿线国家和地区大部分区域的地形起伏度以低值为主，人口分布偏重低值的趋势则更加明显，但区域之间差异较为显著。

表 4-3　沿线国家和地区各地形起伏度区间相应面积比例与人口比例分区统计（单位：%）

		地形起伏度							
		0～1.0	1.0～2.0	2.0～3.0	3.0～4.0	4.0～5.0	5.0～6.0	6.0～7.0	>7.0
中亚地区	面积比例	88.19	3.05	1.92	2.02	2.22	1.74	0.66	0.20
	人口比例	91.24	6.19	1.60	0.54	0.32	0.09	0.02	0.00
中东欧地区	面积比例	93.08	4.35	2.23	0.32	0.02	0.00	—	—
	人口比例	93.90	5.18	0.76	0.15	0.01	0.00	—	—
西亚中东地区	面积比例	69.57	20.52	6.79	2.50	0.52	0.09	0.01	0.00
	人口比例	78.78	15.86	4.38	0.86	0.12	0.00	0.00	0.00
南亚地区	面积比例	75.62	7.78	4.99	3.12	2.18	2.33	2.54	1.44
	人口比例	95.44	2.32	1.26	0.61	0.25	0.09	0.03	0.00
蒙俄地区	面积比例	83.76	11.53	3.74	0.80	0.14	0.00	0.00	0.00
	人口比例	97.10	2.30	0.41	0.14	0.04	0.01	0.00	0.00
东南亚地区	面积比例	76.65	15.11	5.51	1.66	0.64	0.23	0.08	0.12
	人口比例	96.09	2.84	0.82	0.16	0.05	0.02	0.01	0.01
中国	面积比例	40.03	23.89	6.54	4.93	11.16	9.00	3.76	0.69
	人口比例	86.36	10.08	2.47	0.66	0.30	0.13	0.00	0.00

就沿线国家和地区"6+1"分区而言，中亚地区、中东欧地区、西亚中东地区、蒙俄地区和东南亚地区五个区域内地形起伏度小于 2.0 的面积占其总面积的 90% 以上，相应人口则占总人口的 95% 左右。其中，中东欧地区的集中分布趋势最为明显，地形起伏度小于 1.0 的面积比例和人口比例分别为 93.08% 和 93.90%；东南亚地区的人口分布偏重低值，76.65% 以上区域的地形起伏度小于 1.0，而相应人口占到 96.09%；中亚地区部分区域的地形起伏在 1.0 以下，其面积占该区总面积的 88.19%，相应人口占到 91.24%；西亚中东地区的地形起伏度主要集中在 2.0 以下，土地面积占到 90.09%，相应人口比例为 94.64%；蒙俄地区的人口分布明显更具集聚性，97.10% 的人口分布在地形起伏度小于 1.0 的区域，相应面积占总面积的 83.76%；南亚地区绝大部分区域的地形起伏度介于

1.0～3.0，其面积占总面积的 88.39%，相应人口占比达 99.02%，且起伏度小于 1.0 的人口占到总人口的 95.44%。

比较而言，中国地形起伏度集中分布趋势不太明显，各地形起伏度区间均有分布，而人口具有强集聚性。具体地，地形起伏度小于 1.0 的面积比例占四成左右（40.03%），而相应的人口接近九成（86.36%）；地形起伏度介于 1.0～2.0 的区域近占 1/4，相应人口约占 1/10。分析发现，这与中国的地形复杂多样密切相关，特别是受地域宽广且地势高耸的青藏高原影响，地形起伏度大于 4.0 的土地为国土面积的 1/4 左右。由此不难看出沿线国家和地区人口分布明显地趋向于低平地区，地形起伏度是影响人口分布的重要因素之一。

4.3.2 人居环境地形适宜性评价与适宜性分区标准

在对沿线国家和地区地形起伏度分布规律及其与人口分布的相关性进行分析的基础上，依据其区域特征及差异，参考地形地貌基本类别划分标准（程维明等，2009；李炳元等，2013；程维明等，2017），开展了沿线国家和地区的人居环境地形适宜性评价，即基于地形起伏度的人居环境地形适宜性评价。根据沿线国家和地区地形起伏度及其人居环境适宜性与空间分布特征，依据地形起伏度及海拔等指标，可以将沿线国家和地区不同区域的人居环境适宜程度分为不适宜、临界适宜、一般适宜、比较适宜和高度适宜 5 类。基于地形起伏度的沿线国家和地区人居环境地形适宜性评价指标如表 4-4 所示。

表 4-4　基于地形起伏度的沿线国家和地区人居环境地形适宜性评价指标

地形起伏度	海拔/m	相对高差/m	地貌类型	人居环境适宜性
>5.0	> 5000	> 1000	极高山	不适宜
3.0～5.0	3500～5000	500～1000	高山	临界适宜
1.0～3.0	1000～3500	200～500	中山、高原	一般适宜
0.2～1.0	500～1000	0～200	低山、低高原	比较适宜
0～0.2	< 500	0～100	平原、丘陵、盆地	高度适宜

第 1 类为不适宜地区（Non-Suitability Area，NSA），即不适合人类长期生活和居住的地区。主要是地形起伏度接近 5.0 和大于 5.0 的极高山地区，基本上是不适合人类生存的无人区且生态环境极其脆弱。

第 2 类为临界适宜地区（Critical Suitability Area，CSA），是高度受地形条件限制、勉强适合人类常年生活和居住的地区，属地形适宜性与否的过渡区域。主要是地形起伏度介于 3.0～5.0 的中、高山地区。

第 3 类为一般适宜地区（Low Suitability Area，LSA），受地形中度限制、一般适宜人类常年生活和居住的地区。主要是地形起伏度介于 1.0～3.0 的中低山、高原地区。

第 4 类为比较适宜地区（Moderate Suitability Area，MSA），受到一定地形限制、中等适宜人类常年生活和居住的地区，地形条件相对较好。主要是地形起伏度介于 0.2～1.0 的低山、丘陵和盆地地区。

第 5 类为高度适宜地区（High Suitability Area，HSA），是基本不受地形限制、最适合人类常年生活和居住的地区，地形地貌条件优越。主要是指地形起伏度小于 0.2 的平原、丘陵地区。

4.4　基于地形起伏度的人居环境地形适宜性分区

根据沿线国家和地区地形起伏度空间分布特征及人居环境地形适宜性评价指标体系（表 4-4），完成了沿线国家和地区地形起伏度的人居环境地形适宜性评价。结果表明，沿线国家和地区以地形适宜为主要特征，地形适宜地区占 91.82%，相应人口超过 99.13%；不适宜地区只占 3.37%，相应人口不足 0.10%。

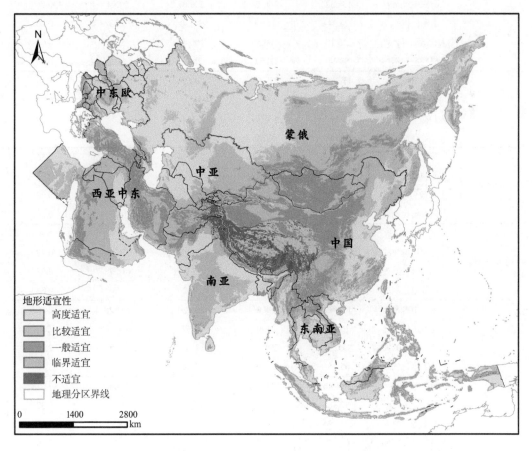

图 4-8　沿线国家和地区基于地形起伏度的人居环境地形适宜性评价图

由图 4-8 可知，沿线国家和地区的人居环境地形适宜性程度整体表现为平原、盆地高于高原、山地的特征。沿线国家和地区基于地形起伏度的人居环境地形适宜性的具体评价结果如表 4-5 所示。

表 4-5　沿线国家和地区基于地形起伏度的人居环境地形适宜性的具体评价结果

项目		地形起伏度适宜性评价				
		高度适宜地区	比较适宜地区	一般适宜地区	临界适宜地区	不适宜地区
中亚地区	面积/10^4km^2	177.69	175.37	19.85	16.97	10.41
	面积比例/%	44.39	43.81	4.96	4.24	2.60
	人口数量/10^6 人	11.64	51.13	5.40	0.61	0.04
	人口数量比例/%	16.91	74.30	7.85	0.88	0.06
中东欧地区	面积/10^4km^2	141.78	61.91	14.40	0.74	0.00
	面积比例/%	64.79	28.29	6.58	0.34	0.00
	人口数量/10^6 人	111.99	62.93	2.61	0.04	0.00
	人口数量比例/%	63.07	35.44	1.47	0.02	0.00
西亚中东地区	面积/10^4km^2	158.52	368.14	206.67	22.94	0.76
	面积比例/%	20.94	48.63	27.30	3.03	0.10
	人口数量/10^6 人	215.10	100.50	106.44	5.26	0.00
	人口数量比例/%	50.34	23.52	24.91	1.23	0.00
南亚地区	面积/10^4km^2	176.05	212.99	65.70	27.27	32.46
	面积比例/%	34.22	41.40	12.77	5.30	6.31
	人口数量/10^6 人	1085.86	584.13	62.45	14.87	2.09
	人口数量比例/%	62.07	33.39	3.57	0.85	0.12
蒙俄地区	面积/10^4km^2	846.34	716.63	285.16	17.54	0.56
	面积比例/%	45.35	38.40	15.28	0.94	0.03
	人口数量/10^6 人	113.89	28.81	4.15	0.25	0.00
	人口数量比例/%	77.43	19.58	2.82	0.17	0.00
东南亚地区	面积/10^4km^2	240.42	104.68	92.84	10.36	1.96
	面积比例/%	53.40	23.25	20.62	2.30	0.43
	人口数量/10^6 人	529.91	79.85	22.96	1.27	0.25
	人口数量比例/%	83.55	12.59	3.62	0.20	0.04
中国	面积/10^4km^2	154.65	238.81	285.20	157.28	124.06
	面积比例/%	16.11	24.88	29.71	16.38	12.92
	人口数量/10^6 人	895.56	291.15	172.65	13.06	2.19
	人口数量比例/%	65.15	21.18	12.56	0.95	0.16
全区	面积/10^4km^2	1931.46	1848.78	964.18	248.54	174.13
	面积比例/%	37.38	35.78	18.66	4.81	3.37
	人口数量/10^6 人	2963.96	1198.50	376.66	35.36	4.57
	人口数量比例/%	64.73	26.17	8.23	0.77	0.10

4.4.1　地形高度适宜地区：占地近 2/5，相应人口超 3/5

基于地形起伏度的人居环境地形适宜性评价结果表明，沿线国家和地区的高度适宜地区（HSA）土地面积为 $1931.46\times10^4\text{km}^2$，占全区总土地面积的 37.38%；相应人口约为沿线国家和地区人口的 64.73%，达 2963.96×10^6 人。高度适宜是沿线国家和地区比重最大的地形适宜性类型，在空间上广泛分布，以大江大河中下游平原地区为主。

根据图 4-8 可知，沿线国家和地区的高度适宜地区主要分布在中国东部的华北平原–江淮地区–洞庭湖平原–鄱阳湖平原–江汉平原及东北平原南部、东南亚地区的伊洛瓦底江河口平原–湄南河平原–湄公河平原、南亚地区的印度河平原–恒河平原及印度沿海平原、中亚地区的里海沿岸平原、西亚中东地区的美索不达米亚平原与阿拉伯半岛的波斯湾沿岸及埃及的尼罗河三角洲地区、蒙俄地区的西西伯利亚平原–北西伯利亚低地及东欧平原等。该区域地形起伏度较小、地势和缓、平地集中，加上水热条件优越、光照充足、交通便利，大多是沿线国家和地区的人口与产业集聚地区，人类活动频繁。

就沿线国家和地区"6+1"分区而言：

（1）中亚地区的高度适宜地区土地面积为 $177.69\times10^4\text{km}^2$，占该区土地面积的 44.39%；相应人口总量为 11.64×10^6 人，约占该区总人口的 16.91%，主要集中在里海沿岸平原、图兰低地和哈萨克斯坦丘陵西部边缘地区等。

（2）中东欧地区的高度适宜地区土地面积为 $141.78\times10^4\text{km}^2$，占比接近该区土地面积的 64.79%；相应人口总量为 111.99×10^6 人，约占该区总人口的 63.07%，高度集中在中东欧东部的东欧平原及黑海沿岸平原等。

（3）西亚中东地区的高度适宜地区土地面积为 $158.52\times10^4\text{km}^2$，占该区土地面积的 20.94%；相应人口总量为 215.10×10^6 人，约占该区总人口的 50.34%，主要分布在尼罗河三角洲、美索不达米亚平原、波斯湾沿岸平原，在阿拉伯半岛的东南部局部地区也有一定分布。

（4）南亚地区的高度适宜地区土地面积为 $176.05\times10^4\text{km}^2$，占该区土地面积的 34.22%；相应人口总量为 1085.86×10^6 人，约占该区总人口的 62.07%。值得注意的是，南亚高度适宜地区人口规模超过沿线国家和地区总人口的 1/3，主要集中在印度河平原和恒河平原等。

（5）蒙俄地区的高度适宜地区土地面积为 $846.34\times10^4\text{km}^2$，占该区土地面积的 45.35%，接近沿线国家和地区高度适宜地区的 1/2；相应人口总量为 113.89×10^6 人，约占该区总人口的 77.43%，集中连片分布在东欧平原和西西伯利亚平原，在北冰洋沿岸局部地区也有一定分布。

（6）东南亚地区的高度适宜地区土地面积为 $240.42\times10^4\text{km}^2$，占该区土地面积的 53.40%，约为沿线国家和地区高度适宜地区的 1/8；相应人口数量为 529.91×10^6 人，约占该区总人口的 83.55%，主要集中在中南半岛湄公河三角洲、湄南河三角洲和伊洛瓦底江河口平原及加里曼丹岛南部与苏门答腊岛东侧等。

（7）中国高度适宜地区占到沿线国家和地区高度适宜地区的 1/12，土地面积为 154.65×10⁴km²，接近全国的 1/6；相应人口总量为 895.56×10⁶ 人，超过全国的 3/5，约为沿线国家和地区该区域人口的 3/10。主要集中在东北平原、华北平原、长江中下游平原以及东南沿海平原等地区。

4.4.2 地形比较适宜地区：占地 1/3 强，相应人口超 1/4

基于地形起伏度的人居环境地形适宜性评价结果表明，沿线国家和地区的比较适宜地区（MSA）土地面积为 1848.78×10⁴km²，超过全域的 1/3（35.78%）；相应人口总量为 1198.50×10⁶ 人，超过全域的 1/4（26.17%）。沿线国家和地区的比较适宜地区在空间上介于高度适宜地区和一般适宜地区之间（图 4-8）。

根据图 4-8 可知，沿线国家和地区的比较适宜地区主要集中在中国的东北平原外围–四川盆地区、东南亚地区的泰国中东部–缅甸中部、南亚地区的印度大部、西亚中东地区的阿拉伯半岛大部–埃及中南部、中亚地区的哈萨克斯坦中西部、蒙俄地区的俄罗斯中西伯利亚高原及西亚中东地区的阿拉伯半岛中西部地区等。该区域多为丘陵、盆地和高原，人口相对集中。

就沿线国家和地区"6+1"分区而言：

（1）中亚地区的比较适宜地区土地面积为 175.37×10⁴km²，占该区土地面积的 43.81%；相应人口总量为 51.13×10⁶ 人，约占该区总人口的 74.30%，主要集中在哈萨克斯坦东部与南部的丘陵地区等。

（2）中东欧地区的比较适宜地区土地面积为 61.91×10⁴km²，占该区土地面积的 28.29%；相应人口总量为 62.93×10⁶ 人，约占该区总人口的 35.44%，主要集中在中东欧中部地区的第聂伯河沿岸高地等。

（3）西亚中东地区的比较适宜地区土地面积为 368.14×10⁴km²，占该区土地面积的 48.63%；相应人口总量为 100.50×10⁶ 人，约占该区总人口的 23.52%，主要集中在阿拉伯半岛的中西部和埃及中南部以及伊朗高原局部地区等。

（4）南亚地区的比较适宜地区土地面积为 212.99×10⁴km²，占该区土地面积的 41.40%；相应人口总量为 584.13×10⁶ 人，约占该区总人口的 33.39%，约占沿线国家和地区比较适宜地区人口的 1/2，主要集中在德干高原大部分地区等。

（5）蒙俄地区的比较适宜地区土地面积为 716.63×10⁴km²，占该区土地面积的 38.40%，接近沿线国家和地区比较适宜地区的 2/5；相应人口总量为 28.81×10⁶ 人，约占蒙俄地区总人口的 19.58%，主要集中在中西伯利亚高地和蒙古国与俄罗斯交界地区等。

（6）东南亚地区的比较适宜地区土地面积为 104.68×10⁴km²，占该区土地面积的 23.25%；相应人口总量为 79.85×10⁶ 人，约占该区总人口的 12.59%，主要集中在泰国北部、柬埔寨东部、缅甸中部地区以及加里曼丹岛局部地区等。

（7）中国的比较适宜地区约为沿线国家和地区比较适宜地区的 12.92%，土地面积达 238.81×10⁴km²，约占全国的 1/4；相应人口总量为 291.15×10⁶ 人，超过全国的 1/5，

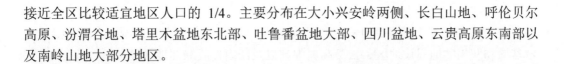

接近全区比较适宜地区人口的 1/4。主要分布在大小兴安岭两侧、长白山地、呼伦贝尔高原、汾渭谷地、塔里木盆地东北部、吐鲁番盆地大部、四川盆地、云贵高原东南部以及南岭山地大部分地区。

4.4.3　地形一般适宜地区：占地不到 1/5，相应人口总量不到 1/10

基于地形起伏度的人居环境地形适宜性评价结果表明，沿线国家和地区的一般适宜地区（LSA）土地面积为 964.18×10^{4}km^2，约占全域的 18.66%；相应人口总量约为 376.66×10^6 人，占全域的 8.23%。沿线国家和地区的一般适宜地区在空间分布上毗邻比较适宜地区（图 4-8）。

根据图 4-8 可知，沿线国家和地区的一般适宜地区主要分布在中国的西南地区并分别向北延伸至蒙俄地区的蒙古国及其与俄罗斯交界处与俄罗斯远东地区，南经横断山区延伸到东南亚地区的缅甸–老挝–越南的北部山区及印度尼西亚的加里曼丹岛中部与苏门答腊岛的西部沿海地区，向西经中亚地区的吉尔吉斯斯坦延伸到西亚中东地区的阿富汗–伊朗–土耳其–沙特阿拉伯西部地区。该区域所在地多为高原、低山和丘陵，人地比例相对均衡。

就沿线国家和地区"6+1"分区而言：

（1）中亚地区的一般适宜地区土地面积为 19.85×10^{4}km^2，占该区土地面积的 4.96%；相应人口总量为 5.40×10^6 人，约占该区总人口的 7.85%。高度集聚在中亚地区的天山山脉西侧等。

（2）中东欧地区的一般适宜地区土地面积为 14.40×10^{4}km^2，约占该区土地面积的 6.58%；相应人口总量为 2.61×10^6 人，约占该区总人口的 1.47%。高度集中在白俄罗斯丘陵地区等。

（3）西亚中东地区的一般适宜地区土地面积为 206.67×10^{4}km^2，占该区土地面积的 27.30%，超过沿线国家和地区一般适宜地区的 1/5；相应人口总量为 106.44×10^6 人，占到该区总人口的 24.91%，约占沿线国家和地区该适宜类型人口的 28.28%，主要集中在阿拉伯半岛西侧狭长地带和伊朗高原大部等。

（4）南亚地区的一般适宜地区土地面积为 65.70×10^{4}km^2，占该区土地面积的 12.77%；相应人口总量为 62.45×10^6 人，约占该区总人口的 3.57%，接近沿线国家和地区一般适宜地区人口的 1/6，主要集中在巴基斯坦大部和印度北部（如与尼泊尔交界处）。

（5）蒙俄地区的一般适宜地区土地面积为 285.16×10^{4}km^2，占该区土地面积的 15.28%，约为沿线国家和地区一般适宜地区的 1/3；相应人口总量为 4.15×10^6 人，约为该区总人口的 2.82%。主要集中在蒙古高原大部和俄罗斯远东局部地区等。

（6）东南亚地区的一般适宜地区土地面积为 92.84×10^{4}km^2，占该区土地面积的 20.62%；相应人口总量为 22.96×10^6 人，约占该区总人口的 3.62%，主要集中在中南半岛北部山区和加里曼丹岛中部地区等。

（7）中国一般适宜地区面积超过沿线国家和地区一般适宜地区总面积的 3/10，土地面积达 285.20×10^{4}km^2，接近全国面积的 30%，为中国人居环境地形适宜性比重最大的类型；相应人口总量为 $172.65×10^6$ 人，约占全国的 1/8，约占全区一般适宜地区人口的 1/2，主要分布在黄土高原、内蒙古高原西南部、塔里木盆地西南部、柴达木盆地、准噶尔盆地和四川盆地周边地区、云贵高原中部以及江南丘陵局部地区等。

4.4.4 地形临界适宜地区：占地不到 5%，相应人口不足 1%

基于地形起伏度的人居环境地形适宜性评价结果表明，沿线国家和地区的临界适宜地区（CSA）土地面积为 $248.54×10^4km^2$，约为全域的 4.81%；相应人口总量约为 $35.36×10^6$ 人，仅为全域的 0.77%。临界适宜是沿线国家和地区地形适宜性与否的过渡区域，在空间上高度集聚，偏居青藏高原一隅（图4-8）。

根据图 4-8 可知，沿线国家和地区的临界适宜地区主要集中在中国的藏北地区、藏东南地区以及冈底斯山脉，中国与尼泊尔、印度交界处的喜马拉雅山脉沿线，中亚地区的兴都库什山脉局部地区，以及西亚中东地区的伊朗高原中西部，在蒙俄地区的蒙古高原局部、阿尔泰山脉沿线也有一定比例分布。该区域所在地多为高原、山地，人口稀疏或相对集聚。

就沿线国家和地区"6+1"分区而言：

（1）中亚地区的临界适宜地区土地面积为 $16.97×10^4km^2$，占该区土地面积的 4.24%；相应人口总量为 $0.61×10^6$ 人，约占该区总人口的 0.88%，高度集中在吉尔吉斯斯坦与塔吉克斯坦境内的天山山脉地区等。

（2）中东欧地区的临界适宜地区土地面积为 $0.74×10^4km^2$，仅占该区土地面积的 0.34%；相应人口总量约为 $0.04×10^6$ 人，仅为该区总人口的 0.02%，零星分布于中东欧西侧的西喀尔巴阡山局部地区等。

（3）西亚中东地区的临界适宜地区土地面积为 $22.94×10^4km^2$，占该区土地面积的 3.03%，接近沿线国家和地区临界适宜地区的 1/10；相应人口总量为 $5.26×10^6$ 人，约为该区总人口的 1.23%，零星分布于伊朗高原西部地区和阿拉伯半岛西侧局部区域等。

（4）南亚地区的临界适宜地区土地面积为 $27.27×10^4km^2$，占该区土地面积的 5.30%；相应人口总量为 $14.87×10^6$ 人，约占该区总人口的 0.85%，集中分布在巴基斯坦北部地区和喜马拉雅山脉南麓狭长地区等。

（5）蒙俄地区的临界适宜地区土地面积为 $17.54×10^4km^2$，占该区土地面积的 0.94%；相应人口总量约为 $0.25×10^6$ 人，不足该区总人口的 0.17%，零星分布在蒙古高原西北侧等。

（6）东南亚地区的临界适宜地区土地面积为 $10.36×10^4km^2$，占该区土地面积的 2.30%；相应人口总量为 $1.27×10^6$ 人，仅占该区总人口的 0.20%，零星分布于缅甸西北部、越南北部的黄连山区和苏门答腊岛西部等区域。

（7）中国临界适宜地区接近沿线国家和地区临界适宜地区面积的 7/10，土地面积达 $157.28×10^4km^2$，接近全国的 1/6；相应人口总量为 $13.06×10^6$ 人，约占全国的 1%，占全域临界适宜地区人口的 2/5，主要分布在青藏高原腹地及其周边山地、昆仑山、祁连山、天山、阿尔泰山和云贵高原西部山区。需要说明的是，临界适宜地区是受地形条件限制、

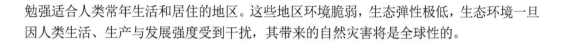

勉强适合人类常年生活和居住的地区。这些地区环境脆弱，生态弹性极低，生态环境一旦因人类生活、生产与发展强度受到干扰，其带来的自然灾害将是全球性的。

4.4.5　地形不适宜地区：占地不到 4%，相应人口不足 1‰

基于地形起伏度的人居环境地形适宜性评价结果表明，沿线国家和地区的不适宜地区（NSA）土地面积为 $174.13×10^4km^2$，约为全域的 3.37%；相应人口总量为 $4.57×10^6$ 人，不足全域千分之一。不适宜是沿线国家和地区比重最小的地形适宜性类型，在空间上呈高度集中分布（图 4-8）。

根据图 4-8 可知，沿线国家和地区的不适宜地区主要集聚在中国的青藏高原、天山山脉及中国与南亚地区交界处的喜马拉雅山脉沿线、兴都库什山脉沿线、东南亚地区的毛克山脉和西亚中东地区与蒙俄地区交界处的大高加索山等地区。该区域所在地的地形起伏度较大，地广人稀。需指出，中东欧地区人居环境地形不适宜地区分布极少。

就沿线国家和地区"6+1"分区而言：

（1）中亚地区的不适宜地区土地面积为 $10.41×10^4km^2$，占该区土地面积的 2.60%；相应人口总量不足 $0.04×10^6$ 人，仅为该区总人口的 0.06%，高度集中在塔吉克斯坦南部地区的帕米尔高原等区域。

（2）西亚中东地区的不适宜地区土地面积为 $0.76×10^4km^2$，不足该区土地面积的 0.10%；相应人口总量不足 $1×10^4$ 人，不足该区总人口的万分之一，零星地分布于亚洲与欧洲分界线的大高加索山区及伊朗境内的库赫鲁德山脉等区域。

（3）南亚地区的不适宜地区土地面积达 $32.46×10^4km^2$，占该区土地面积的 6.31%，接近沿线国家和地区不适宜地区的 1/5；相应人口总量为 $2.09×10^6$ 人，仅为该区总人口的 0.12%，约占沿线国家不适宜地区人口的 44.53%，主要集中在阿富汗境内的兴都库什山区和喜马拉雅山南麓狭长地带等。

（4）蒙俄地区的不适宜地区土地面积为 $0.56×10^4km^2$，占该区土地面积的 0.03%；相应人口总量不足 $1×10^4$ 人，不足该区总人口的万分之一，高度集中在蒙古国与中国交界处的阿尔泰山等地区。

（5）东南亚地区的不适宜地区土地面积为 $1.96×10^4km^2$，占该区土地面积的 0.43%；相应人口总量约 $0.25×10^6$ 人，仅占东南亚地区总人口的 0.04%，高度集中分布于伊里安岛毛克山脉和加里曼丹岛伊兰山脉等地区。

（6）中国的不适宜地区占到了沿线国家和地区不适宜地区的绝大部分，达 71.25%，土地面积为 $124.06×10^4km^2$，超过全国的 1/8；相应人口总量为 $2.19×10^6$ 人，不足全国的 2‰，超过沿线国家和地区在该区域总人口的四成，主要分布在藏北高原、藏东南—横断山区以及昆仑山、祁连山和天山的局部区域。

第 5 章　温湿指数与气候适宜性

　　气候是影响人类活动和人居环境的重要因子。气候适宜性不仅直接影响区域内人们的日常生活和健康，也直接影响人们的生产和消费。气候适宜性评价（Suitability Assessment of Climate，SAC）是人居环境评价的一项重要内容。温湿指数是描述区域气候适宜性的重要指标，综合考虑了温度和相对湿度对人体舒适度的影响，本章将其纳入绿色丝绸之路沿线国家和地区人居环境的气候适宜性评价体系。利用温度和相对湿度数据计算了绿色丝绸之路沿线国家和地区的温湿指数，采用地理空间统计的方法，分析了温湿指数的空间分布规律及其与人口的相关性，并在此基础上确定了气候适宜性分区标准，开展了绿色丝绸之路沿线国家和地区的人居环境气候适宜性评价。

5.1　温湿指数的概念与计算

5.1.1　基本概念与计算公式

　　围绕气候适宜性评价的相关研究已经有 50 余年的历史。为表征大气环境对人体冷暖感觉的影响，已形成了多种人体生理气候专项指标及其计算模型，如温湿指数（Temperature-Humidity Index，THI）、风寒指数（Wind Chill Index，WCI）、风效指数（Wind Effect Index，WEI）、酷热指数（Heat Index，HI）等。其中，温湿指数是全世界多个国家和地区广泛采用的综合指标，主要应用于气候舒适度评价（Barradas，1991；王远飞和沈愈，1998）、炎热环境与人体健康（Matzarakis and Mayer，1991；Vaneckova et al.，2011）以及城市化对气候的影响（Deosthali，1999；Emmanuel，2005）等方面，成为气候适宜性评价的典型模型。因此，本章选取在实践中应用较为广泛的温湿指数作为气候适宜性评价的综合指标。

　　温湿指数（THI）是由美国地理学家和气候学家奥利弗（John E.Oliver）于 1973 年在《气候与人类环境：应用气候学导论》中提出（Oliver，1973），它的物理意义是湿度订正以后的温度，考虑了温度以及相对湿度对人体舒适度的综合影响，是衡量区域气候舒适度的一项重要指标。温湿指数算式如下：

$$\text{THI} = T - 0.55 \times (1 - \text{RH}) \times (T - 58) \tag{5-1}$$

$$T = 1.8t + 32 \tag{5-2}$$

式中，THI 为温湿指数；T 为某一评价时段平均空气华氏温度（°F）；t 为某一评价时段平均空气摄氏温度（℃），RH 为某一评价时段平均空气相对湿度（%）。

　　在参考已有研究（李秋和仲桂清，2005；唐焰等，2008）提出的生理气候评价指标分级标准的基础上，根据经验以及相关研究成果（保继刚和楚义芳，2012）并基于温湿指数模型的计算结果，制定了绿色丝绸之路沿线国家和地区温湿指数的生理气候分级标准（表5-1），该指标体系把温湿指数所对应的人体感觉程度分为10个级别。

表5-1 基于温湿指数的生理气候分级标准

温湿指数	感觉程度	温湿指数	感觉程度
≤35	极冷，极不舒适	65～72	暖，非常舒适
35～45	寒冷，不舒适	72～75	偏热，较舒适
45～55	偏冷，较不舒适	75～77	炎热，较不舒适
55～60	清凉，较舒适	77～80	闷热，不舒适
60～65	凉，非常舒适	>80	极其闷热，极不舒适

5.1.2 数据来源与数据处理

1. 气温数据

用于计算温湿指数的气温数据源自瑞士联邦森林、雪与景观研究所提供的地球陆表高分辨率气候（The Climatologies at High Resolution for the Earth's Land Surface，CHELSA）数据（Karger et al.，2017）。该数据集包含1979～2013年的月平均气温、月平均降水量、年均温度、年均降水量、最暖最冷季度平均温度等23项气候数据，空间分辨率达30弧秒（约1 km）。CHELSA的所有产品都参照WGS-84水平基准面的地理坐标系。该数据集以欧洲中期天气预报中心（European Centre for Medium-Range Weather Forecast，ECMWF）推出的全球大气再分析数据集ERA-Interim data为基础，并结合全球多分辨率地形高程（GMTED2010）数据、大气环流模式（GCM）数据、全球降水气候学中心（GPCC）的气候数据等多源数据建立了估算模型，得出各类气象数据，并采用历年不同地区的气象站点数据对其进行了交叉验证。

本章获取了CHELSA数据集中多年平均温度数据，在计算温湿指数与开展绿色丝绸之路沿线国家和地区的气候适宜性评价之前，基于ArcGIS软件平台对CHELSA数据进行预处理。首先，基于沿线国家和地区的矢量数据，利用空间分析工具（Spatial Analyst Tools）模块中的掩膜提取（Extract by Mask）工具对全球年均温数据进行裁剪，提取出绿色丝绸之路全域范围内的年均温数据；然后，将提取出的年均温数据定义为Continental-Asia Lambert Conformal Conic投影坐标系；最后，通过重采样（Resample）将数据空间分辨率由30弧秒转换为1km×1km。处理后的沿线国家和地区的多年平均温度数据如图5-1所示。

2. 相对湿度数据

本章采用的原始相对湿度数据来自国家气象信息中心提供的1980～2017年绿色丝绸之路沿线65个国家和地区共2363个气象站点的地面气候资料月值数据集，每个站点的月值数据集主要包含了月平均相对湿度数据以及各气象站点对应的经纬度和海拔等资料。基于此数据集，通过计算得到了各站点的多年平均相对湿度。利用ArcGIS的空间

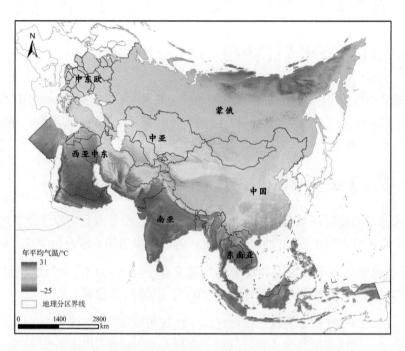

图 5-1　沿线国家和地区多年平均温度（1km×1km）

分析模块，采用协同克里金插值法对站点多年平均相对湿度数据进行了空间插值，获取了绿色丝绸之路沿线国家和地区的 1km×1km 年平均相对湿度的栅格数据（图 5-2）。

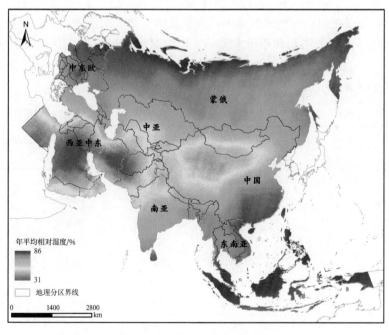

图 5-2　沿线国家和地区多年平均相对湿度（1km×1km）

5.2 温湿指数的统计特征与分布规律

根据预处理后的绿色丝绸之路沿线国家和地区的多年平均温度和相对湿度数据，利用温湿指数计算公式[式（5-1）和式（5-2）]，进一步计算了全域的温湿指数，并据此分析了沿线国家和地区"6+1"分区的气候要素特征以及温湿指数的统计特征与空间分布规律。

5.2.1 温湿指数的气候要素分析

温度和相对湿度是计算温湿指数的基础气候要素，本节研究了绿色丝绸之路沿线国家和地区的温度和相对湿度的空间分异状况，为温湿指数的后续分析奠定了研究基础。

1. 绿色丝绸之路沿线国家和地区年均温度介于–25～31℃，约1/3的地区年均温度低于0℃，近1/4的地区年均温度高于20℃，区域差异显著

绿色丝绸之路沿线国家和地区地域辽阔，地域跨度广，从南亚地区到中东欧地区，海拔高低不同，气候类型复杂多样，气温分布极不均匀。年均温度统计结果（表5-2）表明，绿色丝绸之路沿线国家和地区的年均温度介于–25～31℃。年均温度低于0℃的地区面积占到32.56%，该部分地区主要位于蒙俄地区、中国的青藏高原–帕米尔高原–天山山脉等高纬度、高海拔地区。年均温度在0～10℃的地区面积占到26.91%，主要分布在蒙俄地区西部的东欧平原、中东欧地区大部分区域、中亚地区北部的哈萨克斯坦以及中国的阿尔泰山–内蒙古高原–东北平原一带。年均温度在10～20℃的地区面积占到15.96%，主要分布在中东欧地区的南部、西亚及中东地区的伊朗高原、中亚地区南部的沙漠地区以及中国的中东部和塔里木盆地。年均温度高于20℃的区域面积占全区总面积的24.57%，主要分布在西亚中东地区的埃及、阿拉伯半岛，南亚和东南亚地区的大部分区域以及中国的广东、广西和海南地区。

表5-2 沿线国家和地区不同温度对应面积占比与平均温度统计结果

区域	温度区间面积占比/%				平均温度/℃
	≤0℃	0～10℃	10～20℃	>20℃	
东南亚地区	0.01	0.46	10.17	89.36	24.3
蒙俄地区	72.68	26.42	0.90	0.00	–3.9
南亚地区	5.32	6.19	12.27	76.22	21.3
西亚中东地区	0.25	9.00	29.25	61.50	20.9
中东欧地区	0.08	82.35	17.57	0.00	8.3
中亚地区	6.03	61.62	32.35	0.00	7.7
中国	26.73	37.12	32.92	3.23	6.6
全区	32.56	26.91	15.96	24.57	7.9

就沿线国家和地区而言（表 5-2），东南亚地区由于纬度较低，全年平均温度最高，达 24.3℃，其中近 90%的地区年均温度高于 20℃；年均温度为 10～20℃的地区占到10.17%，主要位于中南半岛北部的高原地区以及苏门答腊岛西海岸山地地区；年均温度低于 10℃的地区面积占比不足 0.5%，主要位于新几内亚岛中部的毛克山脉地带。南亚地区的年均温度略低于东南亚地区，为 21.3℃，其中年均温高于 20℃的地区面积占比为76.22%，主要分布在印度河以东及喜马拉雅山脉以南的大部分区域；年均温度介于 10～20℃的地区面积占比为 12.27%，主要分布在伊朗和阿富汗境内；低于 10℃的区域主要位于伊朗和阿富汗境内的高原地区以及喜马拉雅山脉地区。西亚中东地区 61.50%的区域年均温度超过 20℃，集中分布在埃及和阿拉伯半岛地区；年均温度低于 10℃的地区面积占比不足 10%，主要位于北部的安纳托利亚高原以及伊朗高原地区。中东欧地区年均温度基本处于 0～20℃，其中 82.35%的地区年均温度在 0～10℃，广泛分布于中北部平原以及南部山地区域；南部多瑙河河谷地带的年均温度基本在 10～20℃。中亚地区北部年均温度在 0～10℃，面积占比为 61.62%；南部沙漠地区年均温度在 10～20℃；另外 6.03%的区域年均温度低于 0℃，主要分布在东南部海拔相对较高的帕米尔高原和天山山脉地区。中国南北跨度大，区域年均温度差异显著，26.73%的地区年均温度低于0℃，主要分布在青藏高原地区和东北的大小兴安岭地区；37.12%的地区年均温度在0～10℃，主要分布在东北地区、内蒙古高原、新疆北部、柴达木盆地以及西南部的山地地区；32.92%的地区年均温度在 10～20℃，广泛分布于中部和东部地区，主要包括华北平原、长江中下游平原、两湖地区、四川盆地以及云贵高原等地区；3.23%的地区年均温度超过 20℃，主要分布在广东和广西南部沿海地区、海南岛以及台湾西部平原地区。蒙俄地区由于纬度较高，全年平均温度最低，为-3.9℃，其中年均温度低于 0℃的区域占到 72.68%，主要位于俄罗斯北部和东部的高寒地区以及蒙古国西北部的高原地区；年均温度处于 0～10℃的地区占比为 26.42%，主要分布在俄罗斯西部的东欧平原以及蒙古国南部地区；年均温度高于 10℃的区域面积仅占 0.90%，主要位于俄罗斯南部的亚速海和里海沿岸地带。

2. 绿色丝绸之路沿线国家和地区的年均相对湿度介于 31%～86%，整体呈南北两端高中间低的空间分布特征，约 2/3 的地区年均相对湿度高于 60%

根据多年平均相对湿度统计结果，绿色丝绸之路沿线国家和地区的年均相对湿度介于 31%～86%。年均相对湿度低于 60%的地区面积占 35.48%（表 5-3），主要分布在中国西北部、蒙古国南部、南亚地区西北部、中亚地区南部和西亚中东地区大部分国家等干旱半干旱地区。年均相对湿度介于 60%～80%的地区面积占 59.95%，主要分布在中国的东北和东南部、东南亚地区的中南半岛、南亚地区的东南部、中亚中东地区的北部以及蒙俄地区和中东欧地区各国大部分地区。年均相对湿度高于 80%的地区主要分布在70°N 附近的北冰洋沿岸地区、10°S～10°N 的印度尼西亚群岛地区以及中国海南岛等地。绿色丝绸之路沿线国家和地区的年均相对湿度整体上呈现由中部干旱半干旱地区向南北逐渐升高的空间分布特征。

表5-3 沿线国家和地区不同相对湿度对应面积占比与年均相对湿度统计结果

区域	相对湿度区间面积占比/%					年均相对湿度/%
	≤50%	50%~60%	60%~70%	70%~80%	>80%	
东南亚地区	0.00	0.00	5.58	61.17	33.25	77
蒙俄地区	1.71	5.12	29.86	59.03	4.28	72
南亚地区	19.22	36.72	36.35	7.71	0.00	58
西亚中东地区	70.60	20.10	8.40	0.90	0.00	46
中东欧地区	0.00	0.00	8.47	90.60	0.93	75
中亚地区	6.20	54.58	39.13	0.09	0.00	59
中国	18.05	35.18	24.44	22.07	0.26	61
全区	16.28	19.20	24.14	35.81	4.57	65

就沿线国家和地区而言（表5-3），东南亚地区、中东欧地区以及蒙俄地区的年均相对湿度较高，多年平均值均超过70%；东南亚地区94.42%的区域年均相对湿度高于70%，近1/3的地区年均相对湿度高于80%，主要位于菲律宾以及马来西亚大部分岛屿；中东欧地区年均相对湿度高于70%的地区占到91.53%，年均相对湿度低于70%的地区主要位于南部山地地区；蒙俄地区年均相对湿度低于70%的地区面积占比为36.69%，主要位于蒙古国南部沙漠地区。中国年均相对湿度超过60%，超过1/3区域的相对湿度在50%~60%，其主要分布在中国西北干旱、半干旱地区；46.77%的区域年均相对湿度超过60%，主要分布在东北地区、华北平原和四川盆地及其以南地区。中亚地区一半以上的区域年均相对湿度在50%~60%，广泛分布于中部及南部地区；年均相对湿度高于60%的地区主要分布在北部高纬度地区。南亚地区73.07%的区域相对湿度在50%~70%，主要分布在恒河以南的半岛地区；相对湿度低于50%的地区面积占比为19.22%，主要分布在西北部的高原山地地区。西亚中东地区年均相对湿度最低，全域70.60%的地区年均相对湿度低于50%，广泛分布于中部沙漠地区；年均相对湿度高于60%的地区面积占9.30%，主要分布于北部的小亚细亚半岛及安纳托利亚高原地区。

5.2.2 温湿指数的地域特征

温湿指数统计结果表明，绿色丝绸之路沿线国家和地区的温湿指数介于−4~80，地域差异较大。除青藏高原外，整体上呈现出由低纬度向高纬度递减的空间分布特征（图5-3）。

统计表明，丝绸之路沿线国家和地区的大部分区域的温湿指数介于20~75。温湿指数低于35的极冷地区面积占到29.90%（图5-4），该区域主要位于蒙俄地区、中亚地区北部及东南部帕米尔高原、中国东北地区–青藏高原–天山山脉等高纬度高海拔地区。温湿指数介于35~45的地区面积占到18.62%，主要分布在蒙俄地区的中东部平原区和蒙

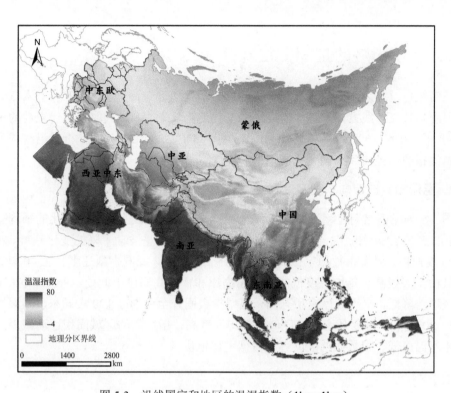

图 5-3　沿线国家和地区的温湿指数（1km×1km）

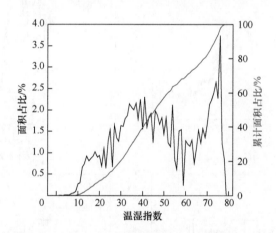

图 5-4　沿线国家和地区的温湿指数比例分布及其累计频率曲线（1km×1km）

古国南部地区、中亚地区的北部、中国的东北地区以及青藏高原东南部地区。温湿指数介于 55～75 的人体感觉相对舒适的地区面积占比为 29.73%，主要分布于中亚地区的南部，西亚中东地区的埃及、阿拉伯半岛北部、伊朗高原，南亚地区的西部和北部，中国中南部大部分地区。温湿指数高于 75 的地区气候闷热，面积占到 5.81%，主要分布在西亚中东地区的东南部、南亚地区的东南部沿海地区、东南亚的中南半岛南部以及印度尼西亚群岛的大部分地区。

5.2.3 温湿指数的空间变化规律

在对绿色丝绸之路沿线国家和地区的温湿指数进行统计分析的基础上，本章分析了全域温湿指数在经线方向和纬线方向上的变化趋势，并进一步选取具有代表性的三条纬线（30°N、40°N、50°N）和三条经线（45°E、75°E、100°E）分别分析了沿线国家和地区的温湿指数沿经向和纬向变化规律。

1. 温湿指数自西向东随经度增加呈波动下降的变化趋势

图 5-5 为绿色丝绸之路沿线国家和地区温湿指数在纬线上随经度变化的平均变化曲线。由图 5-5（a）可知，综合来看，温湿指数随经度增加呈波动下降的变化趋势。20°E～75°E 经度段内，温湿指数稳定在 50 左右；75°E～90°E，温湿指数逐渐降至 40 以下，这主要是由于海拔高、年均温度低的帕米尔高原和青藏高原位于此处。90°E～120°E，由于区域地势降低，平均温度有所升高，温湿指数回升至近 50。120°E 向东，温湿指数急剧降至 20 左右，主要是由于纬度低、年均温度高、指数高的区域面积逐渐减少，纬度高、年均温度低、指数低的区域逐步占据主体地位。

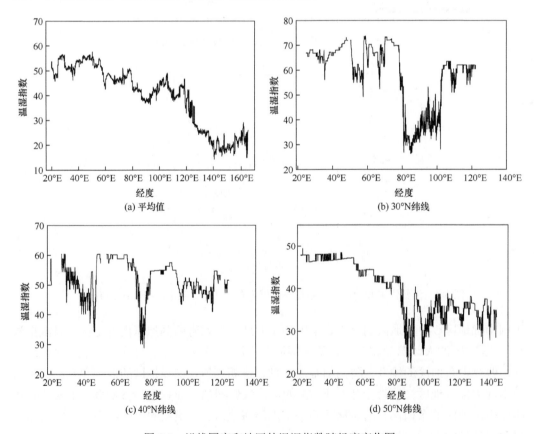

图 5-5　沿线国家和地区的温湿指数随经度变化图

图 5-5（b）～图 5-5（d）分别为 30°N、40°N 和 50°N 纬线上温湿指数的变化曲线。30°N 纬线上的温湿指数整体较高，大部分地区的指数值高于 60，空间上呈现东西高中间低的分布特征；75°E～100°E 的温湿指数明显低于东西两端的主要原因是海拔高、气温低的帕米尔高原和青藏高原位于此处。40°N 纬度线上大部分地区的温湿指数在 50～60，其中 30°E～40°E 以及 70°E～80°E 区域温湿指数急剧下降，形成了两个明显的波谷，这是因为 40°N 纬度线在 30°E～40°E 经过西亚中东地区的安纳托利亚高原；在 70°E～80°E 处经过帕米尔高原，温湿指数突降；而两处波谷之间是中亚地区的图兰低地，此处温湿指数最高达到 60；80°E～90°E，由于经过塔里木盆地，气温相对较高，温湿指数处于 55 左右；90°E 向东经过黄土高原和华北平原，温湿指数降至 50 左右。50°N 纬度线上的 80°E 以西地区温湿指数起伏变化不大，基本处于 40～50；80°E 以东起伏变化剧烈，主要是因为 80°E 以西是海拔低且地势平坦的东欧平原区，温湿指数相对较高且平稳，而 80°E 以东依次经过哈萨克丘陵、蒙古高原、东北平原北部，因此温湿指数变化剧烈。

2. 温湿指数由南向北随纬度增加呈显著波动下降的变化趋势

图 5-6 为绿色丝绸之路沿线国家和地区的温湿指数在经线上随纬度变化的平均变化曲

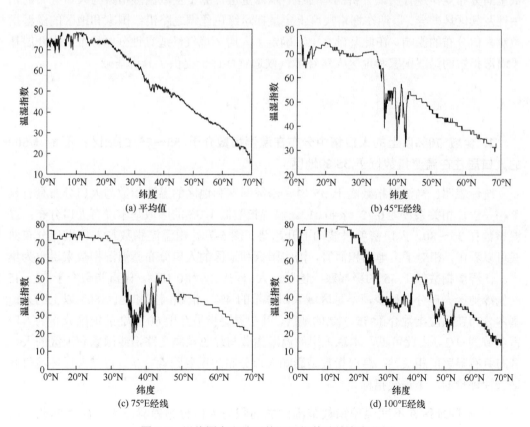

图 5-6 沿线国家和地区的温湿指数随纬度变化图

线。由图 5-6（a）可知，沿线国家和地区的温湿指数随纬度增加呈明显下降的趋势，这与温度随纬度升高而降低的变化特征一致。

图 5-6（b）～图 5-6（d）分别为 45°E、75°E 和 100°E 经线上温湿指数的变化曲线。45°E 经线上温湿指数由南向北整体上呈下降趋势，在 35°N～45°N 出现了剧烈的波动，这是因为西亚中东地区的扎格罗斯山脉和伊朗高原位于此处，其海拔相对较高，气温相对较低从而此处的温湿指数出现突降的现象。75°E 经线上温湿指数在 0～32°N 稳定在 70 左右；在 32°N～45°N 出现波谷的原因主要是该处主要位于青藏高原西部、帕米尔高原以及天山山脉等高海拔低气温地区。100°E 经线上的温湿指数整体也呈现出由低纬度向高纬度递减的变化趋势；在 30°N～50°N 由南向北依次分布有青藏高原、巴丹吉林沙漠和蒙古高原，因此温湿指数在该处出现了"两波谷夹一波峰"的现象。

5.3 基于温湿指数的气候适宜性评价

面向人居环境气候适宜性评价的需要，在对绿色丝绸之路沿线国家和地区的温湿指数空间分布规律进行实证分析的基础上，本章定量计算了全域温湿指数与人口分布的相关性及其区域差异，以期在栅格尺度上定量揭示绿色丝绸之路沿线国家和地区的温湿指数对人口分布的影响。在此基础之上，确定了人居环境气候适宜性分区标准，为开展基于温湿指数的沿线国家和地区人居环境气候适宜性评价提供了分析基础。

5.3.1 温湿指数与人口分布的相关性

1. 全域 70%以上的人口集中分布在温湿指数介于 55～75 的地区；不足 1/500 的人口居住在温湿指数低于 35 的地区

统计表明，当温湿指数高于 35 时，沿线国家和地区的温湿指数与人口分布具有显著相关性，相关系数为 0.72（α=0.01）。温湿指数低于 35 的区域基本没有人口分布；温湿指数在 35～80，人口密度呈波动上升趋势（图 5-7）。由温湿指数与人口累计分布曲线可以看出，相对于土地面积而言，沿线国家和地区的人口分布就温湿指数来讲更为集中。在温湿指数低于 35 的极端寒冷地区，人口占比仅为 0.18%。温湿指数介于 35～45 的偏冷地区人口分布稀少，不足区域人口总量的 4%。沿线国家和地区 80%以上的人口基本分布在温湿指数介于 55～77 的地区，其中温湿指数介于 60～72 的地区分布的人口占全域的 1/3。由此可见，本章采用的温湿指数与绿色丝绸之路沿线国家和地区的人口分布具有显著的相关性。温湿指数是影响人口分布的重要因素之一，也是人居环境气候适宜性评价的一个重要指标。

2. 不同地区在不同温湿指数范围内的面积与人口分布差异显著，由南向北人口集中分布的温湿指数区间逐渐由高值偏向低值

表 5-4 为 7 个沿线国家和地区不同温湿指数区间对应的面积比例与人口比例的统计

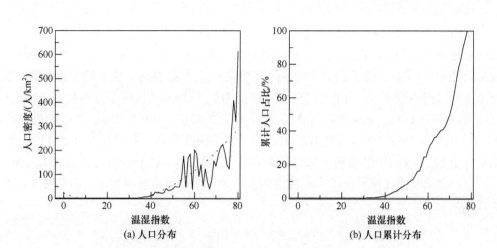

图 5-7　沿线国家和地区的温湿指数与人口分布的相关性及人口累计分布曲线

表 5-4　沿线国家和地区各温湿指数区间对应的面积比例与人口比例统计结果（单位：%）

温湿指数		≤35	35~45	45~55	55~65	65~75	>75
中亚地区	面积比例	4.81	34.31	40.15	20.73	0.00	0.00
	人口比例	0.07	12.13	23.29	64.51	0.00	0.00
中东欧地区	面积比例	0.06	18.31	80.66	0.97	0.00	0.00
	人口比例	0.00	6.37	91.20	2.43	0.00	0.00
西亚中东地区	面积比例	0.15	2.42	12.71	24.60	52.62	7.50
	人口比例	0.00	0.72	12.47	47.67	35.93	3.21
南亚地区	面积比例	4.42	3.49	5.46	10.73	63.23	12.67
	人口比例	0.02	0.21	1.57	3.56	79.41	15.23
蒙俄地区	面积比例	68.96	26.90	4.14	0.01	0.00	0.00
	人口比例	5.49	73.08	20.95	0.48	0.00	0.00
东南亚地区	面积比例	0.00	0.16	0.87	6.26	52.54	40.17
	人口比例	0.00	0.04	0.07	1.20	27.77	70.92
中国	面积比例	20.78	24.65	28.83	21.23	4.51	0.00
	人口比例	0.19	5.50	22.76	54.04	17.51	0.00

结果。据表可知，各地区在不同温湿指数范围的面积与人口分布差异显著。纬度相对较高的中亚地区、中东欧地区和蒙俄地区的绝大部分地区气候寒冷，而相应人口分布趋向相对温暖地区。中亚地区温湿指数低于 55 的寒冷地区面积占比为 79.27%，人口仅占总人口的 35.49%；温湿指数在 55~65 的地区面积占比为 20.73%，人口占比达 64.51%。中东欧地区温湿指数低于 55 的面积约占总面积的 99%，91.2% 的人口分布在气候相对温暖的偏冷地区（温湿指数为 45~55）；2.43% 的人口分布在面积仅占总面积 0.97% 的气候相对舒适地区（温湿指数为 55~65）。蒙俄地区人口趋暖分布的现象更为明显，其 95.86%

的地区温湿指数低于 45，相应人口占比为 78.57%；温湿指数为 45～55 的地区面积仅占区域总面积的 4.41%，而相应人口却占其总人口的 20.95%。西亚中东 77.22% 的地区温湿指数介于 55～75，属于相对舒适地区，相应人口占 83.60%。南亚和东南亚地区大部分区域的温湿指数在 65 以上，气候偏暖热；南亚 75.90% 的区域温湿指数在 65 以上，相应人口占 94.64%；东南亚温湿指数在 65 以上的地区占地 92.11%，分布着 98.69% 的人口。中国 74.26% 的地区温湿指数低于 55，属于偏冷地区，人口占比为 28.45%，温湿指数介于 55～75 的地区面积占 25.74%，由于气候舒适，其相应人口占比达 71.55%。总体而言，绿色丝绸之路沿线国家和地区的人口分布明显趋向暖湿地区。由此可见，气候条件是影响人口分布的重要因素之一。

5.3.2 人居环境气候适宜性评价与适宜性分区标准

在对绿色丝绸之路沿线国家和地区的温湿指数分布规律及其与人口分布的相关性分析的基础上，依据其区域特征及差异，参考温湿指数的生理气候分级标准，开展了沿线国家和地区的人居环境气候适宜性评价，即基于温湿指数的沿线国家和地区人居环境气候适宜性评价。根据前述沿线国家和地区的温湿指数及人口空间分布特征，参考气温以及相对湿度的区域特征及差异，可以将沿线国家和地区的人居环境气候适宜性程度分为不适宜、临界适宜、一般适宜、比较适宜和高度适宜 5 类。基于温湿指数的绿色丝绸之路沿线国家和地区的人居环境气候适宜性评价指标如表 5-5 所示。

表 5-5 基于温湿指数的沿线国家和地区的人居环境气候适宜性评价指标

温湿指数	人体感觉程度	人居适宜性
≤35，>80	极冷，极其闷热	不适宜
35～45，77～80	寒冷，闷热	临界适宜
45～55，75～77	偏冷，炎热	一般适宜
55～60，72～75	清凉，偏热	比较适宜
60～72	清爽或温暖	高度适宜

第 1 类为不适宜地区（Non-Suitability Area，NSA），即气候不适合人类长期生活和居住的地区。主要是温湿指数不高于 35 的极冷地区以及高于 80 的极其闷热地区，基本上是不适合人类生存的无人区且生态环境极其脆弱的地区。

第 2 类为临界适宜地区（Critical Suitability Area，CSA），是受气候条件限制、勉强适合人类常年生活和居住的地区，属气候适宜与否的过渡区域。其主要是指温湿指数介于 35～45 以及 77～80 的地区。

第 3 类为一般适宜地区（Low Suitability Area，LSA），受气候条件中度限制、一般适宜人类常年生活和居住的地区。其主要是指温湿指数介于 45～55 以及 75～77 的地区。

第 4 类为比较适宜地区（Moderate Suitability Area，MSA），受到一定气候条件限制、中等适宜人类常年生活和居住的地区，气候条件相对较好。主要是温湿指数介于 55～60 和 72～75 的地区。

第 5 类为高度适宜地区（High Suitability Area，HSA），是基本不受气候限制、最适合人类常年生活和居住的地区，气候条件优越。主要是指温湿指数介于 60～72 的地区。

5.4　基于温湿指数的人居环境气候适宜性分区

根据绿色丝绸之路沿线国家和地区的温湿指数空间分布特征及人居环境气候适宜性评价指标体系（表 5-5），完成了全域基于温湿指数的人居环境气候适宜性评价（图 5-8，表 5-6）。结果表明，沿线国家和地区的气候适宜地区面积占比为 50.62%，相应人口超过区域总人口的 90.84%；临界适宜地区面积占比为 19.48%，人口占比为 8.98%；不适宜地区面积占比为 29.90%，相应人口占比仅为 0.18%。

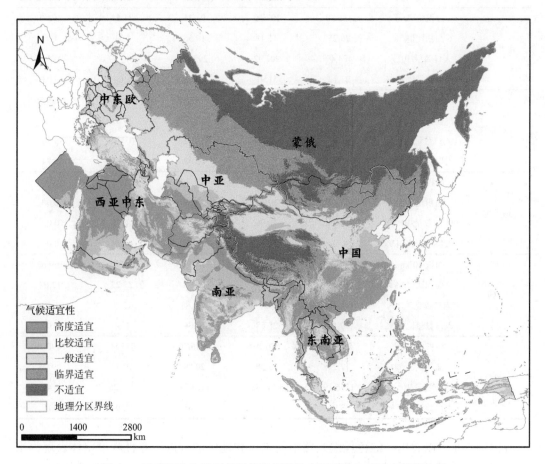

图 5-8　沿线国家和地区基于温湿指数的人居环境气候适宜性评价图

表 5-6　沿线国家和地区基于温湿指数的人居环境气候适宜性评价结果

气候适宜性评价		高度适宜地区	比较适宜地区	一般适宜地区	临界适宜地区	不适宜地区
中亚地区	面积/10⁴km²	35.35	48.88	164.81	127.14	16.39
	面积比例/%	9.00	12.45	41.98	32.39	4.18
	人口数量/10⁶ 人	16.94	27.91	16.55	7.57	0.03
	人口数量比例/%	24.55	40.44	23.98	10.98	0.05
中东欧地区	面积/10⁴km²	0.41	4.09	170.44	37.50	0.06
	面积比例/%	0.19	1.92	80.21	17.65	0.03
	人口数量/10⁶ 人	1.19	6.33	159.25	11.23	0.00
	人口数量比例/%	0.66	3.56	89.47	6.31	0.00
西亚中东地区	面积/10⁴km²	394.28	164.34	151.82	29.49	0.80
	面积比例/%	53.22	22.19	20.50	3.98	0.11
	人口数量/10⁶ 人	254.89	98.48	64.44	9.18	0.00
	人口数量比例/%	59.69	23.07	15.09	2.15	0.00
南亚地区	面积/10⁴km²	125.30	197.59	93.31	41.57	19.40
	面积比例/%	26.25	41.41	19.56	8.71	4.07
	人口数量/10⁶ 人	404.49	907.92	295.21	140.89	0.49
	人口数量比例/%	23.12	51.91	16.88	8.06	0.03
蒙俄地区	面积/10⁴km²	0.00	1.17	93.19	530.11	1168.56
	面积比例/%	0.00	0.06	5.20	29.57	65.17
	人口数量/10⁶ 人	0.00	2.69	34.42	104.38	5.50
	人口数量比例/%	0.00	1.83	23.42	71.01	3.74
东南亚地区	面积/10⁴km²	114.88	83.30	172.85	63.01	0.00
	面积比例/%	26.47	19.19	39.82	14.52	0.00
	人口数量/10⁶ 人	54.70	78.06	212.18	289.06	0.00
	人口数量比例/%	8.63	12.31	33.47	45.59	0.00
中国	面积/10⁴km²	163.96	106.05	277.88	242.48	169.63
	面积比例/%	17.08	11.05	28.95	25.25	17.67
	人口数量/10⁶ 人	686.03	398.74	241.88	67.06	1.30
	人口数量比例/%	49.18	28.58	17.34	4.81	0.09
全区	面积/10⁴km²	863.17	626.19	1046.70	975.86	1498.10
	面积比例/%	17.23	12.50	20.89	19.48	29.90
	人口数量/10⁶ 人	1556.19	1501.82	1101.31	411.25	8.43
	人口数量比例/%	33.99	32.80	24.05	8.98	0.18

　　由图 5-8 可以看出，绿色丝绸之路沿线国家和地区的气候适宜性程度整体表现为由中部向南北递减的变化趋势。沿线国家和地区基于温湿指数的人居环境气候适宜性的具体评价结果如表 5-6 所示。

5.4.1　气候高度适宜地区：占地不足 1/5，相应人口超 1/3

沿线国家和地区的气候高度适宜地区（HSA）土地面积为 863.17×10⁴km²，占全域的 17.23%，相应的人口总量约为沿线国家和地区总人口的 33.99%，达 1556.19×10⁶ 人。气候高度适宜地区主要分布在沿线国家和地区的中部 30°N 纬线附近区域（图 5-8）。

由图 5-8 可以看出，沿线国家和地区的高度适宜地区主要分布在中国长江中下游平原–四川盆地–云贵高原–江南丘陵–浙闽丘陵–两广丘陵–海南省中南部–台湾省西北部、东南亚的中南半岛北部及东部山地–苏门答腊岛西部山地–加里曼丹岛中部山地、南亚喜马拉雅山脉南麓–印度半岛西部沿海地区、西亚中东地区的伊朗高原–阿拉伯半岛中部和西部高原山地地区–埃及大部分地区、中亚南部的图兰低地。这些地区温湿条件较好，气候非常适宜，大多是人口与产业集聚地区。

就绿色丝绸之路沿线国家和地区"6+1"分区而言：

（1）中亚地区气候高度适宜地区土地面积为 35.35×10⁴km²，占该区总面积的 9.00%；相应人口数量为 16.94×10⁶ 人，约占该区总人口的 24.55%，主要集中在本区南部的里海东南沿岸平原以及图兰低地地区等。

（2）中东欧地区气候高度适宜地区土地面积为 0.41×10⁴km²，仅占该区总面积的 0.19%；相应人口数量为 1.19×10⁶ 人，约占该区总人口的 0.66%，仅分布在巴尔干半岛西南部地中海沿岸地区等。

（3）西亚中东地区的高度适宜地区土地面积为 394.28×10⁴km²，占该区总面积的 53.22%，占绿色丝绸之路沿线国家和地区高度适宜区总面积的 45.68%；相应人口数量为 254.89× 10⁶ 人，占该区总人口的 59.69%，主要分布在埃及大部分地区、伊朗高原地区、阿拉伯半岛北部的沙漠地区以及西部的高原山地地区等。

（4）南亚地区气候高度适宜地区土地面积为 125.30×10⁴km²，占该区总面积的 26.25%；相应人口数量为 404.49×10⁶ 人，占该区总人口的 23.12%，主要集中在北部的印度河平原与恒河平原地区、喜马拉雅山脉南麓以及印度半岛西部沿海地区等。

（5）蒙俄地区由于纬度高、年均温度低、相对湿度大，温湿指数极低，本区内气候高度适宜区分布极少。

（6）东南亚地区气候高度适宜地区土地面积为 114.88×10⁴km²，占该区总面积的 26.47%；相应人口数量为 54.70×10⁶ 人，约占该区总人口的 8.63%，主要集中在缅甸西北部地区、老挝北部山地地区、越南中部的山地地区以及苏门答腊岛、加里曼丹岛、新几内亚岛等印度尼西亚群岛境内的山地地区。

（7）中国气候高度适宜地区土地面积为 163.96×10⁴km²，占全国总面积的 17.08%，约占沿线国家和地区高度适宜区面积的 1/5，相应人口数量为 686.03×10⁶ 人，约占全国总人口的 1/2，超过沿线国家和地区高度适宜区总人口的 2/5，主要集中在秦岭淮河以南的大部分地区，包括长江中下游平原、四川盆地、云贵高原南部、两广丘陵、华南沿海平原、海南省中南部、台湾省的西北部等地区。

5.4.2 气候比较适宜地区：占地约 1/10，相应人口占比近 1/3

沿线国家和地区的气候比较适宜地区（MSA）土地面积为 $626.19 \times 10^4 km^2$，占全域总面积的 12.50%；相应的人口数量为 1501.82×10^6 人，约占全域的 1/3。沿线国家和地区的气候比较适宜地区在空间上分布于高度适宜区的外围地区。

根据图 5-8 可知，沿线国家和地区的气候比较适宜地区主要集中在中国的华北平原–塔里木盆地东部–东南部的山地丘陵地区、中亚地区的图兰低地北部地区、西亚中东地区的埃及东南部–阿拉伯半岛鲁卜哈利沙漠周边地区、南亚地区的马尔瓦高原（或马尔瓦台地）–德干高原–恒河平原东部、东南亚地区中南半岛西部与东部山区–新几内亚岛中南部地区等地。该区域气候条件相对较好，人口相对集中。

就绿色丝绸之路沿线国家和地区而言：

（1）中亚地区气候比较适宜地区土地面积为 $48.88 \times 10^4 km^2$，占该区总面积的 12.45%；相应人口数量为 27.91×10^6 人，约占该区总人口的 40.44%，主要集中分布在图兰低地中部地区等。

（2）中东欧气候比较适宜地区土地面积为 $4.09 \times 10^4 km^2$，约为该区总面积的 1.92%；相应人口数量为 6.33×10^6 人，约占该区总人口的 3.56%，零星分布在本区南部沿海地区等。

（3）西亚中东地区气候比较适宜地区土地面积为 $164.34 \times 10^4 km^2$，占该区总面积的 22.19%，约为全区比较适宜地区总面积的 1/5；相应人口数量为 98.48×10^6 人，约占该区总人口的 1/4，主要集中在埃及东南部、阿拉伯半岛鲁卜哈利沙漠的周边地区等。

（4）南亚地区气候比较适宜地区土地面积为 $197.59 \times 10^4 km^2$，占该区总面积的 41.41%；相应人口数量为 907.92×10^6 人，约占该区总人口的 51.91%，超过全区比较适宜地区总人口的 3/5，主要分布在马尔瓦高原、德干高原、恒河平原东部以及斯里兰卡的南部地区等。

（5）蒙俄地区气候比较适宜地区土地面积为 $1.17 \times 10^4 km^2$，占该区总面积的 0.06%；相应人口数量为 2.69×10^6 人，约占该区总人口的 1.83%，零星分布于西南部黑海沿岸地区等。

（6）东南亚地区气候比较适宜地区土地面积为 $83.30 \times 10^4 km^2$，占该区总面积的 19.19%；相应人口数量为 78.06×10^6 人，约占该区总人口的 12.31%，主要分布在缅甸西部山区、泰国北部、老挝中部、越南东北部、新几内亚岛中南部等地，在印度尼西亚其他群岛也有零星分布。

（7）中国气候比较适宜地区土地面积达 $106.05 \times 10^4 km^2$，占全国总面积的 11.05%，占全区比较适宜区总面积的 16.94%；相应人口数量为 398.74×10^6 人，超过全国总人口的 1/4，同时超过全区比较适宜区总人口的 1/4，主要分布在华北平原、塔里木盆地东北部、吐鲁番盆地大部、云贵高原东北部、汾渭谷地、四川盆地周边以及东南部的山地丘陵地区。

5.4.3　气候一般适宜地区：占地超过 1/5，相应人口近 1/4

沿线国家和地区的一般适宜地区（LSA）土地面积为 1046.70×10⁴km²，约占全域总面积的 20.89%；相应的人口数量为 1101.31×10⁶ 人，占全域总人口的 24.05%。沿线国家和地区的气候一般适宜区广泛分布于各地区。

沿线国家和地区的气候一般适宜区主要分布在中国的山东半岛–东北平原南部–辽东半岛–内蒙古高原西南部–黄土高原–巴丹吉林沙漠–塔里木盆地–柴达木盆地–准噶尔盆地、中亚地区的哈萨克斯坦中南部沙漠地区、俄罗斯大高加索山脉以北–顿河以南的平原地区、西亚中东地区的美索不达米亚平原–小亚细亚半岛–阿拉伯半岛的东南角、中东欧地区的大部分区域、南亚地区的印度半岛局部地区、东南亚地区的中南半岛中部–印度尼西亚群岛的大部分地区。该类型区气候条件一般，人地比例相对均衡。

就绿色丝绸之路沿线国家和地区而言：

（1）中亚地区气候一般适宜地区土地面积为 164.81×10⁴km²，占该区总面积的 41.98%；相应人口数量为 16.55×10⁶ 人，约占该区总人口的 23.98%，该分区类型高度集聚在哈萨克斯坦南部地区等。

（2）中东欧地区一般适宜性分区类型占主导，土地面积为 170.44×10⁴km²，占该区总面积的 80.21%，相应人口数量为 159.25×10⁶ 人，占该区总人口的 89.47%，该分区类型广泛分布于波德平原以南的大部分地区等。

（3）西亚中东地区气候一般适宜地区土地面积为 151.82×10⁴km²，占该区总面积的 20.50%，占全区一般适宜地区的 14.50%；相应人口数量为 64.44×10⁶ 人，占该区总人口的 15.09%，主要分布在美索不达米亚平原、小亚细亚半岛、阿拉伯半岛南部的鲁卜哈利沙漠等地。

（4）南亚地区气候一般适宜地区土地面积为 93.31×10⁴km²，占该区总面积的 19.56%；相应人口数量为 295.21×10⁶ 人，约占该区总人口的 16.88%，超过全区一般适宜地区人口的 1/4，主要集中在阿富汗中部、巴基斯坦和印度交界处的南段以及印度半岛中东部平原与山地交界处等。

（5）蒙俄地区气候一般适宜地区土地面积为 93.19×10⁴km²，接近该区总面积的 5.20%；相应人口数量为 34.42×10⁶ 人，约占该区总人口的 23.42%，主要集中在大高加索山脉以北、顿河以南的平原地区等。

（6）东南亚地区气候一般适宜地区土地面积为 172.85×10⁴km²，占该区总面积的 39.82%；相应人口数量为 212.18×10⁶ 人，约占该区总人口的 1/3，主要集中在缅甸中南部平原、泰国东部平原、马来西亚和印度尼西亚大部分地区等。

（7）中国气候一般适宜地区土地面积达 277.88×10⁴km²，接近全国总面积的 30%，为中国比重最大的分区类型，面积超过全区一般适宜地区总面积的 1/4；相应人口数量为 241.88×10⁶ 人，约占全国总人口的 17.34%，超过全区气候一般适宜区人口的 1/5，主要分布在山东半岛、东北平原南部、辽东半岛、内蒙古高原西南部、黄土高原、巴丹吉林沙漠、塔里木盆地、柴达木盆地、准噶尔盆地以及四川盆地周边山地地区。

5.4.4　气候临界适宜地区：占地不到 1/5，相应人口不足 1/10

沿线国家和地区的临界适宜地区（CSA）土地面积为 975.86×10⁴km²，占全域的 19.48%；相应的人口数量为 411.25×10⁶ 人，仅为全域的 8.98 %。气候临界适宜地区是沿线国家和地区的气候适宜性与否的过渡区域，在空间上集中分布在中北部地区。

根据图 5-8 可知，沿线国家和地区的气候临界适宜地区主要集中在中国青藏高原南部和东部–柴达木盆地周边山地–东北平原以东地区–内蒙古高原东部、中亚北部、蒙俄地区西南部、中东欧地区北部平原及中部山区、西亚中东地区的局部地区、南亚地区东南沿海地区、东南亚地区中南半岛南部地区。该分区类型所在地多为常年偏冷或偏热地区，北部偏冷区人口稀疏，南部偏热区人口相对聚集。

就绿色丝绸之路沿线国家和地区而言：

（1）中亚地区气候临界适宜地区土地面积为 127.14×10⁴km²，占该区总面积的 32.39%；相应人口数量为 7.57×10⁶ 人，占该区总人口的 10.98%，集中分布在哈萨克斯坦北部地区以及天山山脉周边地区等。

（2）中东欧地区气候临界适宜地区土地面积为 37.50×10⁴km²，仅占到该区总面积的 17.65%；相应人口约为 11.23×10⁶ 人，为该区总人口的 6.31%，主要分布在北部平原地区以及中部西喀尔巴阡山–东喀尔巴阡山–南喀尔巴阡山地区，此外，在南部山区也有零星分布。

（3）西亚中东地区气候临界适宜地区土地面积为 29.49×10⁴km²，占该区总面积的 3.98%；相应人口数量为 9.18×10⁶ 人，为该区总人口的 2.15%，零星分布于伊朗高原北部地区、小高加索山脉南部山地以及阿拉伯半岛东南部的沙漠地区等。

（4）南亚地区气候临界适宜地区土地面积为 41.57×10⁴km²，占该区总面积的 8.71%；相应人口数量为 140.89×10⁶ 人，占该区总人口的 8.06 %，主要分布在阿富汗中东部、喜马拉雅山脉南麓狭长地带、印度半岛东南部沿海地区、斯里兰卡岛的北部沿海地区。

（5）蒙俄地区气候临界适宜地区土地面积为 530.11×10⁴km²，占该区总面积的 29.57%；相应人口约为 104.38×10⁶ 人，超过该区总人口的 70%，广泛分布在俄罗斯西南部平原地区、蒙古高原中东部地区等。

（6）东南亚地区气候临界适宜地区土地面积为 63.01×10⁴km²，占该区总面积的 14.52%；相应人口数量为 289.06×10⁶ 人，占该区总人口的 45.59%，主要分布在泰国昭披耶河流域、柬埔寨中部平原地区、越南湄公河三角洲地区以及菲律宾中部地区，此外，在马来西亚及印度尼西亚群岛也有零星分布。

（7）中国气候临界适宜地区土地面积达 242.48×10⁴km²，超过全国的 1/4，接近沿线国家和地区临界适宜区总面积的 1/4；相应人口数量为 67.06×10⁶ 人，仅占全国的 4.81%，占全区该气候适宜性类型区总人口的 16.31%，主要分布在青藏高原南部腹地及东部山地地区、柴达木盆地周边山地、东北平原及其以东地区、内蒙古高原东部以及天山山脉周边地区。

5.4.5 气候不适宜地区：占地约 3/10，相应人口不足 1/500

沿线国家和地区的气候不适宜区（NSA）土地面积为 1498.10×10^{4}km^2，约为全域总面积的 29.90%；相应的人口数量为 8.43×10^6 人，仅占全域总人口的 0.18%。气候不适宜地区是沿线国家和地区面积比重最大、人口比重最小的气候适宜性类型，在空间上高度集聚于高纬度、高海拔地区。

沿线国家和地区的气候不适宜地区主要集聚在中国的青藏高原–帕米尔高原–天山山脉–大兴安岭地区、蒙俄地区的蒙古国西北部山区–西西伯利亚平原–中西伯利亚高原–俄罗斯远东地区。这些地区常年寒冷，温湿指数较小，地广人稀。

就绿色丝绸之路沿线国家和地区而言：

（1）中亚地区气候不适宜地区土地面积为 16.39×10^{4}km^2，占该区总面积的 4.18%；相应人口数量为 0.03×10^6 人，仅为该区总人口的 0.05%，高度集中在塔吉克斯坦东南部的帕米尔高原、哈萨克斯坦东部的阿拉套山、吉尔吉斯斯坦东部的天山山脉等高海拔山地地区。

（2）中东欧地区气候不适宜地区土地面积为 0.06×10^{4}km^2，占该区总面积的 0.03%，零星分布于中部的喀尔巴阡山系地区，基本没有人口分布。

（3）西亚中东地区气候不适宜地区土地面积为 0.80×10^{4}km^2，仅占该区总面积的 0.11%；相应人口不足 1×10^4 人，人口占比不足该区总人口的万分之一，零星分布于大高加索山脉、小高加索山脉以及土耳其黑海山脉等山地地区。

（4）南亚地区气候不适宜地区土地面积达 19.40×10^{4}km^2，占该区总面积的 4.07%，相应人口约为 0.49×10^6 人，仅为该区总人口的 0.03%，约占全区不适宜地区人口的 1/3，主要集中在阿富汗境内的兴都库什山区和喜马拉雅山南麓狭长地带等。

（5）蒙俄地区气候不适宜地区土地面积为 1168.56×10^{4}km^2，占该区总面积的 65.17%，占沿线国家和地区气候不适宜类型区总面积的 78.00%；相应人口约 5.50×10^6 人，占该区总人口的 3.74%，占沿线国家和地区气候不适宜类型区总人口的 65.24%，高度集中在蒙古国西北部山区、西西伯利亚平原、中西伯利亚高原以及俄罗斯远东地区等。

（6）东南亚地区气候条件相对较好，气候不适宜地区分布极少。

（7）中国气候不适宜地区土地面积为 169.63×10^{4}km^2，占全国总面积的 17.67%，占到了全区不适宜地区总面积的 11.32%；相应人口数量为 1.30×10^6 人，不足全国总人口的千分之一，超过全区气候不适宜地区总人口的百分之一，主要分布在青藏高原北部的藏北高原和祁连山山脉地区、西南部的冈底斯山脉地区，与中亚地区接壤的帕米尔高原和天山山脉地区以及东北地区的大兴安岭等高纬度、高海拔地区。

第 6 章　水文指数与水文适宜性

　　水是人类生存和进行生产活动最基本的物质条件之一，它除了直接为人类提供城乡生活与工农业用水外，还间接支撑了人类赖以生存、发展的地球生命系统。水文条件对人居环境的影响通常用水文指数即地表水丰缺指数（Land Surface Water Abundance Index，LSWAI）表征。考虑到绿色丝绸之路沿线国家和地区研究区域的差异性、水资源相关数据的可获得性以及注重空间水资源表达的差异性等，本章采用降水量（1km×1km）和地表水分指数（Land Surface Water Index，LSWI，1km×1km）构建水文指数来表征区域水资源的丰缺程度，即区域水资源、水文条件与人口分布的相关性和适宜性。前者体现了天然状态下区域自然给水能力的大小，后者表征了区域地球表面植被–土壤水分含量的高低。

6.1　水文指数的概念与计算

6.1.1　基本概念与计算公式

　　水文适宜性（Suitability Assessment of Hydrology，SAH）采用水文指数即地表水丰缺指数（Land Surface Water Abundance Index，LSWAI）作为评价量度。就广泛采用的水文指数模型而言，均体现了自然给水能力，用年均降水量加以体现。地表水分指数（Land Surface Water Index，LSWI）用于表征地球表面植被–土壤水分含量情况。地表水丰缺指数计算公式为

$$\mathrm{LSWAI} = \alpha \times P + \beta \times \mathrm{LSWI} \tag{6-1}$$

$$\mathrm{LSWI} = (\rho_{\mathrm{nir}} - \rho_{\mathrm{swir1}})/(\rho_{\mathrm{nir}} + \rho_{\mathrm{swir1}}) \tag{6-2}$$

式（6-1）与式（6-2）中，LSWAI 为地表水丰缺指数，用以表征水文指数；P 为降水量；LSWI 为地表水分指数；α、β 分别为降水量与地表水分指数的权重值，默认情况下均为 0.50。ρ_{nir} 与 ρ_{swir1} 分别为中分辨率成像光谱仪（MODIS）卫星传感器的近红外与短波红外的地表反射率。LSWI 表征了陆地表层水分的含量，在水域及高覆盖度植被区域 LSWI 较大，在裸露地表及中低覆盖度区域 LSWI 较小。人口相关性分析表明，当降水量超过 1600mm、LSWI 大于 0.70，降水量与 LSWI 的增加对人口的集聚效应未见明显增强。在对降水量与 LSWI 进行归一化处理的过程中，分别取 1600mm 与 0.70 为最高值，高于特征值的分别按特征值计。

6.1.2　数据来源与数据处理

1. 降水

降水数据采用国家气象信息中心提供的 1980～2017 年绿色丝绸之路沿线国家和地

区气象站点的地面气候资料月值数据集，每个站点的月值数据值主要包含了月平均降水量等气象数据，以及各气象站点对应的经纬度和海拔等资料。基于此数据集，通过计算得到了各站点的多年月平均降水量。

数据处理：利用 ArcGIS 的空间分析模块，采用协同克里金插值（Co-Kriging Interpolation）法对降水量多年平均月值进行了空间内插，获取了绿色丝绸之路沿线国家和地区 1km×1km 尺度月平均及年平均降水量的栅格数据。

2. 地表水分指数

地表水分指数（LSWI）来源于美国国家航空航天局 EarthData 平台提供的用于计算地表水分指数（LSWI）的中分辨率成像光谱仪（MODIS）卫星 Terra/Aqua 传感器的近红外（NIR）与中红外（MIR）等波段地表反射率产品（MOD13A3 数据集），属于第 3 级产品（L3），采用正弦曲线投影，已经过定标、边缘畸变等校正与预处理。空间分辨率为 1km，时间跨度为 2013～2017 年，时间尺度为逐月。

数据处理：地表水分指数产品选取覆盖绿色丝绸之路沿线国家和地区的可获取分月影像，以同一区域影像为基础做月均值处理，最后拼接/裁剪成为研究区内地表水分指数月均值影像。

6.2 水文指数的统计与分布规律

6.2.1 水文指数的地理基础分析

1. 据多年（1980～2017 年）平均降水量统计结果，绿色丝绸之路沿线国家和地区多年平均降水量约为 389mm，低于我国年平均降水量（约 628mm）、亚洲陆面平均降水量（约 740mm）以及全球陆面平均水平（约 834mm）

就不同气候区而言，干旱区占地 29.62%，2015 年人口比重为 13.75%；半干旱区占地 37.28%，相应人口比重为 18.78%；半湿润区占地 21.56%，相应人口比重为 38.13%；湿润区面积约占 11.34%，相应人口比重为 29.34%。整体而言，绿色丝绸之路沿线国家与地区降水量由东南向西部逐渐降低。在空间分布上（图 6-1），干旱区主要分布在西亚中东地区的中/南部、中亚地区大部分区域、南亚地区北部、中国西北部以及蒙俄地区东北部；半干旱区主要分布在南亚地区中部、西亚中东地区东北部、中东欧地区南部、中国中部以及蒙俄地区大部分区域；半湿润区主要分布在中东欧地区北部、蒙俄地区西北部、南亚地区南部以及中国东北–西南部；湿润区主要分布在中国东南部及东南亚地区大部分区域（除缅甸外）。

多年平均降水量在 100mm 以下的区域主要出现在中东欧地区中部、南亚地区中部、中国西北部（如新疆东北部）及西亚中东地区的西部大部分，具体为阿拉伯半岛–埃及东南部、蒙古高原西南–塔里木盆地–青藏高原北缘，以及中亚国家局部地区。多年平均降水量在 2000mm 以上的区域全部出现在东南亚温暖湿润区，如马来西亚东部与北部（加里曼丹岛部分）、泰缅交界处、菲律宾群岛东部、印度尼西亚（主要在苏拉威西岛与伊里安岛局部）以及柬埔寨–泰国西南交界海岸地区等。

相应地，7 个地理分区年均降水量如表 6-1 所示。

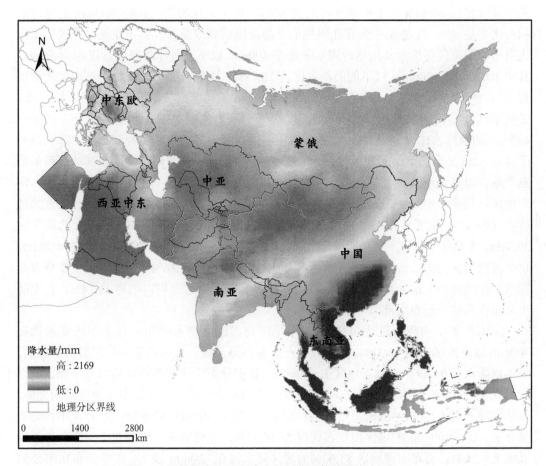

图 6-1　沿线国家和地区降水量插值计算结果（1km×1km）

表 6-1　沿线国家和地区各降水量相应面积比例与平均降水量

区域	降水量相应面积占比/%				年均降水量/mm
	<200mm	200～400mm	400～800mm	>800mm	
中亚地区	78.77	21.23	—	—	165
中东欧地区	5.87	35.27	58.82	0.04	418
西亚中东地区	71.98	19.18	8.84	—	161
南亚地区	33.22	27.21	36.87	2.71	352
蒙俄地区	11.26	68.51	20.19	0.04	314
东南亚地区	—	—	16.37	83.63	1103
中国	26.07	19.25	28.35	26.33	481
沿线国家和地区	29.62	29.62	21.69	19.06	389

就沿线国家和地区而言（表 6-1），西亚中东地区的年均降水量最低，为 161mm，其中降水量在 200mm 以下的地区占到 71.98%，以干旱区为主；400～800mm 的地区面积占比不足 9%，主要集中分布在阿拉伯半岛及伊朗高原南部。而中亚地区则表现出更为突出的干旱区特性，其地域内降水量均在 400mm 以下，且年均降水量仅为 165mm；其中年均降水量 200mm 以下的面积占比为 78.77%，主要分布在阿拉伯半岛西侧的希贾兹山脉及伊朗高原大部；降水量介于 200～400mm 的地区高度集聚在哈萨克斯坦南部。蒙俄地区年均降水量则达到 314mm，以半干旱区为主要类型，即降水量介于 200～400mm 的地区占比为 68.51%，主要分布在蒙俄地区中部的中西伯利亚高原；降水量介于 400～800mm 的半湿润地区占比为 20.19%，主要分布在蒙俄地区西北部的西西伯利亚平原；而蒙俄干旱区（主要分布在蒙俄地区南部的蒙古高原）和湿润区分布较少。南亚地区年均降水量为 352mm，干旱区与湿润区兼顾；其中，降水量在 400mm 以下的地区占 60.43%，主要分布在喀喇昆仑山—喜马拉雅山一线南侧；400mm 以上的地区占 39.58%，主要分布于印度半岛印度河平原与恒河平原。中东欧地区年均降水量达 418mm，以半湿润地区为主；该区域 400mm 以上地区面积占比为 58.86%，在空间上主要分布在东欧平原北部的大部分地区；而降水量在 400mm 以下地区面积占比为 41.14%，在空间上分布在东欧平原东南部。

中国多年年均降水量达 481mm，干旱区与湿润区均有分布；其中年均降水量在 400mm 以下地区占到 45.32%，主要分布在青藏高原北缘—天山山脉—阿尔泰山脉地区；而年均降水量在 400mm 以上地区占 54.68%，集中分布于在东部地区的华北平原、洞庭湖平原、鄱阳湖平原和东北平原。在沿线国家和地区中，降水量以东南亚地区最为充沛，其年均降水量高达 1103mm，该区不存在降水量低于 400mm 的地区；此外，年均降水量介于 400～800mm 的地区面积占比仅为 16.37%，主要分布在缅甸北部山区和伊里安岛的毛克山脉；而东南亚地区 83.63% 的地区降水量在 800mm 以上，主要分布在湄公河三角洲与湄南河三角洲等，以及加里曼丹岛南部和苏门答腊岛等地区。

2. 绿色丝绸之路沿线国家和地区 2013～2017 年多年平均地表水分指数（LSWI）约为 0.34

负值对应于常年极度干旱、缺水区域（如沙漠），不利于人类长期居住。为服务于人居环境水文适宜性评价，将负值赋值为 0。统计表明，沿线国家和地区多年平均 LSWI 约为 0.34。其中，干旱区、半干旱区、半湿润区与湿润区的多年平均 LSWI 分别为 0.10、0.39、0.45 与 0.58。整体而言，绿色丝绸之路沿线国家和地区的地表水分指数由东南和东北向中部逐渐降低，以蒙古高原—青藏高原为分界线，自此以西地区地表水分指数偏低，多为干旱气候和沙漠气候（图 6-2）。

就沿线国家和地区而言，西亚中东地区平均地表水分指数最低，仅为 0.05，与该区域内沙漠广布有关，仅在小亚细亚半岛等沿海地区地表水分指数较高；其次为中亚地区，地表水分指数均值为 0.11，除卡拉库姆沙漠广泛分布外，还分布有伊犁河、额尔齐斯河等，使其地表水分指数高于西亚地区；中东欧地区植被覆盖度较为广阔，且河流支系广

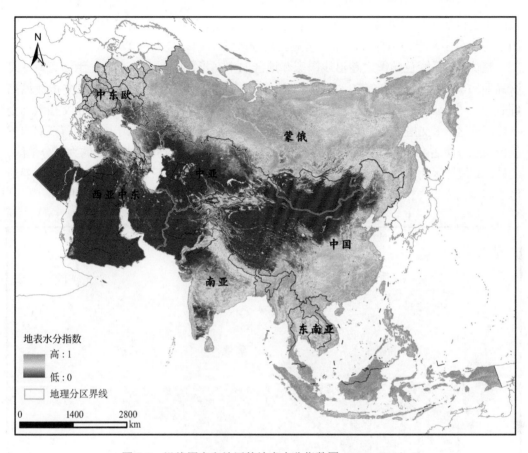

图 6-2　沿线国家和地区的地表水分指数图（1km×1km）

布，其地表水分指数均值为 0.39；蒙俄地区地表水资源非常丰富，仅次于东南亚地区，其地表水分指数均值为 0.49，地处西西伯利亚平原且河网广布，使其高于同纬度的中东欧地区；东南亚地区地表水分最为充沛，其地表水分指数均值高达 0.61，这与其覆盖度较高的植被和水域面积有关，地表水资源极为丰富。

中国是地表水分分布差异最为明显的地区之一。整体而言，其地表水分指数由东南向西北逐渐降低，中国西南部地表水文状况较好地区的地表水分指数达 0.8 以上，至西北部的高原荒漠和沙漠地带，地表水分指数仅为 0.1 以下。基于统计分析，中国地表水分指数均值为 0.26，空间差异大。可见，中国因地势抬升气候呈阶梯式分布，即东南部地表水分情形优于西北部高原、沙漠地区，而南亚地区由北至南、由沿河至内陆，地表水分指数逐渐降低。

6.2.2　水文指数的地域统计特征

1. 根据水文指数模型的计算结果，绿色丝绸之路沿线国家和地区的水文指数以低值为主，平均值约为 36

在空间上，沿线国家和地区的水文指数呈团状分层渐变分布规律（图 6-3）。水文指数较大的区域多为季风区，主要分布在东南亚温暖湿润区、中国东部季风区，具体为中国东南部、中南半岛南部及海岛东南亚大部分区域。

整体而言，绿色丝绸之路沿线国家和地区的水文指数由阿拉伯半岛—伊朗高原—青藏高原—蒙古高原分别向南、北递增，全区西南部水文指数低，东南部水文指数最高（图6-3）。特别地，中国长江以南地区、中南半岛东部以及马来群岛大部的水文指数为全域较高值区。水文指数低值区在空间上则呈连片带状分布，集中分布于中国的青藏高原—天山山脉—蒙古高原、南亚的伊朗高原、西亚中东的阿拉伯半岛，以及中亚的大部分地区。此外，蒙俄地区的东欧平原与西西伯利亚平原、中国的东北平原北缘与华北平原、南亚地区的印度河平原与恒河平原，以及中东欧地区等区域，水文指数处于中等水平。

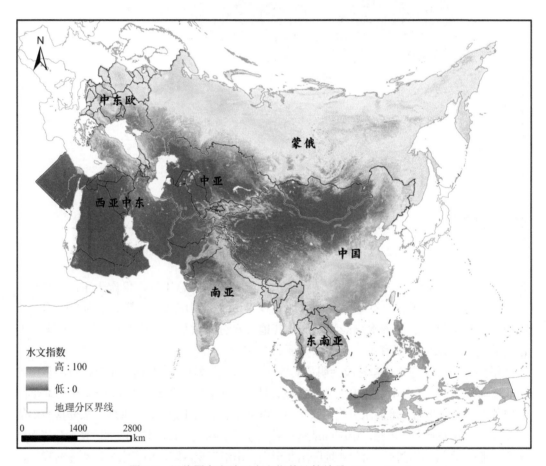

图6-3 沿线国家和地区水文指数计算结果（1km×1km）

以栅格为单元统计绿色丝绸之路沿线国家和地区的水文指数及其对应的年均降水量、地表水分指数，统计分析结果如表6-2所示，沿线国家和地区的水文指数表现为高值水文指数对应高值年均降水量与高值地表水分指数。例如水文指数为10时（即LSWAI≤10），其对应的年均降水量在150mm以下，而地表水分指数则在0.01以下。

具体而言，水文指数小于 60 时，表现为地表水分指数对水文指数的贡献，也即人居环境水文状况中等和偏低地区的天然降水条件相差无几，区域水文状况的提升主要源于地表水的丰沛程度。在沿线七个分区中以蒙俄地区寒冷干旱区表现最为明显，与该区处于相同气候带的地区相比，蒙俄地区西北部的水文指数明显高于其他地区，源于地表水分状况的差异。而当水文指数大于 60 时，表现为天然降水对水文指数的贡献，也即人居环境水文状况中等和较好地区，其地表水资源条件相差无几，区域水文状况的提升主要源于年均降水量的丰沛程度。其中以东南亚地区表现最为明显，该区域地表河流、湖泊广泛分布，但是东南亚地区东南部的水文指数明显高于其东北部，源于地形和气候双重影响下的降水量差异。

表 6-2　沿线国家和地区的水文指数主要参数均值统计

水文指数值域	年均降水量/mm	地表水分指数
0~10	141.93	0.01
10~20	246.83	0.10
20~30	301.62	0.22
30~40	349.60	0.34
40~50	348.48	0.48
50~60	421.38	0.59
60~70	723.81	0.60
70~80	1021.13	0.61
80~90	1216.73	0.67
90~100	1648.17	0.79

2. 水文指数小于 10 时，土地累计占比约为 1/4；水文指数小于 40 时，土地累计占比达 1/2

图 6-4 为绿色丝绸之路沿线国家和地区的水文指数对应的土地比例分布及其累计频率曲线。统计表明，当水文指数为 50 时（即 LSWAI≤50），土地面积占比为 1.89%；且水文指数介于 49~53，对应土地面积占比近 2%。当水文指数为 57 时，其土地累计占比超过 80.15%。当水文指数为 67 时，其土地累计占比高达 90.40%。当水文指数>86 时，相应土地面积占比均在 0.3%以下，而对应的土地累计占比已经超过 97.25%。由此可见，绿色丝绸之路沿线国家和地区的水文指数空间分布差异明显。从统计结果看，广大地区的水文指数集中于中值水平。

从空间分布上看，水文指数低值区集中分布在中亚地区、西亚中东地区，其干旱的沙漠气候，从天然降水和地表水两方面限制了该地区的人居环境水文状况，水文指数中值区呈现南北"两端化"分布，蒙俄地区受天然降水的限制，南亚地区则受地表水文条件的限制。可见区域地形、气候条件影响下水文状况呈现地域差异性；同时，地

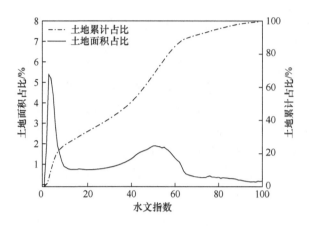

图 6-4　沿线国家和地区的水文指数对应的土地比例分布及其累计频率曲线

表水和降水量对区域水文状况又有互补性，而水文指数高值区集中分布于中国东南沿海地区—东南亚地区，分别受季风气候和热带雨林气候的影响，中国东南部水文状况呈现明显的年内变化差异，但是其平均地表水文状况仍然可观，而东南亚地区水文状况则受大气环流影响而呈现出明显的年际变化差异。

6.2.3　水文指数的空间变化规律

在对绿色丝绸之路沿线国家和地区的水文指数主要参数进行统计分析的基础上，本节着重分析了沿线国家和地区水文指数沿经向和纬向的变化趋势，并进一步选取具有代表性的三条纬线（30°N、40°N、50°N）和三条经线（45°E、75°E、100°E），分析了其横（纵）剖面水文指数的空间变化规律，分别揭示了沿线国家和地区水文指数沿经向与纬向的变化规律。

1. 水文指数自西向东随经度增加先下降后波动上升，中间低两侧高、呈"U"形波动变化分布

图 6-5 为绿色丝绸之路沿线国家和地区的水文指数随经度变化曲线。由图 6-5（a）可知，水文指数随经度增加先呈现逐步减少而后波动上升的趋势，与沿线国家和地区的降水量等级分布以及江河流域影响有关。水文指数随经度变化的过程中在 55°E～65°E 经度段值逐步降至 10 左右，这是由于该经线穿越了降水量稀少的撒哈拉沙漠、伊朗高原等区域；110°E～120°E 经度段的"高峰"则是由于中国东南沿海、东南亚地区的中南半岛东南部以及马来群岛诸岛影响，此处为沿线国家和地区中降水量极为充沛的地区；110°E 经线以东区域是中国长江中下游平原、东南沿海以及马来群岛的马来西亚经处，丰沛的地表水和降水量提升了该区域的水文指数，平均水文指数在 40 左右。

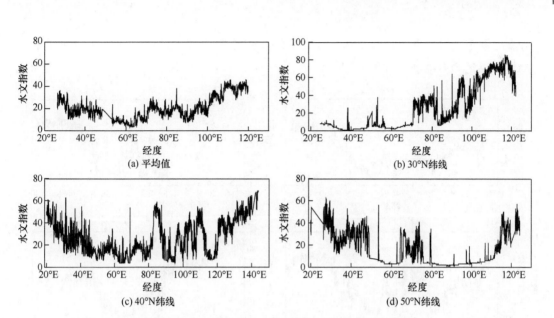

图 6-5　沿线国家和地区的水文指数随经度变化图

图 6-5（b）～图 6-5（d）分别为 30°N、40°N 和 50°N 纬线附近水文指数随经度变化曲线。30°N 纬线上的水文指数波动较为剧烈、整体表现为西低东高趋势，并伴随多处波动。这是由于此纬线自西向东依次穿过降水量极低的撒哈拉沙漠、以半干旱为特征的阿拉伯高原与伊朗高原和地表水极为充沛的印度河河谷，随后穿过以半干旱区为主要特征的青藏高原地区，而后穿过以半湿润区为气候特征的四川盆地，最后经江南丘陵进入地表水和降水量较高的长江中下游平原。40°N 纬线的水文指数整体呈中间低两头高且波动剧烈的特征，该纬线沿线区域是绿色丝绸之路沿线国家和地区中水文指数的较高值区。这是由于此线西起地表水丰沛的小亚细亚半岛，47°E～67°E 经度跨越降水量较低的卡拉库姆沙漠，随后经过半干旱区的帕米尔高原、塔里木盆地、黄土高原等地；当经过华北平原时水文指数骤增，在朝鲜半岛北部的妙香山脉水文指数又有所波动，水文指数达 70 左右。50°N 纬线上水文指数整体较低，并呈现出明显的两次倒"U"形变化特征，起点为半湿润区的东欧平原，随后穿过半干旱区的蒙古高原且水文指数骤减，最后穿过地表水丰富的东北平原北部、外兴安岭南部地区，水文指数骤增至 50 左右。

2. 水文指数由南向北随纬度增加先下降后上升，呈单峰状、"U"形分布

图 6-6 为绿色丝绸之路沿线国家和地区的水文指数随纬度变化曲线。由图 6-6（a）可知，沿线国家和地区的水文指数随纬度增加先波动降低而后逐渐升高，曲线的变化特征与沿线国家和地区的南部多沿海地区，中部分布有半干旱区、干旱区，北部多江河分布的水文、气候特征相关。具体而言，由南向北由于降水量极少的德干高原和阿拉伯高原的存在，40°N 的水文指数为 10 左右；由于青藏高原地区的昆仑山－祁连山等地分布有河网和湖泊，水文指数在 30°N～40°N 的区域达到 20 以上，再往北经过干旱区的黄土

高原、蒙古高原，直至降雨充沛、河流广布的东欧平原、西西伯利亚平原和中西伯利亚高原，水文指数逐渐上升至 60 左右。

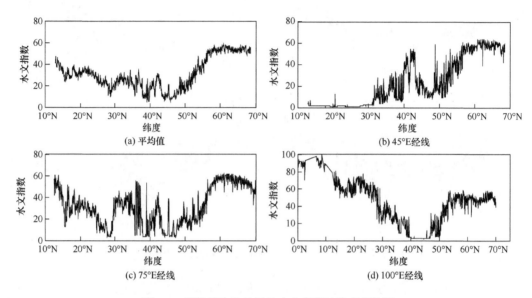

图 6-6　沿线国家和地区的水文指数随纬度变化图

　　图 6-6（b）～图 6-6（d）分别为 45°E、75°E 和 100°E 经线附近水文指数随纬度变化曲线。45°E 经线纵贯沙漠气候的西亚中东地区，依次经过阿拉伯高原、美索不达米亚平原，中间越过伊朗高原，最后进入降水量充盈的东欧平原，该地域内水文指数保持在 60 左右。75°E 经线上的水文指数整体呈"W"形分布，34°N～37°N 纬线段的高值区位于印度河网汇集处，南北两侧分别为地表水充盈的印度河平原与德干高原及河网密布、降水量较高的西西伯利亚平原。100°E 经线上的水文指数呈现两端高中间低的"U"形分布，水文指数平稳变化，北部分布河网较为密集的中西伯利亚高原，水文指数达 40 以上，40°N～50°N 纬线中段的低值区源于黄土高原等干旱区的存在，向南经过渭河谷地和长江中下游平原，以及东南亚印度尼西亚诸岛，水文指数骤增至 90 以上。

6.3　基于水文指数的水文适宜性评价

　　面向人居环境水文适宜性评价与分区，在对绿色丝绸之路沿线国家和地区的水文指数空间分布规律进行统计分析的基础上，定量计算并分析了沿线国家和地区的水文指数与人口分布的相关性及其区域差异。在此基础上，基于水文指数评价了沿线国家和地区的人居环境水文适宜性，在栅格尺度上定量揭示了绿色丝绸之路沿线国家和地区的水文指数空间特征及其对人口分布的影响。

6.3.1　水文指数与人口分布的相关性

1. 绿色丝绸之路沿线国家和地区 80%以上的人口集中分布在水文指数介于 15～70 的地区，占地 3/5

统计结果表明,沿线国家和地区约 1/10 的人口集中分布于水文指数大于 70 的地区,相应土地面积占比约 8%;与此同时 1/10 的人口离散分布于水文指数小于 15 的地区,相应土地面积占比近 3/10。由此可见,水文指数对人口集聚的影响并不是正相关的,而是呈倒 "U" 形波动变化。图 6-7 为绿色丝绸之路沿线国家和地区的水文指数与人口及人口累计分布曲线。其中,人口数据为 2015 年沿线国家和地区的人口密度栅格数据（1km×1km）。LandScan 全球人口动态统计分析数据库的数据获取与处理流程详见本书第 3 章。在此基础上,利用 ArcGIS 将沿线国家和地区的水文指数与 2015 年人口密度栅格数据进行匹配,以 2015 年绿色丝绸之路沿线国家和地区统计口径人口为辅助校正,制成如图 6-7 所示的人口随水文指数变化曲线及人口随水文指数变化累计曲线。结果表明绿色丝绸之路沿线国家和地区的水文指数和人口数量的相关性极弱,二者线性曲线拟合相关系数值仅为 0.18（多项式曲线拟合相关系数达 0.80）。由此可见,水文指数只是作为影响沿线国家和地区人口分布的辅助因素存在,是作为人居环境水文适宜性评价的调节指标。

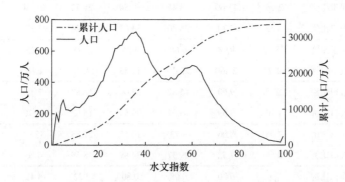

图 6-7　沿线国家和地区水文指数与人口及人口累计分布曲线

此外,由水文指数与人口累计曲线可知,水文指数对绿色丝绸之路沿线国家和地区的人口分布影响较为显著,大部分的人口集聚于水文指数中值对应区域。当水文指数为 36 时（即 LSWAI≤36,以半湿润区、半干旱区为主）,沿线国家和地区人口占到总量的 43.24%;当水文指数等于 60 时（即 LSWAI≤60,以半湿润区、湿润区为主）,沿线国家和地区的累计人口数达到总人口的 78.51%;当水文指数达到 71 时（即 LSWAI≤71,以湿润地区为主）,人口数占比达到 91.28%;水文指数大于 71（中国东南部及东南亚）的累计人口比例不及 1/10,即沿线国家和地区近 1/2 的人口居住在水文指数介于 36～71 的半湿润区及半干旱区,不足 1/10 的人口居住在水文指数小于 15 的干旱地区。

2. 沿线国家和地区的水文指数地域差异显著，全域东南部水文指数最高、西北部次之，中西部广大区域居低值水平

中亚地区和西亚中东地区水文指数分布集中于低值区，中东欧地区、南亚地区和蒙俄地区水文指数分布则集中于中值区，东南亚地区水文指数则高度集中于高值区。此外，中国水文指数分布较为均衡。就人口集聚性而言，中亚地区则集中于中值区，中国人口分布与水文指数则呈交叉反函数分布。在梳理绿色丝绸之路沿线国家和地区的水文指数与人口分布的相关关系的基础上，利用 ArcGIS 分区统计工具分别对沿线国家和地区不同水文指数区间所对应的土地面积比例和人口比例进行统计，从全域到分区进一步探讨了沿线国家和地区水文指数与人口分布相关性的区域差异与特征。表 6-3 为绿色丝绸之路沿线国家和地区各水文指数区间相应的土地面积比例与人口比例分区统计结果。整体而言，沿线地区水文指数空间统计差异明显，人口更倾向分布于水文指数中值区。

表 6-3　绿色丝绸之路沿线地区各水文指数区间相应的面积比例与人口比例分区统计（单位：%）

项目		水文指数							
		0~10	10~20	20~30	30~40	40~50	50~60	60~70	70~100
中亚地区	面积比例	52.50	24.14	13.96	5.85	2.46	1.09	—	—
	人口比例	10.75	35.07	43.15	10.62	0.39	0.02	—	—
中东欧地区	面积比例	3.95	11.60	15.41	17.54	21.72	21.74	8.00	0.03
	人口比例	0.25	7.70	28.26	34.64	21.24	7.12	0.79	0.00
西亚中东地区	面积比例	75.19	9.08	6.68	4.85	2.35	1.35	0.50	—
	人口比例	31.27	25.60	22.45	15.53	4.10	0.86	0.19	—
南亚地区	面积比例	22.98	9.60	15.32	23.00	12.83	7.43	5.95	2.90
	人口比例	4.36	9.59	19.51	29.63	15.63	10.20	9.42	1.65
蒙俄地区	面积比例	7.06	3.06	4.73	10.52	29.83	35.82	8.89	0.09
	人口比例	2.66	7.52	29.37	34.89	18.69	6.26	0.60	0.01
东南亚地区	面积比例	—	0.00	0.08	0.80	2.22	8.41	17.98	70.52
	人口比例	—	—	1.78	4.95	10.04	21.01	24.48	37.74
中国	面积比例	25.87	9.90	9.31	9.62	8.47	9.88	11.71	15.24
	人口比例	1.02	4.43	12.49	16.16	17.37	19.70	16.77	12.06

就沿线国家和地区而言，中亚地区、西亚中东地区水文指数低于 20 的土地面积均占到各区总面积 4/5 左右，相应人口则占各区总人口的 45% 以上。虽然中亚地区和西亚中东地区以干旱区为主，但是水文指数高值区人口密度高于干旱区的 4 倍；中东欧地区、南亚地区和蒙俄地区水文指数介于 20~60 的土地面积约占各区总面积的 60%；其中，南亚地区相应人口约占该区总人口的 3/4，而中东欧地区和蒙俄地区相应人口约占其总人口的 90% 左右，以上三个区域人口显著分布在水文指数介于 30~40 这一区间；东南

亚地区作为典型的热带季风气候区和热带雨林气候区，水文指数高于 70 时，该区土地面积占比为 70.52%，相应人口占比为 37.74%；然而，东南亚地区超过一半的人口（55.53%）则主要集中分布于 40～70 这一区间，可见水文指数过低或者过高都是限制人口分布的因素，故后文基于水文指数的人居环境性分区采用分段分区方法。此外，中国约 1/4 的地区处于水文指数在 10（含）以下，相应人口占比仅为中国总人口的 1% 左右，而中高值区间的水文指数则均衡分布，相应人口亦较为平均地分布在各个水文指数区间。

特别地，中国水文指数呈"U"形分布，除 10 以下和 70 以上区间内的土地面积占比分别达 25.87%、15.24%，其他水文指数区间内土地面积占比均在 10%左右，相对而言，中国人口随水文指数的空间分布更具均衡性。具体而言，中国西北部大面积地区降水稀少，地表水多为河流发源地的细弱支流，且受青藏高原的地形限制，该区域的人口分布较少且分散；而由中国西北部向东南部延伸，水文指数逐渐升高，且各水文指数区间对应的土地面积均衡分布，但是人口较为显著集中于中国东南沿海地区，中国近 1/2 的人口主要分布在水文指数大于 50 的地区，土地面积占比不及四成（36.83%）。由此，人口分布与水文指数在绿色丝绸之路沿线国家和地区有一定的相关性，水文指数是影响人口分布的因素之一。

6.3.2　人居环境水文适宜性评价与适宜性分区标准

在对绿色丝绸之路沿线国家和地区的水文指数分布规律及其与人口分布的相关性进行分析的基础上，依据区域特征及差异，参考干旱区（湿润区）的划分标准，开展了沿线国家和地区的人居环境水文适宜性评价，即基于水文指数的沿线国家和地区人居环境水文适宜性评价。根据前述沿线国家和地区的水文指数及其人居环境适宜性与空间分布特征，综合年均降水量的干旱区（湿润区）指标，可以将沿线国家和地区的人居环境水文适宜程度分为不适宜、临界适宜、一般适宜、比较适宜和高度适宜 5 类。基于水文指数的绿色丝绸之路沿线国家和地区的人居环境水文适宜性评价指标分区标准如表 6-4 所示。

表 6-4　基于水文指数的沿线国家和地区的人居环境水文适宜性评价指标的分区标准（单位：%）

水文指数	水文适宜性分区	土地占比	人口占比
<5	不适宜	20.46	2.04
5～15	临界适宜	10.02	7.25
15～25，50～60	一般适宜	24.28	24.49
25～30，40～50	比较适宜	20.30	23.21
30～40，>60	高度适宜	24.94	43.01

第 1 类为不适宜地区（Non-Suitability Area，NSA），即不适合人类长期生活和居住的地区。主要是水文指数小于 5 的干旱地区，基本上是不适合人类生存的荒漠、戈壁区及生态环境极其脆弱的地区。

第 2 类为临界适宜地区（Critical Suitability Area，CSA），是高度受水文条件限制、勉强适合人类常年生活和居住的地区，属水文适宜性与否的过渡区域。其主要是水文指数介于 5～15 的半干旱地区。

第 3 类为一般适宜地区（Low Suitability Area，LSA），受水文条件中度限制、一般适宜人类常年生活和居住的地区。其主要是水文指数介于 15～25、50～60 的半干旱区、半湿润区。

第 4 类为比较适宜地区（Moderate Suitability Area，MSA），受一定水文条件限制、中等适宜人类常年生活和居住的地区，水文条件相对较好。其主要是水文指数介于 25～30、40～50 的半干旱区、半湿润区地区。

第 5 类为高度适宜地区（High Suitability Area，HSA），是基本不受水文条件限制、最适合人类常年生活和居住的地区，水文条件优越。主要是指水文指数介于 30～40、大于 60 的半湿润、湿润地区。

6.4　基于水文指数的人居环境水文适宜性分区

根据绿色丝绸之路沿线国家和地区的水文指数空间分布特征及人居环境水文适宜性评价指标的分区标准（表 6-4），完成沿线国家和地区基于水文指数的人居环境水文适宜性评价（图 6-8，表 6-5）。结果表明，沿线国家和地区以水文适宜为主要特征，水文适宜地区近 7/10，相应人口超过 9/10；不适宜地区约占 1/5，相应人口不足 2.04%。

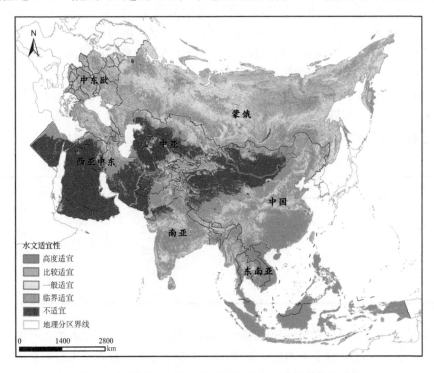

图 6-8　沿线国家和地区的人居环境水文适宜性评价结果

表 6-5 基于水文指数的沿线国家和地区的人居环境水文适宜性评价结果

项目		水文适宜性评价				
		不适宜地区	临界适宜地区	一般适宜地区	比较适宜地区	高度适宜地区
中亚地区	面积/10⁴km²	169.84	100.39	80.10	28.86	21.06
	面积比例/%	42.43	25.08	20.01	7.21	5.26
	人口数量/10⁸ 人	0.03	0.17	0.31	0.13	0.06
	人口数量比例/%	4.37	24.79	44.43	18.31	8.11
中东欧地区	面积/10⁴km²	4.73	19.02	76.83	65.25	52.98
	面积比例/%	2.16	8.69	35.11	29.82	24.21
	人口数量/10⁸ 人	0.01	0.05	0.47	0.65	0.60
	人口数量比例/%	0.52	2.63	26.52	36.77	33.55
西亚中东地区	面积/10⁴km²	499.11	115.14	65.94	38.91	37.93
	面积比例/%	65.93	15.21	8.71	5.14	5.01
	人口数量/10⁸ 人	0.92	1.13	1.04	0.57	0.61
	人口数量比例/%	21.48	26.37	24.43	13.43	14.28
南亚地区	面积/10⁴km²	73.26	74.44	99.81	107.63	159.33
	面积比例/%	14.24	14.47	19.40	20.92	30.97
	人口数量/10⁸ 人	0.31	1.40	4.36	4.60	6.83
	人口数量比例/%	1.76	8.00	24.90	26.30	39.04
蒙俄地区	面积/10⁴km²	109.17	64.76	705.06	646.46	340.96
	面积比例/%	5.85	3.47	37.78	34.64	18.27
	人口数量/10⁸ 人	0.03	0.06	0.36	0.52	0.50
	人口数量比例/%	1.87	3.81	24.48	35.52	34.32
东南亚地区	面积/10⁴km²	4.68	—	41.83	11.62	392.10
	面积比例/%	1.04	—	9.29	2.58	87.09
	人口数量/10⁸ 人	0.09	—	1.40	0.81	4.04
	人口数量比例/%	1.35	—	22.09	12.77	63.79
中国	面积/10⁴km²	176.45	134.88	186.53	125.18	336.96
	面积比例/%	18.38	14.05	19.43	13.04	35.10
	人口数量/10⁸ 人	0.10	0.34	3.89	3.41	6.21
	人口数量比例/%	0.69	2.42	27.89	24.47	44.53
全区	面积/10⁴km²	1057.19	517.74	1254.57	1048.92	1288.67
	面积比例/%	20.46	10.02	24.28	20.30	24.94
	人口数量/10⁸ 人	0.93	3.32	11.21	10.63	19.69
	人口数量比例/%	2.04	7.25	24.49	23.21	43.01

由图 6-8 可知，绿色丝绸之路沿线国家和地区的人居环境水文适宜性程度整体表现为湿润区、半湿润区高于半干旱区、干旱区的特征。绿色丝绸之路沿线国家和地区基于水文指数的人居环境水文适宜性的具体评价结果如表 6-5 所示。

6.4.1 水文高度适宜地区：占地近 1/4，相应人口超 2/5

绿色丝绸之路沿线国家和地区的人居环境水文适宜性评价结果表明，沿线国家和地区的高度适宜地区（HSA）土地面积为 $1288.67×10^4km^2$，接近全域的 1/4；相应的人口约为沿线国家和地区中人口的 43.01%，达 $19.69×10^8$ 人。高度适宜是沿线国家和地区中比重最大的水文适宜性类型，在空间上广泛分布，以沿海地区及大江大河流域为主（图 6-8）。

根据图 6-8 可知，沿线国家和地区的高度适宜地区主要分布在中国东南部的长江中下游平原–洞庭湖平原–鄱阳湖平原–江汉平原、越南湄公河流域，以及马来群岛的苏门答腊岛–加里曼丹岛–新几内亚群岛。此外，水文高度适宜地区亦散布于蒙俄地区东北部、中东欧地区西北部等地区。该区域所在地的水文指数为中值或者中高值，气候湿润，植被覆盖度高，加之大江大河流经，大多是沿线国家和地区的人口与产业集聚地区，人类活动频繁。

就绿色丝绸之路沿线国家和地区"6+1"分区而言：

（1）中亚地区水文高度适宜地区土地面积为 $21.06×10^4km^2$，占该区土地面积的 5.26%；相应人口数量为 $0.06×10^8$ 人，约占该区总人口的 8.11%。主要集中在里海沿岸平原、图兰低地以及锡尔河流域等地区。具体而言，水文高度适宜地区主要分布在吉尔吉斯斯坦，高度适宜地区面积占该国的 1/5 以上，相应人口约占该国人口的 1/4；其次为塔吉克斯坦，水文高度适宜地区面积占该国的 15%左右，相应人口占该国的 6%左右；其他中亚国家高度适宜地区分别占各国面积的 5%以下，相应人口分别占各国的 1/10 左右（哈萨克斯坦除外）。

（2）中东欧地区水文高度适宜地区土地面积为 $52.98×10^4km^2$，接近该区土地面积的 24.21%；相应人口数量为 $0.60×10^8$ 人，约占该区总人口的 33.55%。零星分布在中东欧中部及黑海沿岸平原。具体而言，大部分中东欧国家水文高度适宜地区分别占各国土地面积的 1/5 以上，相应人口分别占各国的 5%～86%不等。其中，匈牙利水文高度适宜地区约占该国土地面积的 2/5，但相应人口占比较少；而黑山水文高度适宜地区占该国土地面积的 3/10 左右，但相应人口占该国人口的 86%左右，属于人口高度集中水文适宜地区。

（3）西亚中东地区水文高度适宜地区土地面积为 $37.93×10^4km^2$，占该区土地面积的 5.01%；相应人口数量为 $0.61×10^8$ 人，占该区总人口的 14.28%。零星分布在埃及尼罗河三角洲和美索不达米亚平原、波斯湾沿岸平原等地。具体而言，西亚中东各国家水文高度适宜地区面积占比差异非常大，以格鲁吉亚为首，该国水文高度适宜区面积占本国的 3/10 以上，相应人口占该国的近 1/5；而伊朗、沙特阿拉伯、以色列、巴林等国家的水文高度适宜地区占各国面积的 1%以下，其中巴林 4/5 以上的人口集中在高度适宜地区。

（4）南亚地区水文高度适宜地区土地面积为 $159.33×10^4km^2$，占该区土地面积的

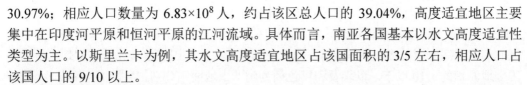

30.97%；相应人口数量为 6.83×10^8 人，约占该区总人口的 39.04%，高度适宜地区主要集中在印度河平原和恒河平原的江河流域。具体而言，南亚各国基本以水文高度适宜性类型为主。以斯里兰卡为例，其水文高度适宜地区占该国面积的 3/5 左右，相应人口占该国人口的 9/10 以上。

（5）蒙俄地区水文高度适宜地区土地面积为 $340.96 \times 10^4 km^2$，占该区土地面积的 18.27%，相应人口数量为 0.50×10^8 人，约占该区总人口的 34.32%。零星分布在东欧平原和西西伯利亚平原及其平原内部湖泊江河流域。蒙俄地区的水文高度适宜性类型集中分布在俄罗斯，占该国面积近 1/5，相应人口占该国近 1/2。

（6）东南亚地区水文高度适宜地区土地面积为 $392.10 \times 10^4 km^2$，占该区土地面积的 87.09%，相应人口数量为 4.04×10^8 人，约占该区总人口的 63.79%。主要集中在中南半岛湄公河三角洲、湄南河三角洲和伊洛瓦底江平原，高度集中于海岛如东南亚诸岛。具体而言，东南亚各国水文高度适宜地区面积均占各国的 9/10 以上，以越南最为显著，其 9/10 以上的水文高度适宜地区的相应人口占比为 96%。相对而言，东帝汶和文莱水文高度适宜地区的人口仅为 5% 以下。

（7）中国水文高度适宜地区占到沿线国家和地区高度适宜地区的 3/5 强，土地面积为 $336.96 \times 10^4 km^2$，超过全国的 1/3；相应人口数量为 6.21×10^8 人，超过全国的 2/5，约为沿线国家和地区该区域人口的 1/3。主要集中在长江中下游平原以及华南沿海平原等地。

6.4.2　水文比较适宜地区：占地超过 1/5，相应人口近 1/4

基于水文指数的人居环境水文适宜性评价结果表明，沿线国家和地区的比较适宜地区（MSA）土地面积为 $1048.92 \times 10^4 km^2$，约占全域的 20.30%；相应的人口数量为 10.63×10^8 人，约占全域的 23.21%。沿线国家和地区的比较适宜地区在空间上介于高度适宜地区和一般适宜地区之间。

根据图 6-8 可知，沿线国家和地区的比较适宜地区主要集中在中国的东北平原外围、南亚地区中部的印度半岛、西亚中东地区北部小亚细亚半岛、中亚地区南部的里海沿岸、蒙俄地区的俄罗斯东西伯利亚高原—勒拿河沿岸平原及中东欧地区的东欧平原西部地区等。该区域多分布有江河支流，人口相对集中。

就绿色丝绸之路沿线国家和地区"6+1"分区而言：

（1）中亚地区水文比较适宜地区土地面积为 $28.86 \times 10^4 km^2$，占该区土地面积的 7.21%；相应人口数量为 0.13×10^8 人，占该区总人口的 18.31%。主要集中在图兰低地的锡尔河支流流域。具体而言，水文比较适宜地区集中分布在吉尔吉斯斯坦和塔吉克斯坦两国内，相应面积分占各国的 1/4 和 1/5 左右。

（2）中东欧地区水文比较适宜地区土地面积为 $65.25 \times 10^4 km^2$，占该区土地面积的 29.82%；相应人口数量为 0.65×10^8 人，占该区总人口的 36.77%。零星分布在中东欧地区北部的波德平原。具体而言，中东欧地区大部分国家的水文比较适宜地区约占各国土地面积的 2/5 左右，其中斯洛文尼亚水文比较适宜地区面积占比为 1/4，相应人口占该国的 1/2 以上。

（3）西亚中东地区水文比较适宜地区土地面积为 38.91×10⁴km²，占该区土地面积的 5.14%，相应人口数量为 0.57×10⁸ 人，占该区总人口的 13.43%。零星分布在西亚中东地区北部的黑海海域边缘。具体而言，西亚中东地区大部分国家水文比较适宜地区约占各国土地面积的 1/10 以下。以埃及和以色列为例，土地面积分别占各国的 4%以下，相应人口分别占各国的近 2/5；此外，阿塞拜疆、亚美尼亚水文比较适宜地区面积分别占各国的 25%和 34%左右。

（4）南亚地区水文比较适宜地区土地面积为 107.63×10⁴km²，占该区土地面积的 20.92%；相应人口数量为 4.60×10⁸ 人，占该区总人口的 26.30%，约占沿线国家和地区人口的 2/5。主要集中在德干高原大部分地区。南亚水文比较适宜地区主要分布在印度和尼泊尔两国，其中，尼泊尔比较适宜地区面积占比约为 2/5，印度比较适宜地区面积占比约为 3/10，相应人口占比均为 2/5 以上。

（5）蒙俄地区水文比较适宜地区土地面积为 646.46×10⁴km²，占该区土地面积的 34.64%，约占沿线国家和地区比较适宜地区的 3/5；相应人口数量为 0.52×10⁸ 人，占该区总人口的 35.52%。主要集中在中通古斯平原和勒纳河沿岸平原等地区。蒙俄地区水文比较适宜地区主要分布在俄罗斯，相应面积占该国的近 2/5。

（6）东南亚地区水文比较适宜地区土地面积为 11.62×10⁴km²，占该区土地面积的 2.58%；相应人口数量为 0.81×10⁸ 人，占该区总人口的 12.77%。主要分布在中南半岛的泰国北部、柬埔寨、缅甸中部等内陆地区。具体而言，东南亚大部分国家水文比较适宜地区均占各国的 1%左右，其中文莱和东帝汶 85%以上的人口集中分布在面积占比较少的水文比较适宜地区；此外，缅甸水文比较适宜地区面积占比该国的 1/10 以上。

（7）中国水文比较适宜地区约为沿线国家和地区比较适宜地区的 1/10 强，土地面积达 125.18×10⁴km²，占全国的 13.04%；相应人口数量为 3.41×10⁸ 人，约占全国的 1/4，接近沿线国家和地区该区域人口的 1/3。主要分布在东北平原、华北平原北部、长江以北—黄河以南地区以及四川盆地、云贵高原的东南部以及南岭山地的大部分地区。

6.4.3 水文一般适宜地区：占地近 1/4，相应人口近 1/4

基于水文指数的人居环境水文适宜性评价结果表明，沿线国家和地区一般适宜地区（LSA）土地面积为 1254.57×10⁴km²，占全域的 24.28%；相应的人口数量为 11.21×10⁸ 人，占全域的 24.49%。沿线国家和地区的一般适宜地区在空间分布上毗邻比较适宜地区。

根据图 6-8 可知，沿线国家和地区的一般适宜地区主要分布在西亚中东地区的黑海海域边缘—伊朗高原北部、南亚地区的印度半岛西北部、中国的青藏高原南部—黄河流域上游—蒙古高原南部、东南亚地区中南半岛的缅甸等内陆国家、帕米尔高原北部、中东欧地区的东欧平原南部以及蒙俄地区的西西伯利亚平原—东西伯利亚高原等地，该区多为半湿润区和半干旱区，人地比例相对适宜。

就绿色丝绸之路沿线国家和地区"6+1"分区而言：

（1）中亚地区水文一般适宜地区土地面积为 80.10×10⁴km²，占该区土地面积的 20.01%；相应人口数量为 0.31×10⁸ 人，占该区总人口的 44.43%。零星分布在中亚地区北部哈萨克丘陵地区。具体而言，塔吉克斯坦水文一般适宜地区占该国面积的 35% 左右，相应人口占该国的 2/5 左右；吉尔吉斯斯坦的水文一般适宜地区也占该国面积的近 3/10，相应人口占该国的 1/5 左右；其他中亚国家的水文一般适宜地区占各国面积的 1/5 以下，但是相应人口占比均比较高。

（2）中东欧地区水文一般适宜地区土地面积为 76.83×10⁴km²，占该区土地面积的 35.11%；相应人口数量为 0.47×10⁸ 人，占该区总人口的 26.52%。主要分布在东欧平原西部。中东欧地区大部分国家水文一般适宜地区面积约占各国的 1/5 以上。其中，拉脱维亚一般适宜地区占该国面积的近 3/5，相应人口占该国的近 1/4；此外，北马其顿和波兰一般适宜地区分别占各国面积的 1/5 左右，而相应人口分别占各国的近 2/5。

（3）西亚中东地区水文一般适宜地区土地面积为 65.94×10⁴km²，占该区土地面积的 8.71%，相应人口数量为 1.04×10⁸ 人，占该区总人口的 24.43%，约占沿线国家和地区该适宜类型人口的 10%。零星分布在小亚细亚半岛南侧。西亚中东地区大部分国家一般适宜地区分占各国面积的 1/10 以下。但是也有例外，如格鲁吉亚水文一般适宜地区面积占比较大，占该国面积的近 2/5，相应人口占该国的 1/4。

（4）南亚地区水文一般适宜地区土地面积为 99.81×10⁴km²，占该区土地面积的 19.40%；相应人口数量为 4.36×10⁸ 人，占该区总人口的 24.90%，接近沿线国家和地区一般适宜地区人口的 2/5。主要集中在德干高原中部和新德里西南部。具体而言，除马尔代夫和巴基斯坦外，南亚地区其他国家水文一般适宜地区均占各国面积的 1/5 以上，人口较为集中分布。以孟加拉国最为显著，近 1/4 土地为一般适宜地区，相应人口占该国的 9/10 以上。

（5）蒙俄地区水文一般适宜地区土地面积为 705.06×10⁴km²，占该区土地面积的 37.78%，相应人口数量为 0.36×10⁸ 人，占该区总人口的 24.48%。主要集中在蒙古高原西西伯利亚平原—东西伯利亚高原等地。蒙古国水文一般适宜地区面积占比为 8% 左右，相应人口占比为 6% 左右；俄罗斯一般适宜性土地面积约占 2/5，相应人口占比为 37% 左右。

（6）东南亚地区水文一般适宜地区土地面积为 41.83×10⁴km²，占该区土地面积的 9.29%；相应人口数量为 1.40×10⁸ 人，占该区总人口的 22.09%。主要集中在中南半岛北部内陆山区和爪哇岛南部等地区。东南亚地区大部分国家的水文一般适宜地区分别占各国面积的 1/10 以下。此外，缅甸水文一般适宜地区面积占比近 1/4，相应人口占比约为 1/4；而东帝汶一般适宜性类型土地面积占比为 35% 左右，但相应人口占比不及 3%。

（7）中国水文一般适宜地区面积约占沿线国家和地区水文一般适宜地区的 1/6，土地面积达 186.53×10⁴km²，占全国面积的 19.43%；相应人口数量为 3.89×10⁸ 人，占全国的 27.89%，约占沿线国家和地区该区域人口的 1/3。其主要分布在黄土高原、内蒙古高原的南部、青藏高原南部、黄河流域上游以及蒙古高原南部。

6.4.4　水文临界适宜地区：占地约为 10%，相应人口约占 7%

基于水文指数的人居环境水文适宜性评价结果表明，沿线国家和地区的临界适宜地区（CSA）土地面积为 517.74×10^{4}km^2，约为全域的 10.02%；相应的人口数量为 3.32×10^6 人，仅为全域的 7.25%。临界适宜区是沿线国家和地区人居环境水文适宜性与否的过渡区域，在空间上连片分布，偏居绿色丝绸之路沿线国家和地区的中部。

根据图 6-8 可知，沿线国家和地区的临界适宜地区主要集中在中国的藏北地区、蒙古高原中国部分、南亚地区德干高原西北部、伊朗高原东部、西亚中东地区大高加索山脉南侧以及中亚地区北部的哈萨克丘陵。该区域所在地多为半干旱地区，人口稀疏或相对集聚。

就绿色丝绸之路沿线国家和地区"6+1"分区而言：

（1）中亚地区水文临界适宜地区土地面积为 100.39×10^{4}km^2，占该区土地面积的 25.08%；相应人口数量为 0.17×10^8 人，占该区总人口的 24.79%。零星分布在中亚地区北部的哈萨克丘陵地区以及塔吉克斯坦境内的天山山脉。具体而言，乌兹别克斯坦水文临界适宜地区占该国面积的 16%左右，相应人口占比约为 1/5；此外，吉尔吉斯斯坦临界适宜地区面积占比约为 16%；中亚其他各国水文临界适宜地区均占各国土地面积的 1/5 以上，哈萨克斯坦、塔吉克斯坦水文临界适宜地区相应人口占比均为 1/10 以上。

（2）中东欧地区水文临界适宜地区土地面积为 19.02×10^{4}km^2，仅占到该区土地面积的 8.69%；相应人口为 0.05×10^8 人，仅为该区总人口的 2.63%。零星分布于中东欧西南部的喀尔巴阡山脉南部地区。具体而言，中东欧大部分地区水文临界适宜性类型土地占比均为 1%以下。其中，保加利亚、罗马尼亚、匈牙利和斯洛伐克各国的人口较为集中地分布在水文临界适宜地区；此外，乌克兰水文临界适宜地区占该国面积的 1/10 左右，相应人口占该国的近 1/5。

（3）西亚中东地区水文临界适宜地区土地面积为 115.14×10^{4}km^2，占该区土地面积的 15.21%，相应人口数量为 1.13×10^8 人，占该区总人口的 26.37%，超过绿色丝绸之路沿线国家和地区总人口的 1/3。零星分布于伊朗高原西部地区和大高加索山脉南部区域。具体而言，叙利亚、黎巴嫩等国的水文临界适宜地区均占各国土地面积的近 2/5，其中叙利亚于临界适宜地区分布近 1/4 的人口；其他西亚中东国家水文临界适宜地区相应土地面积占比在 1/5 及以下，而阿塞拜疆、阿曼、伊拉克水文临界适宜地区相应人口在 1/2 以上。

（4）南亚地区水文临界适宜地区土地面积为 74.44×10^{4}km^2，占该区土地面积的 14.47%；相应人口数量为 1.40×10^8 人，占该区总人口的 8.00%。集中分布在孟买北部等地。南亚水文临界适宜地区集中分布在巴基斯坦，相应土地面积占该国的 3/10；此外，印度和尼泊尔也有约 7%的土地为水文临界适宜性类型区，相应人口占比均非常少。

（5）蒙俄地区水文临界适宜地区土地面积为 64.76×10^{4}km^2，占该区土地面积的 3.47%；相应人口数量为 0.06×10^8 人，占该区总人口的 3.81%。蒙古国水文临界适宜地

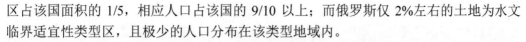

区占该国面积的 1/5，相应人口占该国的 9/10 以上；而俄罗斯仅 2%左右的土地为水文临界适宜性类型区，且极少的人口分布在该类型地域内。

（6）中国水文临界适宜地区超过沿线国家和地区临界适宜地区的 1/4，土地面积达 134.88×10^{4}km^2，占全国的 14.05%；相应人口数量为 0.34×10^8 人，仅占全国的 2.42%。主要分布在青藏高原腹地及其周边山地如昆仑山、祁连山、天山、阿尔泰山和云贵高原的西部山地，以及黄土高原、黄河流域上游和内蒙古高原南部。需要说明的是，临界适宜地区即受水文条件限制、勉强适合人类常年生活和居住的地区。这些地区环境脆弱，生态弹性较低。

6.4.5 水文不适宜地区：占地约为 1/5，相应人口不足 2%

基于水文指数的人居环境自然适宜性评价结果表明，沿线国家和地区的不适宜地区（NSA）土地面积为 1057.19×10^{4}km^2，占全域的 20.46%；相应的人口数量为 0.93×10^8 人，约占全域的 2.04%。不适宜地区是沿线国家和地区中比重最小的水文适宜性类型，在空间上较为集聚。

根据图 6-8 可知，沿线国家和地区的不适宜地区主要集聚在中国的青藏高原北部、新疆、甘肃等中国西北地区，并向北延伸至蒙俄地区的蒙古高原北部。另外，水文不适宜地区还集中分布在中亚、西亚中东的大部分地区，零星分布在南亚中部地区。该区域所在地的水文指数小，多为干旱地区。

就绿色丝绸之路沿线国家和地区"6+1"分区而言：

（1）中亚地区水文不适宜地区土地面积为 169.84×10^{4}km^2，占该区土地面积的 42.43%；相应人口为 0.03×10^8 人，仅为该区总人口的 4.37%。高度集中在塔吉克斯坦南部地区的帕米尔高原以及哈萨克丘陵等地。中亚水文不适宜地区主要分布在土库曼斯坦，该国不适宜地区土地面积占比为 7/10 左右，相应人口占比为 3/5 左右，类似地，乌兹别克斯坦水文不适宜地区面积占比也接近 3/5；塔吉克斯坦水文不适宜地区的面积占比为 8%左右，相应人口占比约为 2/5；吉尔吉斯斯坦水文不适宜地区的面积占比为 7%左右，相应人口占比近 1/2。

（2）中东欧地区水文不适宜地区土地面积为 4.73×10^{4}km^2，仅占到该区土地面积的 2.16%；相应人口为 0.01×10^8 人，仅为该区总人口的 0.52%。零星分布于中东欧南部的喀尔巴阡山局部地区。具体而言，中东欧大部分国家水文不适宜地区面积占比均在 1% 及以下，相应人口也为各国人口的 1%左右；而保加利亚和斯洛文尼亚，水文不适宜地区相应人口分别占各国面积的 16%和 20%左右；此外，爱沙尼亚水文不适宜地区土地面积占比约为 4%，相应人口占比仅为该国的 1%左右。

（3）西亚中东地区水文不适宜地区土地面积为 499.11×10^{4}km^2，占该区土地面积的 65.93%；相应人口为 0.92×10^8 人，占该区总人口的 21.48%。本区是绿色丝绸之路沿线国家和地区水文不适宜地区最为集中的地域，集中分布在阿拉伯半岛（鲁卜哈利沙漠）、内夫得沙漠、利比亚沙漠东部等区域。具体而言，约旦、沙特阿拉伯、阿曼、卡塔尔、科威特和也门等国水文不适宜地区分别占各国土地面积的 9/10 左右。其中，科威特大部分人口分布在水文不适宜地区，其他国家相应人口占比较少；亦有格鲁吉亚、阿塞拜疆、亚美尼亚、土耳其等国水文不适宜地区分别占各国面积的 1%以下，除格鲁吉亚（不适宜地区人口占该国的 1/5 左右）外，以上国家的相应人口分别占各国的 1/10 以下。

（4）南亚地区水文不适宜地区土地面积达 $73.26×10^4km^2$，占该区土地面积的 14.24%，相应人口数量为 $0.31×10^8$ 人，仅为该区总人口的 1.76%，约占沿线国家和地区不适宜地区人口的 1/3。具体而言，印度、孟加拉国、斯里兰卡和尼泊尔水文不适宜地区土地面积分别占各国的 5%及以下，相应人口分别占各国人口的 3%及以下；而巴基斯坦 36%左右的土地为水文不适宜性类型区，但相应人口占比极少。

（5）蒙俄地区水文不适宜地区土地面积为 $109.17×10^4km^2$，占该区土地面积的 5.85%；相应人口为 $0.03×10^8$ 人，占该区总人口的 1.87%。高度集中在蒙古国与中国交界处的蒙古高原等地区。蒙古国水文不适宜地区的土地面积占比约为 3/5，相应人口占比在 1%以下；俄罗斯水文不适宜地区的土地面积占比仅为 1%以下，相应人口占该国的 14%左右。

（6）东南亚地区水文不适宜地区土地面积为 $4.68×10^4km^2$，占该区土地面积的 1.04%；相应人口为 $0.09×10^8$ 人，仅占该区总人口的 1.35%。零星分布于中南半岛北部的高山地区，马来群岛地区水文不适宜地区分布极少。其中，新加坡近 1/4 土地为水文不适宜地区，相应人口占该国的 3%左右；泰国仅有 0.4%左右的土地属于水文不适宜地区，但相应人口仍占到该国的 36%左右。

（7）中国水文不适宜地区仅占到沿线国家和地区水文不适宜地区的 1/10，土地面积为 $176.45×10^4km^2$，占全国的 18.38%；相应人口数量为 $0.10×10^8$ 人，不足全国的 0.7%，约为沿线国家和地区该区域人口 1/9。其主要分布在藏北高原、新疆、甘肃等中国西北地区，并向北延伸至蒙俄地区的蒙古高原北部。

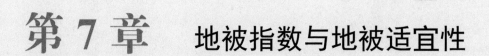

第 7 章　地被指数与地被适宜性

　　地被适宜性（Suitability Assessment of Vegetation，SAV）是人居环境自然适宜性评价的基础与核心内容之一，它着重探讨一个区域地被覆盖特征对该区域人类生活、生产与发展的影响与制约。地被指数（Land Cover Index，LCI）作为影响区域人口分布的重要因素之一，本章将其纳入绿色丝绸之路沿线国家和地区的人居环境地被适宜性评价体系。植被在人居自然环境中扮演着重要角色，它通过影响地气系统的能量平衡，在气候、水文和生化循环中起着重要作用，是气候和人文因素对环境影响的敏感指标。归一化植被指数（NDVI）能够大体反映地表植被的覆盖疏密情况，却不能体现植被覆盖类型的差异。植被条件对人居环境的影响通常用地被指数来表征。为了揭示地表实际植被覆盖类型以及用地类型的植被覆盖程度对人居环境的影响，本章利用土地覆被类型（1km×1km）与 NDVI（1km×1km）的乘积构建地被指数，并从比例结构和空间分布等方面度量了沿线国家和地区地被指数的分布规律及其与人口分布的相关性及适宜性。

7.1　地被指数的概念与计算

7.1.1　基本概念与计算公式

　　地被指数（LCI）是表征区域不同土地覆被类型植被覆盖空间差异的重要指标。它可以综合反映区域自然条件下的土地覆被特征、人类活动作用下的土地利用特征及其地表植被覆盖程度，沿线国家和地区的土地覆被类型数据来源于国家科技基础条件平台——国家地球系统科学数据中心共享服务平台，数据时间为 2017 年。MOD13A1 归一化植被指数（NDVI）数据（V006）来源于 NASA EarthData 平台，时间跨度为 2013～2017年，空间分辨率为 1km。

　　地被指数计算公式为

$$\text{LCI} = \text{NDVI} \times \text{LC}_i \tag{7-1}$$

$$\text{NDVI} = (\rho_{\text{nir}} - \rho_{\text{red}}) / (\rho_{\text{nir}} + \rho_{\text{red}}) \tag{7-2}$$

式（7-1）和式（7-2）中，LCI 为地被指数；ρ_{nir} 与 ρ_{red} 分别为 MODIS 卫星传感器的近红外与红波段的地表反射率；NDVI 为归一化植被指数；LC_i 为各种土地覆被类型的权重，其中 i（1，2，3，…，10）代表不同土地利用/覆被类型。人口相关性分析表明，当 NDVI大于 0.80 时，其值增加对人口的集聚效应未明显增强。在对 NDVI 归一化处理时，取0.80 为最高值，高于特征值的按特征值计。

7.1.2 数据来源与数据处理

2017 年土地覆被数据，来源于中国国家科技基础条件平台——国家地球系统科学数据中心共享服务平台（http：//www.geodata.cn），分辨率为 30m，采用 UTM/WGS84 投影。土地覆被类型包括全球 10 个一级分类（农田、森林、草地、灌丛、湿地、水体、苔原、不透水层、裸地和冰雪）和 25 个二级分类（包括水田、阔叶林、牧草地与湖泊等）。该数据集可为研究不同分辨率下全球不同土地覆盖类型提供重要数据基础。该数据集生产所使用的原始数据包括：Landsat 5/7/8、中国高分卫星、资源环境卫星和 SRTM 地形数据等，数据格式为栅格（TIF 格式）。基于 36630 个验证样本对全球土地覆盖数据集进行精度验证，一级地类解译结果整体精度为 70.2%，可满足大尺度上的精度需求。

2015 年人口密度数据，来源于美国橡树岭国家实验室。它使用地理信息系统和遥感相结合的创新方法，在发展、制作全球人口格网数据方面居于世界领先地位。LandScan 数据集制备原理概述如下：首先，收集各国权威可信的人口统计数据（通常到省级）；其次，构建基于地形、道路可达性、土地覆被、城市密度、夜间灯光的权重模型，计算所有像元的人口分布概率系数；最后，以各行政区界线和人口总数为控制条件，依据系数分配，并用高分辨率影像进行检验。空间分辨率约为 1km（30″ × 30″）。该数据集可与社会、经济、地球科学和遥感的数据集兼容使用，并在研究与决策中得到普遍使用。

7.2 地被指数的统计与分布规律

根据绿色丝绸之路沿线国家和地区 1km 土地覆被数据，利用地被指数计算式 [式（7-1）]，进一步计算了沿线国家和地区的地被指数，并据此分析了沿线国家和地区 "6+1" 分区地被指数的地理基础、统计特征与空间规律性。

7.2.1 地被指数的地理基础分析

1. 沿线国家和地区土地覆被类型主要为农田、草地、森林、裸地，相应人口占比在 90%以上

根据绿色丝绸之路沿线国家和地区的 2017 年土地覆盖数据，统计分析（表 7-1）如下。

第一，森林、草地和裸地三者面积占比 73.55%，2015 年人口占比为 22.83%。具体而言，三者面积占比依次为 28.09%、21.93% 和 23.53%，对应人口占比依次为 9.94%、10.10% 和 2.79%。就森林而言，主要分布于中东欧地区的东部寒冷湿润区、中国东部季风区、东南亚地区、蒙古国和俄罗斯的寒冷干旱区，具体为俄罗斯、中国南方与东北、东南亚、喜马拉雅山麓以及欧洲部分国家（图 7-1）。草地集中分布在中国中部和北部地

表 7-1　沿线国家和地区不同土地覆被类型相应的土地面积与人口占比统计

土地覆被类型	人口占比/%	面积占比/%
农田	48.19	14.98
森林	9.94	28.09
草地	10.10	21.93
灌丛	1.52	1.01
湿地	0.15	0.34
水体	1.29	2.32
苔原	0.00	5.99
不透水层	26.02	0.99
裸地	2.79	23.53
冰雪	0.00	0.82

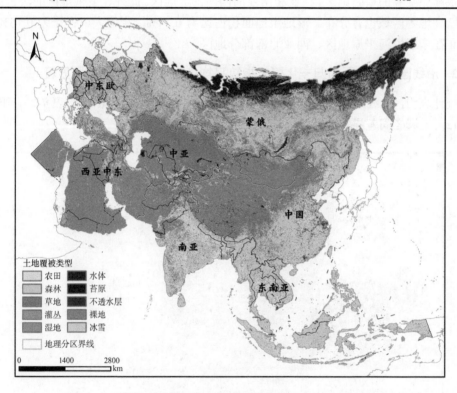

图 7-1　沿线国家和地区的土地覆被类型空间分布（1km×1km）

区、中亚地区及蒙古国北部地区等。裸地则分布在中亚西亚干旱区的阿拉伯半岛、伊朗高原、中国西部、蒙古高原—青藏高原以及中亚南部等。

第二，农田面积占比为 14.98%，相应人口占比高达 48.19%。其主要分布在中国东北部、南亚、东南亚南部以及中东欧地区南部的大部分平原地区。

第三，苔原区域面积占比为 5.99%，相应人口占比不足 0.01%。上述五类土地覆被类型面积占比之和为 94.52%，相应人口占比约为 71.02%。苔原主要连片分布在蒙俄地区北部以及中东欧东部的部分地区。

第四，其他覆被类型面积占比均在 3%以下，相应人口仍占到近三成。其中，不透水层土地面积占比约为 1%，相应人口占比高达 26.02%，主要分布在中国的东北平原、华北平原、长江中下游平原及珠三角平原地区，中东欧的西部地区，南亚的恒河平原与印度河平原，以及西亚中东的尼罗河平原等；而水体、灌丛、冰雪与湿地四类土地总面积占比为 4.49%，相应总人口占比仅为 2.96%。其中，水体面积占比为 2.32%，相比之下，人口占比为 1.29%，主要分布在中国的长江三角洲、珠江三角洲以及中亚的北部地区等。冰雪土地面积占比为 0.82%，主要分布在中国的喜马拉雅山脉南麓、昆仑山、唐古拉山等地区，西亚中东的伊朗高原西北部等区域以及蒙俄地区的北部地区。灌丛土地面积占比为 1.01%，相应人口占比为 1.52%，主要零星分布在南亚、东南亚、中国东部与青藏高原交界的横断山区、西亚和南亚的西南部等地区。此外在蒙俄地区的蒙古高原、俄罗斯高地等区域也有分布。湿地土地面积占比为 0.34%，相应人口占比为 0.15%，主要分布在南亚恒河平原地区、西亚北部部分地区。

2. 沿线国家和地区的归一化植被指数平均值为 0.42，全域差异显著

统计表明，沿线国家和地区的归一化植被指数以低值为主（图 7-2、表 7-2），平均值为 0.42，地域之间差异较大。

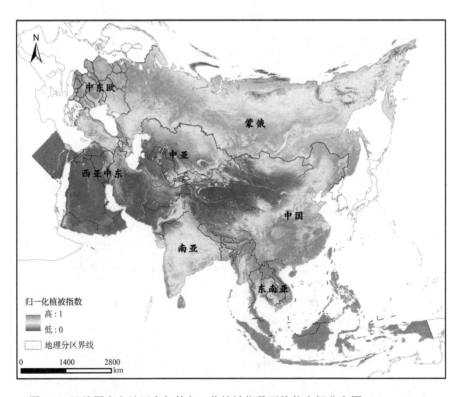

图 7-2 沿线国家和地区多年的归一化植被指数平均值空间分布图（1km×1km）

表 7-2　沿线国家和地区不同归一化植被指数区间相应的土地面积与人口占比

归一化植被指数分级	面积占比/%	人口占比/%
0～0.05	1.58	0.02
0.05～0.10	10.03	1.01
0.10～0.15	9.78	2.51
0.15～0.20	4.10	2.88
0.20～0.25	3.47	3.93
0.25～0.30	4.45	5.90
0.30～0.35	5.41	7.36
0.35～0.40	6.32	8.84
0.40～0.45	6.94	11.19
0.45～0.50	6.95	12.48
0.50～0.55	7.54	11.06
0.55～0.60	7.44	10.08
0.60～0.65	6.67	9.49
0.65～0.70	6.36	6.67
0.70～0.75	5.30	3.58
0.75～0.80	3.64	1.92
0.80～0.85	2.82	0.94
0.85～0.90	1.19	0.14
0.90～0.95	0.01	0.00

整体而言，丝绸之路沿线国家和地区的归一化植被指数由青藏高原—喜马拉雅山脉—天山山脉—帕米尔高原一线向四周递增，中间低、四周高（图 7-2）。特别地，在中国的青藏高原地区、西亚中东的伊朗扎格罗斯山脉，以及蒙俄地区的俄罗斯远东地区的归一化植被指数相对较低。归一化植被指数低值在空间上则呈连片带状之势，集中分布在蒙俄地区的东欧平原与西西伯利亚平原、中国的黄土高原与青藏高原、中亚地区、南亚地区、西亚地区，以及中东欧地区、蒙俄地区。归一化植被指数高值在空间上主要集中分布在中国的东北平原、华北平原、长江中下游地区及珠江三角洲地区、中南半岛东部及马来西亚群岛、中东欧地区、蒙俄地区、南亚地区的印度河平原与恒河平原，以及西亚中东地区的波斯湾沿岸平原等地区。归一化植被指数由南至北呈现出高—低—高—低的变化特征。

3. 归一化植被指数在 0.55 左右时，累计土地面积占比超过 7/10；低于 0.05 和高于 0.9 时，土地面积占比都不足 2%

统计表明（表 7-2），当归一化植被指数介于 0.40～0.45 时，土地面积占比为 6.94%，其土地面积累计占比超过 52%。当归一化植被指数介于 0.60～0.65 时，土地面积占比

6.67%，其土地面积累计占比超过 80%。当归一化植被指数介于 0.70～0.75 时，其土地
面积累计占比已经超过 92%。由此可见，绿色丝绸之路沿线国家和地区的归一化植被指
数明显偏重中间值。

4. 沿线国家和地区的人口主要分布在归一化植被指数介于 0.10～0.85 的地区，并在 0.5 左右出现峰值；当归一化植被指数在 0.10～0.85 范围以外时，人口分布十分有限

随着归一化植被指数增加，沿线国家和地区的土地面积占比与相应人口占比表现出
两个变化特征。第一，当归一化植被指数小于等于 0.20 时，土地面积约占到 1/4，而人
口占比却较低（6.42%）。其中，在 0.05～0.10、0.10～0.15 时，土地面积占比达到最大
值，分别为 10.03%、9.78%，相应人口累计占比略超过 5%。第二，当归一化植被指数
大于 0.20 时，土地面积占比与人口占比均表现为先增后减的变化趋势，在 0.50 时出现
人口峰值。当归一化植被指数介于 0.40～0.85，人口占比约为 2/3，远高于同期相应的土
地面积占比。当归一化植被指数大于 0.8 时，土地面积与相应人口占比分别在 4%左右
与 1%左右。从人居环境适宜性角度看，人口主要分布在归一化植被指数介于 0.10～0.85
的区域，并在 0.50 左右（0.40～0.55）出现峰值（约 12%）。

5. 沿线国家和地区的人口分布和面积大小随着归一化植被指数增大总体呈现出先增加后逐渐减小的特征

根据绿色丝绸之路沿线国家和地区归一化植被指数分级与分级人口数的相互关系
分布曲线（图 7-3）以及归一化植被指数分级与分级土地面积占比的相关关系分布曲线
（图 7-4），可以看出，随着归一化植被指数增加，每一分级分布的人口数量先增加，并
且在归一化植被指数介于 0.40～0.55 时达到最大值；之后，随着归一化植被指数不断增

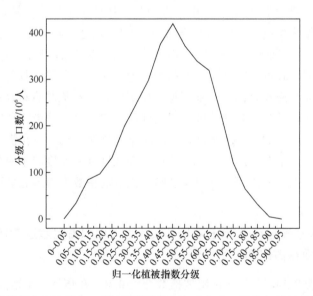

图 7-3 沿线国家和地区归一化植被指数分级与分级人口数的相关关系分布曲线

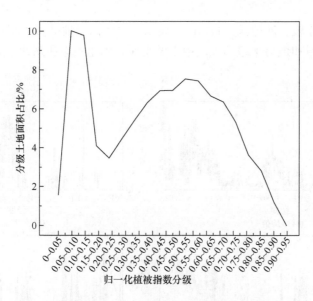

图 7-4　沿线国家和地区多年平均 NDVI 与土地面积的相关关系分布曲线

加，居住人口数量开始逐级减少，当归一化植被指数大于 0.70 之后下降较快。根据图 7-4 可以发现，沿线国家和地区的分级土地面积占比随着归一化植被指数的增加呈现出先增加后减小趋势，之后出现小幅增加，再随着归一化植被指数增加而减小，总体表现为先增加后减小。当归一化植被指数介于 0.05～0.10 时，该分级内的土地面积达到最大值，当归一化植被指数介于 0.50～0.55 时，土地面积出现第二个小峰值，之后土地面积随着归一化植被指数增大而持续减小。通过两图对比并结合表 7-2 可以发现，当归一化植被指数处于 0.50 左右时，该分级内的居住人口数量和土地面积占比都比较大，其中人口数量要高于土地面积，归一化植被指数大于 0.50 时，居住人口数量和土地面积都开始下降。

7.2.2　地被指数的空间变化规律

在对绿色丝绸之路沿线国家和地区的地被指数主要参数进行统计分析的基础上，本章分析了沿线国家和地区的地被指数沿经向和纬向的变化趋势，并进一步选取具有代表性的三条纬线（30°N、40°N、50°N）和三条经线（45°E、75°E、100°E），分析了不同经纬线地被指数的空间变化规律，分别揭示了沿线国家和地区地被指数沿经向与纬向的变化规律。

1. 地被指数自西向东随经度增加先下降后上升然后下降再上升，呈"W"形

由图 7-5（a）可知，地被指数随经度增加先呈现逐步增加而后波动下降之后又上升的趋势。地被指数随经度变化过程中在 40°E～70°E 经度段的值稳定在低值 5 左右，这是由于地被覆盖较少的撒哈拉沙漠、东欧平原和广袤的西西伯利亚平原占绝对优势；80°E～103°E 经度段则是由于此处位于青藏高原和喜马拉雅山脉沿线及山河相间的藏东南等同样地被覆盖较少的地区；110°E 经线以东区域由于地被覆盖相对较多的蒙古高原与中西伯利亚高原和地势平坦的长江中下游平原、华北平原和东北平原的存在，最高地被指数达到 70。

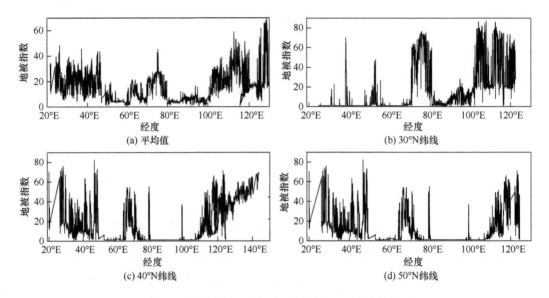

图 7-5　沿线国家和地区的地被指数随经度变化图

图 7-5（b）~图 7-5（d）分别为 30°N、40°N 和 50°N 纬线附近地被指数随经度变化曲线。30°N 纬线上的地被指数较大且整体表现为"西低东高再高"趋势，中间有多处"低谷"，这是由于此纬线自西向东依次穿过地被覆盖度极低的撒哈拉沙漠、阿拉伯高原与伊朗高原、青藏高原、喜马拉雅山脉和山河相间分布的横断山区以及地形起伏度较低的藏南谷地，随后经过地被覆盖度较高的印度河河谷，横断山区北部与四川盆地的交界地带，最后经江南丘陵进入地被覆盖度更高的长江中下游平原。40°N 纬线上的地被指数整体呈东西高和中间低趋势，其间有两个低值，且前段变化更为剧烈，这是由于此线西起地被覆盖良好的小亚细亚半岛，随后经过地被覆盖度低的土库曼斯坦卡拉库姆沙漠，之后经过地被覆盖度较高的尼泊尔等国而使地被指数有所上升，再依次进入塔克拉玛干沙漠、青藏高原、黄土高原等地区地被指数急剧下降，之后进入相对湿润的华北平原、朝鲜半岛等地区地被指数又有所回升。50°N 纬线上地被指数整体较低，并呈现出整体递减且在 40°E~50°E 地被指数急剧减小的特征。该线西端起点为地被覆盖度较高的东欧平原，随后依次穿过干旱半干旱区的哈萨克丘陵和蒙古高原而地被指数逐渐下降至稳定，仅在中国大兴安岭处地被指数明显上升，总体变化幅度减小。

2. 地被指数由南向北随纬度增加逐渐下降

由图 7-6（a）可知，沿线国家和地区的地被指数随纬度逐渐降低，其曲线的变化特征符合沿线国家和地区的南部因多沿海平原、丘陵而植被覆盖度高，中部多高山，北部多高原、平原而地被覆盖度较低的特征。具体而言，沿线国家和地区南侧为热带地区，水热条件较好，地被覆盖类型主要为农田、森林等，由南向北由于阿拉伯高原、青藏高原等的存在，纬度越高，地被覆盖度越低，地被覆盖类型主要为裸地等。

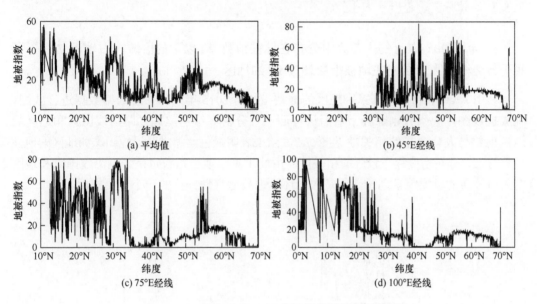

图 7-6　沿线国家和地区的地被指数随纬度变化图

图 7-6（b）～图 7-6（d）分别为 45°E、75°E 和 100°E 经线附近地被指数随纬度变化曲线。45°E 经线从沿海平原快速过渡到地被覆盖度较低的阿拉伯高原，由北进入美索不达米亚平原，最后进入地势低平的东欧平原，其间地被指数逐渐升高并趋于稳定。75°E 经线上的地被指数整体呈"南部高、北部低"的趋势，34°N～42°N 纬线段的"低谷"位于地被覆盖较低的青藏高原西部及其与南亚北部交界处的过渡地带和帕米尔高原，南部地被指数较高是由于经过了印度河平原与德干高原，而北部是平坦、地域辽阔的西西伯利亚平原，较位于中部的青藏高原地区，其地被指数略有回升。100°E 经线上的地被指数呈现明显的由南至北逐渐降低且变化剧烈的特征，25°N～38°N 纬线段的高值主要是由于穿过了两广丘陵、长江中下游平原与四川盆地等地被覆盖度较高的地区，之后进入渭河谷地与黄土高原等区域；55°N 以北为地被覆盖度较低的中西伯利亚高原。

7.3　基于地被指数的地被适宜性评价

面向人居环境地被适宜性评价的需要，在对绿色丝绸之路沿线国家和地区的地被指数空间分布规律进行实证分析的基础上，本章定量分析了沿线国家和地区的地被指数与人口分布的相关性及其区域差异。在此基础上，基于地被指数的沿线国家和地区的人居环境地被适宜性，在栅格尺度上定量揭示了绿色丝绸之路沿线国家和地区的地被指数及其对人口分布的影响。

7.3.1 地被指数与人口分布的相关性

1. 全域 90%以上的人口集中分布在地被指数 90 以下的区域，占地近 7/10；不足千分之一的人口居住在地被指数超过 92 的地区

利用 ArcGIS 将沿线国家和地区的地被指数与 2015 年人口密度栅格数据进行匹配，制成折线图，观察并剔除异常值后进行回归性分析。绿色丝绸之路沿线国家和地区的地被指数与人口分布的相关性见图 7-7。结果表明绿色丝绸之路沿线国家和地区的地被指数与人口分布密度存在较强的相关性。由此可见，地被指数也是影响沿线国家和地区的人口分布的重要因素之一，亦是人居环境地被适宜性评价的一个重要指标。

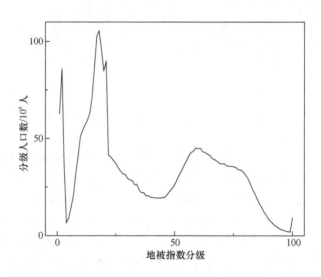

图 7-7　沿线国家和地区地被指数与人口分布的相关性及人口累计分布曲线

地被指数对绿色丝绸之路沿线国家和地区人口分布的影响较为显著，大部分的人口集聚于地被指数低值区域。当地被指数介于 15～16 时，沿线国家和地区相应的人口数量为最小值，仅占总量的 2.57%；当地被指数介于 39～40 时，沿线国家和地区相应的人口累计占比达到 53.17%；当地被指数介于 76～77 时，沿线国家和地区的累计人口数已达到总人口的 90.36%；当地被指数达到 90 时，人口累计占比达到 98.72%；地被指数大于 92 的累计人口占比仅为 1.28%，即沿线国家和地区超过一半的人口居住在地被指数小于 40 的地区，不足 2%的人口居住在地被指数大于 92 的地区。根据图 7-7 可知，人口数量等分布随着地被指数的增加而逐渐降低，其中，当地被指数处于 20 左右时，相应人口数量达到最大值，之后便开始逐渐减小，当地被指数处于 60 左右时，相应人口数量有小幅增长，当地被指数逐渐增大，每个地被指数分级区间内所居住的人口数便不断下降。

2. 地域差异显著：中亚、中东欧、西亚中东和蒙俄等地区地被指数低值集中明显，西亚中东、东南亚、南亚人口更具集聚性，中国人口分布偏重低值

在梳理绿色丝绸之路沿线国家和地区的地被指数与人口分布的相关性的基础上，利用 ArcGIS 分区统计工具分别对沿线国家和地区的地被指数区间所对应的面积和人口比例进行统计，从全域到分区进一步探讨沿线国家和地区的地被指数与人口分布的相关性的区域差异与特征。表 7-3 为绿色丝绸之路沿线国家和地区的各地被指数区间相应的面

表 7-3　沿线国家和地区的各地被指数区间相应面积比例与人口比例分区统计

	项目	地被指数							
		<10	10~20	20~30	30~40	40~50	50~60	60~70	>70
中亚地区	面积/10⁴km²	331.43	39.42	2.16	5.20	11.12	8.93	1.87	0.17
	面积比例/%	82.79	9.85	0.54	1.30	2.78	2.23	0.47	0.04
	人口数量/10⁶人	16.39	13.66	6.88	5.57	12.30	11.84	2.26	0.11
	人口数量比例/%	23.76	19.79	9.96	8.07	17.82	17.16	3.28	0.16
中东欧地区	面积/10⁴km²	3.28	117.36	11.33	2.77	1.51	6.99	33.88	41.69
	面积比例/%	1.50	53.64	5.18	1.27	0.69	3.19	15.48	19.05
	人口数量/10⁶人	2.95	71.18	26.89	31.47	5.10	4.00	14.72	21.69
	人口数量比例/%	1.66	39.99	15.11	17.68	2.86	2.25	8.27	12.18
西亚中东地区	面积/10⁴km²	639.79	47.15	20.54	16.29	12.70	9.66	7.44	3.39
	面积比例/%	84.51	6.23	2.71	2.15	1.68	1.28	0.98	0.46
	人口数量/10⁶人	183.52	95.54	40.87	29.34	19.40	22.57	26.39	9.38
	人口数量比例/%	42.98	22.37	9.57	6.87	4.54	5.29	6.18	2.20
南亚地区	面积/10⁴km²	195.55	82.15	16.54	14.47	38.78	79.69	52.48	34.82
	面积比例/%	38.01	15.97	3.21	2.81	7.54	15.49	10.20	6.77
	人口数量/10⁶人	188.11	315.73	124.29	73.62	153.02	359.34	298.58	236.32
	人口数量比例/%	10.76	18.05	7.11	4.21	8.75	20.54	17.07	13.51
蒙俄地区	面积/10⁴km²	653.97	1122.85	3.77	2.60	11.13	26.32	31.62	13.96
	面积比例/%	35.04	60.17	0.20	0.14	0.60	1.41	1.69	0.75
	人口数量/10⁶人	16.55	75.51	29.09	12.17	1.68	3.30	5.34	3.36
	人口数量比例/%	11.26	51.38	19.79	8.28	1.14	2.24	3.63	2.28
东南亚地区	面积/10⁴km²	16.14	114.39	197.68	2.66	4.62	9.03	22.27	83.44
	面积比例/%	3.58	25.41	43.91	0.59	1.03	2.00	4.95	18.53
	人口数量/10⁶人	26.45	150.35	101.29	52.20	25.01	29.79	62.25	186.67
	人口数量比例/%	4.17	23.71	15.98	8.23	3.94	4.70	9.82	29.45
中国	面积/10⁴km²	427.74	299.79	51.86	13.86	17.78	26.63	44.72	77.62
	面积比例/%	44.56	31.23	5.40	1.44	1.85	2.77	4.66	8.09
	人口数量/10⁶人	75.97	368.25	221.85	114.24	68.80	91.91	144.85	309.13
	人口数量比例/%	5.45	26.40	15.90	8.19	4.93	6.59	10.38	22.16

积比例与人口比例分区统计结果。整体而言,沿线国家和地区的地被指数以低值为主,人口分布向低值区集聚的趋势则更加明显,但区域之间差异较为显著(图 7-8)。

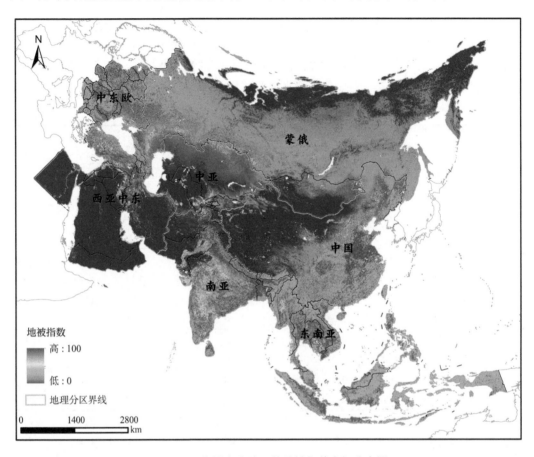

图 7-8　沿线国家和地区的地被指数空间分布图

以地被指数间隔 10 进行分级统计(表 7-3)表明,就沿线国家和地区"6+1"分区而言,当地被指数位于 20 以内两个区间时,中亚、中东欧、西亚中东和蒙俄四个区域土地面积占比过半,而中国、南亚和东南亚不同分级区间相应土地面积占比均未超过50%。类似地,沿线国家和地区地被指数不同分级区间对应的人口占比亦仅有蒙俄地区相应占比略为过半。这显示地被指数不同区间土地面积与人口规模并非完全对应。当地被指数在 30(含)以下时,中亚、西亚中东和蒙俄三个区域土地面积累计占比达到 90%以上,中国与东南亚相应占比分别在 80%以上与 70%以上,而南亚与中东欧相应占比在60%左右。类似地,除蒙俄与西亚中东两区相应人口占比在 80%左右,其余五个区域人口占比均在 60%以下。当地被指数大于 50 时,沿线国家和地区土地面积与人口累计占比同样差异显著。其中,中东欧与南亚土地占比在 30%以上,东南亚次之(约 1/4),中国占近 1/6,其他三个区域相应占比不及 4%。就其人口占比而言,南亚区域是人口占比唯一过半的区域,其次为东南亚与中国,占比在 40%左右;相比之下,其余四个区域相

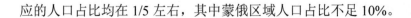

应的人口占比均在 1/5 左右，其中蒙俄区域人口占比不足 10%。

7.3.2　地被指数与人口空间分布规律

1. 中亚地区地被指数偏低：地被指数小于 10 的地区，占地超过八成，相应人口占比近 1/4

基于地被指数的面积比例和人口比例统计分析结果（表 7-3）表明，中亚地区地被指数在 10 及以下的土地面积为 331.43×10⁴km²，占中亚地区全部面积的比例为 82.79%；相应的人口约为中亚地区人口的 23.76%，达 16.39×10⁶ 人。值得注意的是，在该地被指数区间，中亚地区对应的土地面积及其人口占比均为最大值。中亚地区地被指数大于 70 的地区土地面积为 0.17×10⁴km²，占比不足 0.1%；相应人口占比为 0.16%，人口数为 0.11×10⁶ 人。其次，地被指数介于 10～20 的土地面积为 39.42×10⁴km²，占比接近 10%；相应人口占比约为 20%，达 13.66×10⁶ 人，其人口占比仅次于地被指数小于 10 地区的相应占比。地被指数介于 40～60 的地区土地面积为 20.05×10⁴km²，占比只有 5.01%；但相应人口占比达 34.98%。由此可见，中亚地区地被指数主要以低值为主，人口也集中分布在其低值地区。

根据图 7-8 可知，中亚地区地被指数小于 20 的地区主要分布在该区中部，该地区土地覆被类型主要以沙漠和荒漠为主，即包括卡拉库姆沙漠和克孜勒库姆沙漠等；地被指数介于 40～60 的地区主要集中分布在中亚北部地区，这里分布着草原、绿洲和丘陵；而地被指数大于 70 的地区面积极小。

整体而言：①中亚地区人口主要集中分布于地被指数小于 20 和介于 40～60 两个地区，占到区域总人口的近 80%；②中亚地区大部分土地都处于地被指数小于 10 的低值区域，占比超过 80%，这与中亚地区沙漠分布广泛有直接关系；③该区域人口集中分布程度与面积大小较为匹配；④中亚地区地被指数在空间分布上呈现出中间低、四周高、东南部低、西北部高的特征。

2. 中东欧地区地被指数以低值和高值为主，中间值占比小：地被指数小于 20（低值）和大于 60（高值）的地区，占地接近 90%，相应人口占比超过该地区总人口的 60%

基于地被指数的面积比例和人口比例统计分析结果（表 7-3）表明，中东欧地区地被指数小于 20 的土地面积为 120.64×10⁴km²，占中东欧地区全部面积的比例超过 55%；相应人口在中东欧地区总人口中占比超过 40%，达 74.13×10⁶ 人，是区域人口承载量的最大值。值得注意的是，中东欧的地被指数介于 10～20 时，对应的土地面积与人口占比均为最大值。中东欧地区地被指数大于 60 的地区土地面积为 75.57×10⁴km²，占比接近 35%；相应人口占比超过 20%，达 36.41×10⁶ 人。地被指数介于 20～30 的地区土地面积为 11.33×10⁴km²，占比为 5.18%；相应人口占比 15.11%（26.89×10⁶ 人）。地被指数介于 30～40 的地区土地面积为 2.77×10⁴km²，占比不足 2%；相应人口占比达 17.68%。可以看出，中东欧地区的地被指数以低值和高值为主，其中低值区域占比更大。人口主要集中分布在地被指数低值区域。

根据图 7-8 可知，中东欧地区地被指数小于 10 的地区主要分布在该区域的南部地区，主要有西班牙、意大利等国的部分区域；地被指数大于 70 的地区主要分布在中东欧地区的北部，具体包括芬兰、瑞典、波兰等国家的部分地区；地被指数介于 10～20 的地区主要集中分布在该区域的中部及西部等地区。

整体而言，①中东欧地区人口主要集中分布于地被指数介于 10～40 的地区，约占到区域总人口的 73%；②中东欧地区大部分土地都处于地被指数低值和高值区域，其占比接近 90%，中间值占比小；③该区域人口集中分布程度和所对应的面积大小较为匹配，更多的人口集中于地被指数的低值地区；④中东欧地区的地被指数的空间分布特征主要表现为北部高、南部低，大部分地区以低值为主。

3. 西亚中东地区地被指数偏低：地被指数小于 20 的地区占地超过 90%，相应人口占比高达 65.35%

基于地被指数的面积比例和人口比例统计分析结果（表 7-3）表明，西亚中东地区地被指数普遍偏低，地被指数小于 10 的地区土地面积为 $639.79×10^4km^2$，占比高达 84.51%；相应人口占比为 42.98%，人口数量达 $183.52×10^6$ 人。值得注意的是，在该地被指数区间，西亚中东地区对应的土地面积及其人口占比均为最大值。西亚中东地区地被指数大于 60 的地区土地面积为 $10.83×10^4km^2$，占比不足 2%；相应人口占比也仅为 8.38%，人口数量为 $35.77×10^6$ 人。地被指数介于 10～20 的地区土地面积为 $47.15×10^4km^2$，占比为 6.23%；相应人口占比为 22.37%，人口数量为 $95.54×10^6$ 人。地被指数介于 20～60 的地区土地面积为 $59.19×10^4km^2$，占比不足 8%；相应人口占比为 26.27%，人口数量为 $112.18×10^6$ 人。

根据图 7-8 可知，西亚中东地区平原面积狭小，大部分为高原，土地覆被类型主要以沙漠为主，其中地被指数小于 20 的地区主要分布在西部和北部地区，地被指数大于 70 的地区占比极小；地被指数介于 10～60 的地区主要集中分布在该区域的尼罗河谷地、河口三角洲和两河流域的部分地区。

整体而言：①西亚中东地区人口主要集中分布于地被指数小于 20 的地区，占到区域总人口的 65.35%；②西亚中东地区大部分面积都处于地被指数低值区域，地被指数低于 20 的地区占比高达 90.74%；③该区域人口集中分布程度和面积大小匹配程度较高；④西亚中东地区地被指数的空间分布特征表现为大部分地区地被指数较低，地被指数大于 70 的地区（高值区域）占比极小，地被指数介于 10～70 的地区只零星分布于中部部分地区。

4. 南亚地区地被指数以低值为主，高值为辅：地被指数小于 10 的地区占比过半，相应人口占比近 3/10；地被指数大于 50 的地区占比接近 1/3，相应人口占比过半

基于地被指数的面积比例和人口比例统计分析结果（表 7-3）表明，南亚地区地被指数小于 10 的地区土地面积为 195.55×10⁴km²，占比为 38.01%；相应的人口占比为 10.76%，人口数量达 188.11×10⁶ 人。地被指数增至 20 时，南亚地区相应土地占比为 53.98%，人口占比为 28.81%。南亚地区地被指数大于 50 的地区土地面积为 166.99×10⁴km²，占比达到 32.46%；相应人口占比为 51.12%，人口数量为 925.92×10⁶ 人。值得注意的是，南亚地区以植被指数在 10 及以下对应的土地面积占比最大（38.01%），而以介于 50~60 地区的人口占比最大（超过 1/5）。其次，地被指数介于 20~50 的地区土地面积为 69.79×10⁴km²，占比为 13.56%；相应人口占比为 20.07%，人口数量达 350.93×10⁶ 人。由此可以看出，南亚地区以地被指数低值区域为主，高值区域为辅。

根据图 7-8 可知，南亚地区地被指数小于 10 的地区主要分布在其北部，主要有喜马拉雅山南侧山地、西北部的沙漠地带；地被指数大于 70 的地区主要分布在南部地区，具体地，恒河三角洲部分地区、德干高原及热带雨林区属于地被指数高值区域；地被指数介于 10~20 的地区主要集中分布在印度西北部、德干高原部分地区，其余地被指数区间的地区所占面积较小，分布较为零散。

整体而言：①南亚地区人口主要分布于地被指数两个区间（小于等于 20 和大于 50）的地区，其中，在地被指数大于 50 的地区人口占比超过 50%；②南亚地区大部分区域都处于地被指数低值区域，地被指数小于 10 的地区土地面积占比接近 2/5；③该区域人口集中分布程度和面积大小匹配程度较低，过半区域（如地被指数在 20 及以下）其人口不及 3/10，过半人口（如地被指数在 50 以上）分布在不及 1/3 的区域；④南亚地区的地被指数空间分布特征表现为南部高、北部低。

5. 蒙俄地区地被指数以低值为主：地被指数小于 20 的地区占比略超 95%，相应人口占比超过 60%

基于地被指数的面积比例和人口比例统计分析结果（表 7-3）表明，蒙俄地区地被指数介于 10~20 的土地面积为 1122.85×10⁴km²，占比达 60.17%；相应人口占比为 51.38%，人口数量达 75.51×10⁶ 人，该区间所占面积和人口分布数量都超过了 1/2。这是沿线国家和地区中唯一一个区域在不同地被指数分级区间土地面积与相应人口占比均超过一半，区域人口与土地面积匹配程度较高。蒙俄地区地被指数小于 10 的土地面积为 653.97×10⁴km²，占蒙俄地区全部面积的比例为 35.04%；相应的人口数量为 16.55×10⁶ 人，占比为 11.26%。蒙俄地区地被指数大于 50 的地区占比不足 4%，土地面积为 71.90×10⁴km²；相应人口占比为 8.15%，人口数量约为 12.00×10⁶ 人。地被指数介于 20~30 的地区土地面积为 3.77×10⁴km²，占比最小（0.20%），值得注意的是，该区相应人口占比达 19.79%。由此可见，蒙俄地区以地被指数低值区为主。

根据图 7-8 可知，蒙俄地区地被指数小于 10 的地区主要分布在本区北部，如西伯利亚高原以及东欧平原的北部地区。类似地，地被指数介于 10~20 的地区主要分布在该区域的东欧平原和西伯利亚高原。对比而言，地被指数大于 70 的地区土地面积占比较小。

整体而言：①蒙俄地区人口主要集中分布于地被指数介于 10~20 的地区，其占到区域总人口的比例超过 1/2，地被指数小于 30 的地区人口分布占比超过 80%；②该地区大部分土地都处于地被指数低值区域，其中，地被指数小于 20 的地区土地面积占比高达 95.21%；③该区域人口集中分布程度和面积大小匹配程度较高，集中在地被指数低值区域；④蒙俄地区的地被指数空间分布特征表现为该区域大部分地区处于地被指数低值区域，其中南部高、北部低。

6. 东南亚地被指数低值区域面积占比较大；地被指数小于 30 的地区，占地超过72%，相应人口占比近 44%

基于地被指数的面积比例和人口比例统计分析结果（表 7-3）表明，东南亚地区地被指数小于 10 的地区土地面积约为 16.14×10⁴km²，占东南亚地区全部面积的比例为3.58%；相应的人口占比为 4.17%，达 26.45×10⁶ 人。当地被指数增至 30 时，东南亚地区相应土地面积达 328.21×10⁴km²，其占比达到 72.90%；相应人口为 278.09×10⁶ 人，占比约为 43.86%。东南亚地区地被指数大于 70 的地区土地面积为 83.44×10⁴km²，占比为18.53%；相应人口占比为 29.45%，跃升至 186.67×10⁶ 人。值得注意的是，东南亚地区以地被指数介于 20～30 对应的土地面积占比最大（43.91%），而以大于 70 地区的人口占比最大。相比而言，地被指数介于 30～70 时，相应土地面积占比仅为 8.57%，但其人口占比超过 1/4（为 26.69%）。东南亚地区以地被指数低值区域为主，在高值区域仍有近 1/5 的土地与近 1/3 的人口分布。

根据图 7-8 可知，东南亚地区地被指数在 30 及以下的地区所占面积较大，在空间上主要分布在中南半岛北部和马来群岛的部分地区，具体地，越南、老挝、缅甸以及泰国的北部，马来西亚等地区，地被指数大于 70 的地区主要分布在中南半岛南部地区，即泰国、柬埔寨、缅甸南部等地，以及马来群岛的沿海地区；地被指数介于 30～70 的地区主要集中分布在中南半岛的中部。

整体而言：①东南亚地区人口主要集中分布于地被指数在 30 及以下的区域和大于70 的高值地区，占区域总人口的比例分别是 43.86% 和 29.45%；②东南亚地区主要以地被指数在 30 及以下区域为主，占比超过 72%，其次是高值区域，中间区域即地被指数介于 30～70 的地区面积较小；③该区域人口集中分布程度和所对应的面积大小在低值地区较为匹配；④东南亚地区的地被指数空间分布的主要特征表现为地被指数高值区域集中于中南半岛南部及马来群岛的沿海地区，低值分布在其北部地区。

7. 中国全境地被指数偏低：地被指数在 20 及以下的地区占比超过 3/4，相应人口占比近 1/3

基于地被指数的面积比例和人口比例统计分析结果表明（表 7-3），中国全境地被指数在 20 及以下地区的土地面积为 727.53×10⁴km²，占比为 75.79%；相应的人口约为中国人口的 31.85%，人口数量为 444.22×10⁶ 人。值得注意的是，中国以地被指数在 10 及以下地区对应的土地占比最大，以介于 10～20 对应的人口占比最大。中国地被指数大于 70 的地区土地面积为 77.62× 10⁴km²，占比约为 8%；相应人口占比为 22.16%，达

309.13×10^6 人。地被指数介于 20～30 和 60～70 地区的土地面积都较小，占比分别为 5.40%和 4.66%，但两个区间相应人口占比较高，分别是 15.90%和 10.38%。类似地，中国以地被指数低值区域为主。

根据图 7-8 可知，中国全境地被指数在 20 及以下的地区在空间上主要分布在青藏高原地区、黄土高原北部和云贵高原部分地区，地被指数大于 70 的地区主要分布在东部地区，主要为长江三角洲、京津冀地区、珠江三角洲以及东北地区的东部；地被指数介于 10～70 的地区主要集中分布在中国南部地区、北部部分地区和东北地区。

整体而言：①中国地区仍以地被指数介于 10～30 和大于 60 的地区相对集中，约占区域总人口的比例分别为 47.75%和 32.54%；②中国大部分土地都处于地被指数低值区域，即小于 20 的地区，占比高达 75.79%；③该区域人口集中分布程度与面积大小在地被指数低值区域基本匹配；④中国的地被指数的空间分布特征表现为东部高、西部低，南部及北部地区的地被指数接近平均水平。

7.3.3　人居环境地被适宜性评价与适宜性分区标准

在对绿色丝绸之路沿线国家和地区的地被指数分布规律及其与人口分布的相关性进行分析的基础上，依据其区域特征及差异，参考地被基本类别的划分标准，开展了沿线国家和地区的人居环境地被适宜性评价，即基于地被指数的沿线国家和地区人居环境地被适宜性评价。根据前述沿线国家和地区的地被指数及其人居环境适宜性与空间分布特征，依据不同土地覆被类型及地被指数等指标，可以将沿线国家和地区的人居环境地被适宜程度分为不适宜、临界适宜、一般适宜、比较适宜和高度适宜 5 类。基于地被指数的绿色丝绸之路沿线国家和地区的人居环境地被适宜性评价指标如表 7-4 所示。

表 7-4　基于地被指数的沿线国家和地区的人居环境地被适宜性评价指标

地被指数	土地覆被类型	人居适宜性
<2	苔原、冰雪、水体、裸地等未利用地	不适宜
2～10	灌丛	临界适宜
10～18	草地	一般适宜
18～28	森林	比较适宜
>28	不透水层、农田	高度适宜

第 1 类为不适宜地区（Non-Suitability Area，NSA），即不适合人类长期生活和居住的地区，主要是地被指数小于 2 的地区，土地覆被类型为苔原、冰雪、水体、裸地等未利用地，基本上是不适合人类生存的无人区及生态环境极其脆弱的地区。

第 2 类为临界适宜地区（Critical Suitability Area，CSA），是高度受地被条件限制、勉强适合人类常年生活和居住的地区，属地被适宜性与否的过渡区域。其主要是地被指数介于 2～10 的主要土地覆被类型为灌丛的地区。

第 3 类为一般适宜地区（Low Suitability Area，LSA），受地被中度限制、一般适宜人类常年生活和居住的地区。其主要是地被指数 10～18、主要土地覆被类型为草地的区域。

第 4 类为比较适宜地区（Moderate Suitability Area，MSA），受到一定地被限制、中等适宜人类常年生活和居住的地区，地被等条件相对较好。其主要是地被指数介于 18～28 的主要土地覆被类型为森林的地区。

第 5 类为高度适宜地区（High Suitability Area，HSA），是基本不受地被限制、最适合人类常年生活和居住的地区，地被条件优越。其主要是指地被指数大于 28 的主要土地覆被类型为不透水层、农田的地区。

7.4 基于地被指数的人居环境地被适宜性分区

根据绿色丝绸之路沿线国家和地区的地被指数空间分布特征及人居环境地被适宜性评价指标体系（表 7-4），完成了沿线国家和地区的地被指数的人居环境地被适宜性评价（图 7-9、表 7-5）。结果表明，沿线国家和地区以地被适宜为主要特征，地被适宜地区占 55.67%，相应人口占比超过 88.40%；不适宜地区占 27.48%，相应人口占比不足 3%。

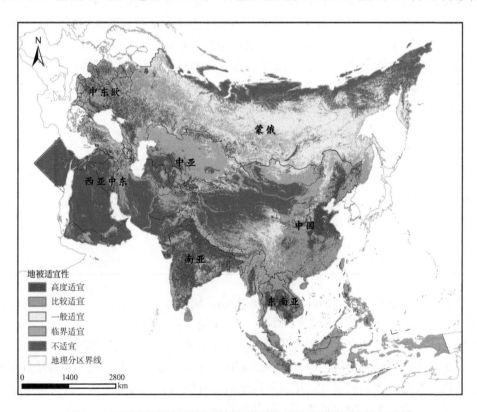

图 7-9 沿线国家和地区基于地被指数的人居环境地被适宜性评价图

由图 7-9 可知，绿色丝绸之路沿线国家和地区的人居环境地被适宜性程度整体表现为南部最高，北部地区次之，中间及蒙俄地区边缘部分最低。绿色丝绸之路沿线国家和地区基于地被指数的人居环境地被适宜性评价结果如表 7-5 所示。

表 7-5 基于地被指数的沿线国家和地区的人居环境地被适宜性评价结果

地被适宜性评价		高度适宜地区	比较适宜地区	一般适宜地区	临界适宜地区	不适宜地区
中亚地区	面积/10⁴km²	27.16	2.67	37.31	239.44	93.71
	面积比例/%	6.79	0.67	9.32	59.81	23.41
	人口数量/10⁶ 人	32.44	9.68	10.59	14.75	1.54
	人口数量比例/%	47.02	14.03	15.34	21.38	2.23
中东欧地区	面积/10⁴km²	86.40	74.28	53.09	2.46	2.59
	面积比例/%	39.48	33.95	24.26	1.13	1.18
	人口数量/10⁶ 人	85.57	35.49	53.53	2.16	1.24
	人口数量比例/%	48.07	19.94	30.07	1.22	0.70
西亚中东地区	面积/10⁴km²	52.54	30.14	33.83	110.77	529.76
	面积比例/%	6.94	3.98	4.47	14.63	69.98
	人口数量/10⁶ 人	110.60	53.68	75.48	125.47	61.76
	人口数量比例/%	25.90	12.57	17.68	29.39	14.46
南亚地区	面积/10⁴km²	219.72	44.65	51.43	97.03	101.65
	面积比例/%	42.70	8.68	10.00	18.86	19.76
	人口数量/10⁶ 人	1128.16	200.19	226.58	166.15	27.93
	人口数量比例/%	64.50	11.45	12.95	9.50	1.60
蒙俄地区	面积/10⁴km²	84.81	222.08	889.58	229.73	440.02
	面积比例/%	4.54	11.90	47.67	12.31	23.58
	人口数量/10⁶ 人	31.41	31.40	66.87	14.54	2.77
	人口数量比例/%	21.37	21.36	45.49	9.89	1.89
东南亚地区	面积/10⁴km²	119.92	281.24	24.42	14.36	10.29
	面积比例/%	26.63	62.48	5.42	3.19	2.28
	人口数量/10⁶ 人	361.18	159.19	74.05	23.10	16.47
	人口数量比例/%	56.97	25.11	11.68	3.64	2.60
中国	面积/10⁴km²	181.07	196.10	149.63	174.88	258.33
	面积比例/%	18.86	20.43	15.59	18.22	26.90
	人口数量/10⁶ 人	761.45	369.26	182.07	64.66	17.56
	人口数量比例/%	54.59	26.47	13.05	4.63	1.26
全区	面积/10⁴km²	771.62	856.66	1248.57	870.65	1419.88
	面积比例/%	14.93	16.58	24.16	16.85	27.48
	人口数量/10⁶ 人	2531.81	853.71	662.49	403.61	127.38
	人口数量比例/%	55.30	18.64	14.47	8.81	2.78

7.4.1　地被高度适宜地区：占地超过 1/7，相应人口占比超过 1/2

基于地被指数的人居环境地被适宜性评价结果表明，沿线国家和地区的高度适宜地区（HSA）土地面积为 771.32×10⁴km²，只占全域的 14.93%；相应的人口约为沿线国家和地区中人口的 55.30%，达 2531.81×10⁶ 人，高度适宜是沿线国家和地区人口占比最大的地被适宜性类型，在空间上分布较为集中，以大江大河中下游平原地区为主（图 7-9）。

根据图 7-9 可知，沿线国家和地区的高度适宜地区主要分布在中国东部的华北平原–江淮地区–洞庭湖平原–鄱阳湖平原–江汉平原–东北平原南部、东南亚地区的泰国湄南河平原–缅甸伊洛瓦底平原–越南湄公河平原、南亚地区的印度河平原–恒河平原及印度沿海平原、中亚地区的美索不达米亚平原与里海沿岸平原、西亚中东地区的波斯湾沿岸及埃及的尼罗河三角洲地区、蒙俄地区的西西伯利亚平原–北西伯利亚低地及东欧平原等。该区域所在地的地被覆盖度较高，地势和缓，土地覆被类型多为森林、农田等，平地集中，加上水热条件优越、光照充足、交通便利，大多是沿线国家和地区的人口与产业集聚地区，人类活动频繁。

就绿色丝绸之路沿线国家和地区而言：

（1）中亚地区地被高度适宜地区土地面积为 27.16×10⁴km²，占该区土地面积的 6.79%；相应人口数量为 32.44×10⁶ 人，占该区总人口的 47.02%，主要集中在里海沿岸平原、图兰低地和哈萨克丘陵西部边缘地区等。

（2）中东欧地区地被高度适宜地区土地面积为 86.40×10⁴km²，占该区土地面积的 39.48%；相应人口数量为 85.57×10⁶ 人，占该区总人口的 48.07%，高度集中在中东欧地区东部的东欧平原及黑海沿岸平原等。

（3）西亚中东地区地被高度适宜地区土地面积为 52.54×10⁴km²，占该区土地面积的 6.94%；相应人口数量为 110.60×10⁶ 人，占该区总人口的 25.90%，主要分布在埃及尼罗河三角洲、美索不达米亚平原、波斯湾沿岸平原与阿拉伯半岛的东南部局部地区等。

（4）南亚地区地被高度适宜地区土地面积为 219.72×10⁴km²，占该区土地面积的 42.70%；在沿线国家和地区中占比最大（7.64%）。相应人口数量为 1128.16×10⁶ 人，占该区总人口的 64.50%，超过沿线国家总人口的 1/4，主要集中在印度河平原和恒河平原等。

（5）蒙俄地区地被高度适宜地区土地面积为 84.81×10⁴km²，占该区土地面积的 4.54%，高度适宜地区土地面积较少；相应人口数量为 31.41×10⁶ 人，占该区总人口的 21.37%，集中连片分布在西西伯利亚平原及北冰洋沿岸局部地区等。

（6）东南亚地区地被高度适宜地区土地面积为 119.92×10⁴km²，占该区土地面积的 26.63%；相应人口数量为 361.18×10⁶ 人，约占该区总人口的 56.97%，主要集中在中南半岛南部湄公河三角洲、湄南河三角洲和伊洛瓦底江平原及海岛东南亚的加里曼丹岛南部与苏门答腊岛东侧等。

（7）中国地被高度适宜地区土地面积为 181.07×10⁴km²，超过全国的 1/6，约占到沿线国家和地区的 23.48%；相应人口数量为 761.45×10⁶ 人，占全国 54.59%，在沿线国家和地区占到 30.08%，主要集中在东北平原、华北平原、长江中下游平原以及华南沿海平原等地区。

7.4.2　地被比较适宜地区：占地近 1/6，相应人口不到 1/5

基于地被指数的人居环境地被适宜性评价结果表明，沿线国家和地区的比较适宜地区（MSA）土地面积为 856.66×10⁴km²，接近全域的 17%；相应的人口数量为 853.71×10⁶ 人，占全域的近 19%。沿线国家和地区的比较适宜地区在空间上介于高度适宜地区和一般适宜地区之间（图 7-9）。

根据图 7-9 可知，沿线国家和地区的比较适宜地区主要集中在中国的东北平原外围–四川盆地地区、东南亚地区的泰国中东部–缅甸中部、南亚的印度大部、西亚中东地区的阿拉伯半岛大部–埃及中南部、中亚地区的哈萨克斯坦中西部、蒙俄地区的俄罗斯中西伯利亚高原及西亚中东地区的阿拉伯半岛中西部地区等。该区域多为地被覆盖较好的丘陵、盆地等，人口相对集中。

就绿色丝绸之路沿线国家和地区而言：

（1）中亚地区地被比较适宜地区土地面积为 2.67×10⁴km²，占该区土地面积的 0.67%；相应人口数量为 9.68×10⁶ 人，占该区总人口的 14.03%，主要集中在哈萨克斯坦东部与南部地区等。

（2）中东欧地区地被比较适宜地区土地面积为 74.28×10⁴km²，占该区土地面积的 33.95%；相应人口数量为 35.49×10⁶ 人，占该区总人口的 19.94%，主要集中在中东欧中部的第聂伯河等地区等。

（3）西亚中东地区地被比较适宜地区土地面积为 30.14×10⁴km²，占该区土地面积的 3.98%；相应人口数量为 53.68×10⁶ 人，占该区总人口的 12.57%，主要集中在阿拉伯半岛的中西部和埃及中南部以及伊朗高原局部地区等。

（4）南亚地区地被比较适宜地区土地面积为 44.65×10⁴km²，占该区土地面积的 8.68%；相应人口数量为 200.19×10⁶ 人，占该区总人口的 11.45%，主要集中在德干高原大部分地区等。

（5）蒙俄地区地被比较适宜地区土地面积为 222.08×10⁴km²，占该区土地面积的 11.90%，在沿线国家和地区中占到 7.72%；相应人口数量为 31.40×10⁶ 人，占该区总人口的 21.36%，主要集中在中西伯利亚高地和蒙古国与俄罗斯交界地区等。

（6）东南亚地区地被比较适宜地区土地面积为 281.24×10⁴km²，占该区土地面积的 62.48%，在沿线国家和地区中占比最大（9.78%）；相应人口数量为 159.19×10⁶ 人，占该区总人口的 25.11%，主要集中在泰国北部、柬埔寨东侧、缅甸中部地区以及加里曼丹岛局部地区等。

（7）中国地被比较适宜地区土地面积达 196.10×10⁴km²，约占全国的 1/5，在沿线国家和地区中占到 6.82%；相应人口数量为 369.26×10⁶ 人，超过全国的 1/4，超过沿线国家和地区该区域人口的 3/10，主要分布在大小兴安岭两侧、长白山地、呼伦贝尔高原、汾渭谷地、塔里木盆地的东北部、吐鲁番盆地的大部分地区、四川盆地、云贵高原的东南部以及南岭山地的大部分地区。

7.4.3 地被一般适宜地区：占地近 1/4，相应人口约为 1/7

基于地被指数的人居环境地被适宜性评价结果表明，沿线国家和地区的一般适宜地区（LSA）土地面积为 1248.57×10⁴km²，约占全域的 24%；相应的人口数量为 662.49×10⁶ 人，约占全域的 14%。沿线国家和地区的一般适宜地区在空间分布上毗邻比较适宜地区（图 7-9）。

根据图 7-9 可知，沿线国家和地区的一般适宜地区主要分布在中国的西南地区并分别向北延至蒙俄地区的蒙古国及其与俄罗斯交界处及俄罗斯远东地区，向南经横断山区延伸到东南亚地区的缅甸–老挝–越南的北部山区及印度尼西亚的加里曼丹岛中部与苏门答腊岛的西部沿海地区，向西经中亚的吉尔吉斯斯坦延伸到西亚中东地区的伊朗–土耳其–沙特阿拉伯西部地区。该区域所在地多为高原、低山和丘陵，人地比例相对适宜。

就绿色丝绸之路沿线国家和地区而言：

（1）中亚地区地被一般适宜地区土地面积为 37.31×10⁴km²，占该区土地面积的 9.32%；相应人口数量为 10.59×10⁶ 人，占该区总人口的 15.34%，高度集聚在中亚南部地区的天山山脉西侧等。

（2）中东欧地区地被一般适宜地区土地面积为 53.09×10⁴km²，占该区土地面积的 24.26%；相应人口数量为 53.53×10⁶ 人，占该区总人口的 30.07%，高度集中在白俄罗斯丘陵地区等。

（3）西亚中东地区地被一般适宜地区土地面积 33.83×10⁴km²，占该区土地面积的 4.47%；相应人口数量为 75.48×10⁶ 人，占沿线国家和地区该适宜类型人口的 17.68%，主要集中在阿拉伯半岛西侧狭长地带和伊朗高原大部分地区等。

（4）南亚地区地被一般适宜地区土地面积为 51.43×10⁴km²，占该区土地面积的 10.00%；相应人口数量为 226.58×10⁶ 人，占该区总人口的 12.95%。主要集中在巴基斯坦大部分地区和印度与尼泊尔交界处等。

（5）蒙俄地区地被一般适宜地区土地面积为 889.58×10⁴km²，占该区土地面积的 47.67%，在沿线国家和地区中占比最大，超过 3/10；相应人口数量为 66.87×10⁶ 人，占该区总人口的 45.49%，主要集中在蒙古高原大部分地区和俄罗斯远东局部地区等。

（6）东南亚地被一般适宜地区土地面积为 24.42×10⁴km²，占该区土地面积的 5.42%；相应人口数量为 74.05×10⁶ 人，占该区总人口的 11.68%，主要集中在中南半岛北部山区和加里曼丹岛中部地区等。

（7）中国地被一般适宜地区面积达 149.63×10⁴km²，占全国面积的 15.59%；相应人口数量为 182.07×10⁶ 人，占全国人口的 13.05%，主要分布在黄土高原、内蒙古高原西南部、塔里木盆地西南部、柴达木盆地、准噶尔盆地和四川盆地周边地区、云贵高原中部以及江南丘陵局部地区。

7.4.4 地被临界适宜地区：占地超过 1/6，相应人口不足 1/10

基于地被指数的人居环境地被适宜性评价结果表明，沿线国家和地区的临界适宜地区（CSA）土地面积为 $870.65×10^4km^2$，占全域的 16.85%；相应的人口数量为 $403.61×10^6$ 人，占全域的近 9%。临界适宜是沿线国家和地区的地被适宜性与否的过渡区域，在空间上高度集聚，偏居青藏高原一隅（图 7-9）。

根据图 7-9 可知，沿线国家和地区的临界适宜地区主要集中在中国的藏北地区、藏东南地区以及冈底斯山脉、喜马拉雅山脉沿线、中亚的兴都库什山脉的局部地区及蒙俄地区的蒙古高原局部、西亚中东地区的伊朗高原中西部等，蒙俄地区的蒙古阿尔泰山脉沿线也有一定比例分布。该区域所在地多为高原、山地，人口稀疏或相对集聚。

就绿色丝绸之路沿线国家和地区而言：

（1）中亚地区地被临界适宜地区土地面积为 $239.44×10^4km^2$，占该区土地面积的 59.81%，为该地区最大比例的地被适宜性类型；相应人口数量为 $14.75×10^6$ 人，占该区总人口的 21.38%，高度集中在吉尔吉斯斯坦与塔吉克斯坦境内的天山山脉等地。

（2）中东欧地区地被临界适宜地区土地面积为 $2.46×10^4km^2$，仅占到该区土地面积的 1.13%；相应人口数量为 $2.16×10^6$ 人，仅为该区总人口的 1.22%，零星分布于中东欧西侧的西喀尔巴阡山局部地区等。

（3）西亚中东地区地被临界适宜地区土地面积为 $110.77×10^4km^2$，占该区土地面积的 14.63%；相应人口数量为 $125.47×10^6$ 人，占该区总人口的 29.39%，集中分布于伊朗高原西部地区和阿拉伯半岛西侧局部区域等。

（4）南亚地区地被临界适宜地区土地面积为 $97.03×10^4km^2$，占该区土地面积的 18.86%；相应人口数量为 $166.15×10^6$ 人，占该区总人口的 9.50%，集中分布在巴基斯坦北部地区和喜马拉雅山脉南麓狭长地区等。

（5）蒙俄地区地被临界适宜地区土地面积为 $229.73×10^4km^2$，其面积仅次于中亚地区，占该区土地面积的 12.31%；相应人口数量为 $14.54×10^6$ 人，约占该区总人口的 10%，零星分布在蒙古高原西北侧等。

（6）东南亚地区地被临界适宜地区土地面积为 $14.36×10^4km^2$，占该区土地面积的 3.19%；相应人口数量为 $23.10×10^6$ 人，仅占该区总人口的 3.64%，零星分布于缅甸西北部、越南的黄连山区和苏门答腊岛西部等区域等。

（7）中国地被临界适宜地区约占沿线国家和地区临界适宜总面积的 1/5，土地面积达 $174.88×10^4km^2$，超过全国的 1/6；相应人口数量为 $64.66×10^6$ 人，仅占全国的 4.63%，主要分布在青藏高原腹地及其周边山地、昆仑山、祁连山、天山、阿尔泰山和云贵高原西部山地。需要说明的是，地被临界适宜地区亦即受地形条件和地被覆盖度的限制、勉强适合人类常年生活和居住的地区。

7.4.5 地被不适宜地区：占地超 1/4，相应人口占比不足 3%

基于地被指数的人居环境地被适宜性评价结果表明，沿线国家和地区的不适宜地区（NSA）土地面积为 1419.88×10⁴km²，约占全域的 27%；相应的人口数量为 127.38×10⁶人，不足全域的 3%。不适宜是沿线国家和地区比例最小的地被适宜性类型，在空间上呈高度集聚分布（图 7-9）。沿线国家和地区的不适宜地区主要集聚在中国的青藏高原、天山山脉、中国与南亚的尼泊尔、印度交界处的喜马拉雅山脉沿线、兴都库什山脉沿线、东南亚的毛克山脉和西亚中东与蒙俄交界处的大高加索山等地区。该区域地广人稀。

就绿色丝绸之路沿线国家和地区而言：

（1）中亚地区地被不适宜地区土地面积为 93.71×10⁴km²，占该区土地面积的 23.41%；相应人口数量为 1.54×10⁶人，仅为该区总人口的 2.23%，高度集中在塔吉克斯坦南部地区的帕米尔高原等。

（2）中东欧地区地被不适宜地区分布较少，土地面积为 2.59×10⁴km²，占该区土地面积的 1.18%；相应人口数量为 1.24×10⁶人，仅为该区总人口的 0.70%，零散分布在本区高海拔植被稀疏区域。

（3）西亚中东地区地被不适宜地区土地面积为 529.76×10⁴km²，占该区土地面积的 69.98%，在沿线国家和地区中占比 18.42%；相应人口数量为 61.76×10⁶人，占该区总人口的 14.46%，零星分布于亚洲与欧洲分界线的大高加索山区及伊朗境内的库赫鲁得山脉等区域。

（4）南亚地区地被不适宜地区土地面积达 101.65×10⁴km²，占该区土地面积的 19.76%，接近沿线国家和地区不适宜地区的 1/5；相应人口数量为 27.93×10⁶人，仅占该区总人口的 1.60%，主要集中在阿富汗境内的兴都库什山区和喜马拉雅山南麓狭长地带等。

（5）蒙俄地区地被不适宜地区土地面积为 440.02×10⁴km²，占该区土地面积的 23.58%，约占沿线国家和地区的 15.30%；相应人口数量为 2.77×10⁶人，不足该区总人口的 2%，高度集中在蒙古国等地区。

（6）东南亚地区地被不适宜地区土地面积为 10.29×10⁴km²，占该区土地面积的 2.28%；相应人口为 16.47×10⁶人，仅占该区总人口的 2.60%，高度集中分布于伊里安岛毛克山脉和加里曼丹岛伊兰山脉等地区。

（7）中国地被不适宜地区面积在沿线国家和地区不适宜地区仅次于西亚中东与蒙俄两个地区。土地面积为 258.33×10⁴km²，接近全国的 27%；相应人口数量为 17.56×10⁶人，不足全国的 2%。主要分布在藏北高原、藏东南–横断山区以及昆仑山、祁连山和天山山地局部地区。

第8章　人居环境综合评价与适宜性分区

人居环境（Human Settlements）是人类不断主动适应的自然环境，由地形、气候、水文、植被以及土地利用等自然事物综合组成（Doxiadis，1970；Jenerette et al.，2007；Esch et al.，2017）。人居环境随着社会生产力不断发展而引起人类生存方式不断变化。在其漫长的过程中，人类从被动地畏惧自然、依赖自然，到逐步利用自然甚至破坏自然，再到主动地改造自然、适应自然（封志明，2004）。因此，人居环境自然适宜性，即人居环境对人类生存和发展的自然适宜性与限制性是漫长的历史过程发展而成，其自然适宜与限制程度存在区域（国别）差异。开展人居环境综合评价与适宜性分区，对评估大尺度下的人口分布与人口发展以及区域尺度下的资源环境承载力等具有重要参考价值。

人居环境自然适宜性与限制性的影响因素复杂多样，大到地形、气候，小到河流水质与微量元素等。然而，最为根本且决定着其他自然环境因素又对人居自然环境起主导作用的自然要素主要包括地形起伏（封志明等，2020）与气候条件（McBean and Ajibade，2009）。相对地，区域水文状况、植被覆盖及其土地利用类型等，则在很大程度上受制于其地形条件与气候特征。在一定时期内，地形和气候对人居环境的自然适宜与限制程度是趋于稳定的，但随着水文与地被条件的改善，人居环境的适宜性也会趋于改善。以青藏高原为例，地质历史时期多期构造活动造就了当前的抬升地势与高寒环境，进而又决定了高原的水文与地被特征，并表现出对人类生存与发展的限制性，包括气温低且年较差小、降水稀少以及居民分布散而少等。

人居环境综合评价与适宜性分区，是在完成基于地形起伏度的地形适宜性评价与分区（封志明等，2007）、基于温湿指数的气候适宜性评价与分区（唐焰等，2008）、基于水文指数的水文适宜性评价与分区以及基于地被指数的地被适宜性评价与分区的基础上，结合全球公里格网人口密度 2015 年 LandScan 数据（Dobson et al.，2000），通过构建人居环境指数（Human Settlements Index，HSI）模型（封志明等，2008），并依据人居环境指数和地形、气候、水文、地被等单要素的自然适宜性与限制性因子类型的相关关系，依次划分人居环境不适宜地区（包括永久不适宜区与条件不适宜区）、临界适宜地区（包括限制性适宜区与适宜性适宜区）和适宜地区（包括一般适宜地区、比较适宜地区与高度适宜地区）的过程。

需要说明的是，本书涉及人居环境适宜性与限制性，尽管也涉及区域的土地利用情况，但仍是反映自然条件下的适宜性与限制性。另外，人居环境适宜性评价作为从中观到宏观层面对人类生存与发展适宜程度的评价，且其分析尺度为公里格网，因此本书中的适宜性、限制性评价及其分区结果，可能不适用于指导微观尺度下的人口规模及其空间分布等特征。

8.1　人居环境指数模型构建

　　绿色丝绸之路陆域范围广阔，北抵俄罗斯全境，南至亚洲南部（含东南亚、南亚、西亚各国），西达欧洲波罗的沿岸国家与非洲埃及，自然环境条件复杂、多样（吴绍洪等，2018）。地形复杂、地势高耸，既有喜马拉雅山、兴都库什山、乌拉尔山、大高加索山、阿尔泰山、天山等主要山脉，也有广袤的青藏高原、蒙古高原、帕米尔高原、伊朗高原、阿拉伯高原、德干高原、中西伯利亚高原等，还有东欧平原、西西伯利亚平原、恒河平原及华北平原等全球其他主要地貌类型（如内陆沙漠与盆地）。气候复杂、多样，沿线国家和地区涵盖赤道气候，干燥气候带、暖温气候带、冷温气候带与极地气候带的大多数气候类型。受地形与气候的综合影响，沿线国家和地区的水文与植被条件以及土地利用方式自东向西、自南向北存在悬殊差异，并表现出明显的地带性和非地带性特征与规律。

　　人居环境的地形、气候、水文与地被等单项评价指标，即地形起伏度、温湿指数、水文指数与地被指数，与人口分布的相关性及其对应分值区间差异极大。以地形起伏度为例，人口分布曲线呈对数函数关系。地形起伏度（RDLS）越大，相应区域人口数量就越少、人口分布就越稀疏。人口分布以地形起伏度低值区分布为主。但也有例外，如大型湖面平坦地形起伏度接近 0，却不是适宜人类长期生存与发展的区域。就温湿指数（THI）而言，随着 THI 增加，相应区域人口先增后减，人口分布呈现倒 "U" 形。温度过低或过高、湿度偏小或偏大的区域均不利于人口的长期生存与发展。水文指数（LSWAI）与地被指数（LCI），相应人口分布曲线虽不像前两者那样具有显著规律性，但对于水文指数和地被指数的极小值与极大值区域，人口分布较少，且呈稀疏分布。以温带针叶林为例，水文指数与地被指数均较高，但也不是人口主要分布区。

　　为增加各单项指标间的横向对比性，在对人居环境的地形、气候、水文与地被等单项评价指标进行一致性标准化处理的基础上，本章构建了人居环境适宜性综合评价的人居环境指数（HSI），并完成了人居环境适宜性综合评价与适宜性分区。具体地，首先是根据人居环境指数大小确定人居环境不适宜、临界适宜与适宜三大类型，然后依据单项指标适宜性和限制性因子类型与组合特征，进一步确定永久不适宜区与条件不适宜区、限制性适宜区、适宜性适宜区、一般适宜地区、比较适宜地区与高度适宜地区。绿色丝绸之路沿线国家和地区人居环境适宜性综合评价与适宜性分区的主要步骤与技术流程如图 1-3 所示。

8.1.1　地形起伏度（RDLS）标准化

　　根据沿线国家和地区的地形起伏度与地形适宜性评价结果，发现地形起伏度明显偏重低值，人口分布也表现出极为突出的趋低值特征。当 RDLS 小于等于 0.2 时，相应土地面积占比超过 37%（其中平地面积近 70%），人口累计占比约为 65%。当 RDLS 增加到 1.0 时，相应土地面积累计占比超过七成，人口累计占比跃增至 91%。当 RDLS 分别增加至 2.0 与 3.0 时，相应土地面积占比分别上升到 87% 与 92%，而其相应人口累计占比增加更为明显，分别增加至 97% 与 99%。RDLS 超过 5.0 时，其土地面积占比骤降（不及 4%），相应人口不及 0.01%；换言之，只有不到万分之一的人口分布在地形起伏度超过 5.0 的地区。

　　为了更好地反映沿线国家和地区的地形起伏度的空间特征与地域差异，需要对地形起伏度进行标准化处理。具体地，选取 5.0 作为地形起伏度的最大值（相当于平均海拔为 5000m 的特殊情况），将地形起伏度大于 5.0 的区域（栅格）统一按 5.0 进行标准化处理。RDLS 标准化公式如下：

$$RDLS_{Norm} = 100 - 100 \times (RDLS - RDLS_{min}) / (RDLS_{max} - RDLS_{min}) \quad (8-1)$$

式中，$RDLS_{Norm}$ 为地形起伏度标准化值（介于 0～100）；$RDLS$ 为地形起伏度；$RDLS_{max}$ 为地形起伏度标准化的最大值（即为 5.0）；$RDLS_{min}$ 为地形起伏度标准化的最小值（即为 0）。

　　根据式（8-1）进行计算，绿色丝绸之路沿线国家和地区的地形起伏度标准化结果及其空间分布见图 8-1（a）。

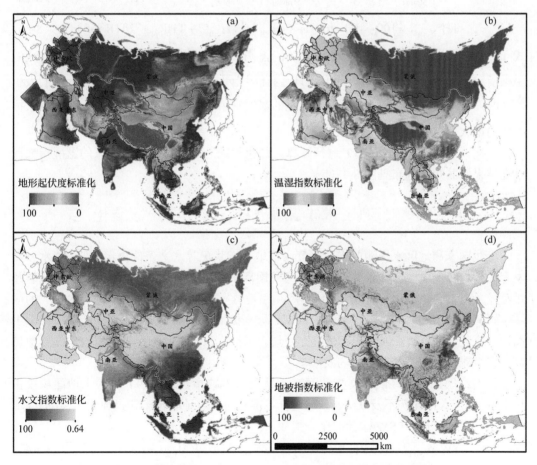

图 8-1　沿线国家和地区 1km×1km 人居环境单要素标准化结果

8.1.2 温湿指数（THI）标准化

沿线国家和地区地跨热带、亚热带、温带及极地。根据沿线国家和地区的温度与相对湿度，过热（酷暑）或过冷（严寒）、极度干燥与潮湿等都会降低自然条件下的体感舒适程度。气候适宜程度最理想的状态对应于某一特征温度与某一特征相对湿度相互作用下的结果。

在比较分析温湿指数与温度、相对湿度相互关系的基础上，对表征气候舒适程度的温湿指数进行标准化时，采取了分段处理，即先分段标准化，再拼接处理形成沿线国家和地区的温湿指数标准化结果。具体而言，将最适宜体感舒适程度对应的温湿指数（即65）赋值为100，将不适宜人类长期居住对应的温湿指数（即35与80）取值为0，即温湿指数小于35或大于80的栅格分别按特征值处理。对温湿指数小于等于65、大于65的区域（栅格），相应THI标准化公式分别为式（8-2）与式（8-3）：

$$\text{THI}_{\text{Norm1}} = 100 \times (\text{THI} - \text{THI}_{\text{min}})/(\text{THI}_{\text{opt}} - \text{THI}_{\text{min}}) \quad (\text{THI} \leqslant 65) \qquad (8\text{-}2)$$

$$\text{THI}_{\text{Norm2}} = 100 - 100 \times (\text{THI} - \text{THI}_{\text{opt}})/(\text{THI}_{\text{max}} - \text{THI}_{\text{opt}}) \quad (\text{THI} > 65) \qquad (8\text{-}3)$$

式（8-2）、式（8-3）中，$\text{THI}_{\text{Norm1}}$、$\text{THI}_{\text{Norm2}}$分别为THI小于等于65、大于65对应的温湿指数标准化值（介于0～100）；THI为温湿指数；THI_{min}为温湿指数标准化的最小值（即为35）；THI_{opt}为温湿指数标准化的最适宜值（即为65）；THI_{max}为温湿指数标准化的最大值（即为80）。

根据式（8-2）和式（8-3）进行计算，绿色丝绸之路沿线国家和地区的温湿指数标准化结果及其空间分布见图8-1（b）。

8.1.3 水文指数即地表水丰缺指数（LSWAI）标准化

沿线国家和地区水资源的丰缺程度由该地干湿状况等水文条件决定，即与降水和蒸发有关。水源是重要自然条件，人类社会发展离不开水源。无论是降水量极大（显著超过蒸发量）的赤道地区（印度尼西亚等），还是蒸发极其旺盛（显著超过降水量）的区域，如南北纬30°（如印度-巴基斯坦沙漠、波斯湾地区沙漠等）以及温带荒漠（如蒙古高原）地区，都不适宜人类长期生存与发展。另外，永久性水面尽管地表水丰缺指数偏高，亦很难支持人类长期居住与发展。

就沿线国家和地区的水文指数而言，地表水丰缺指数超过90时，土地面积仅占1.77%，相应人口比例不及0.01%。在进行标准化时，将地表水丰缺指数大于90的区域（栅格）按90处理。LSWAI标准化公式如下：

$$\text{LSWAI}_{\text{Norm}} = 100 \times (\text{LSWAI} - \text{LSWAI}_{\text{min}})/(\text{LSWAI}_{\text{max}} - \text{LSWAI}_{\text{min}}) \qquad (8\text{-}4)$$

式中，$LSWAI_{Norm}$ 为地表水丰缺指数标准化值（介于 0～100）；$LSWAI$ 为地表水丰缺指数；$LSWAI_{max}$ 为地表水丰缺指数标准化的最大值（即为 90）；$LSWAI_{min}$ 为地表水丰缺指数标准化的最小值（即为 0）。

根据式（8-4）进行计算，绿色丝绸之路沿线国家和地区的水文指数（即地表水丰缺指数）标准化结果及其空间分布见图 8-1（c）。

8.1.4　地被指数（LCI）标准化

自然植被分布与地表水热条件密切相关。区域植被条件和土地利用状况与人类长期生存与发展密切相关，是反映人居环境条件好坏的显性指标。汉字"休"能最直观地反映出人与植被的密切关系，人类生存、生活、生产都离不开植被及其分布特征。然而，这并非意味着植被覆盖程度越高的地区，人口就越多、分布就越集中。具体地，无论是植被指数极大的热带雨林（印度尼西亚等），还是植被指数极小的荒漠与沙漠，都不适宜人类长期生存与发展。

统计发现，沿线国家和地区的地被指数在 25 以下的区域土地面积占比为 84.65%，相应人口总量占比约为 41.29%。地被指数超过 90 的土地面积仅占 0.91%，相应人口总量占比约为 1%。在进行标准化时，将地被指数大于 90 的区域（栅格）按 90 取值处理。LCI 标准化公式如下：

$$LCI_{Norm} = 100 \times (LCI - LCI_{min}) / (LCI_{max} - LCI_{min}) \tag{8-5}$$

式中，LCI_{Norm} 为地被指数标准化值（介于 0～100）；LCI 为地被指数；LCI_{max} 为地被指数标准化的最大值（即为 90）；LCI_{min} 为地被指数标准化的最小值（即为 0）。

根据式（8-5）进行计算，绿色丝绸之路沿线国家和地区的地被指数标准化结果及其空间分布见图 8-1（d）。

8.1.5　人居环境指数（HSI）

在对人居环境的地形、气候、水文与地被等单项评价指标标准化处理的基础上，通过逐一评价各单要素标准化结果与 LandScan 2015 人口分布的相关性，基于地形起伏度、温湿指数、水文指数、地被指数与人口分布的相关系数再计算其权重，并构建综合反映人居环境适宜性特征的人居环境指数（HSI），以定量评价沿线国家和地区人居环境的自然适宜性与限制性。人居环境指数（HSI）计算公式为

$$HSI = \alpha \times RDLS_{Norm} + \beta \times THI_{Norm} + \gamma \times LSWAI_{Norm} + \delta \times LCI_{Norm} \tag{8-6}$$

式中，HSI 为人居环境指数；$RDLS_{Norm}$ 为标准化地形起伏度；THI_{Norm} 为标准化温湿指数；$LSWAI_{Norm}$ 为标准化水文指数（即地表水丰缺指数）；LCI_{Norm} 为标准化地被指数；α、β、γ、δ 分别为地形起伏度、温湿指数、水文指数与地被指数对应的权重。各单项指标（如标准化地形起伏度）的权重根据其与人口分布的相关性大小采用相关系数权重法

确定，相应系数如图 8-2 所示，具体权重依次为 0.2559、0.2467、0.2619 与 0.2355。HSI 取值范围为 0～100。区域 HSI 越大，人居环境适宜程度越高，限制程度越低；HSI 越小，人居环境适宜程度越低，限制程度越高。理论上，HSI 为 0 代表不适宜，100 代表高度适宜。然而，从不适宜的两个小类到临界适宜的两个小类、从一般适宜到高度适宜的阈值，HSI 取值与人口分布相适宜并非严格等间距。

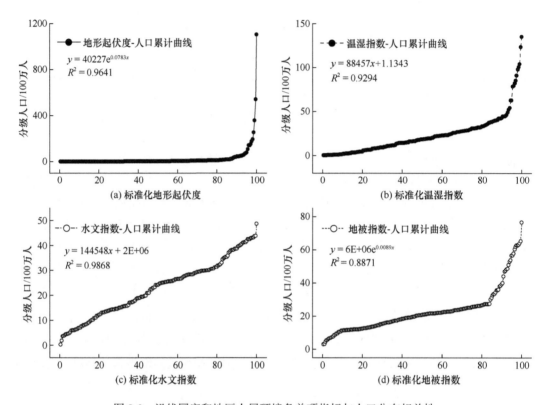

图 8-2　沿线国家和地区人居环境各单项指标与人口分布相关性

8.2　基于人居环境指数的人居环境适宜性综合评价

8.2.1　基于人居环境指数表征的自然适宜性与限制性空间特征

根据沿线国家和地区的人居环境适宜性综合评价模型，即人居环境指数模型，以公里格网为研究单元，利用人居环境的地形、气候、水文与地被等单因素适宜性指标标准化结果，基于 GIS 加权计算了全区人居环境指数（HSI）[参考式（8-6）]，相应计算结果见图 8-3。沿线国家和地区的人居环境指数最小值与最大值分别为 0 与 99.12，平均值约为 44。沿线国家和地区对应的人居环境指数特征值见表 8-1。其中，东南亚地区、中东欧地区与南亚地区人居环境指数平均值高于全区平均水平，而西亚中东地区、中国、蒙俄地区与中亚地区的人居环境指数平均值均低于全区平均水平。东南亚地区的人居环境指数平均值最大（超过 63），中亚地区的人居环境指数平均值最小（不足 40）。

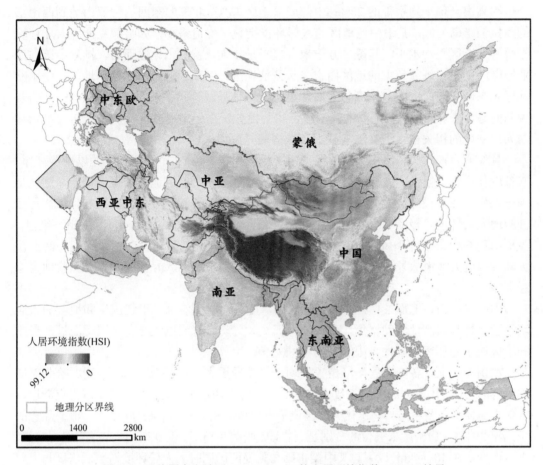

图 8-3　沿线国家和地区（1km×1km）的人居环境指数（HSI）结果

表 8-1　沿线国家和地区的人居环境指数主要特征值

地区	人居环境指数				人口密度/（人/km²）			
	最小值	最大值	平均值	标准偏差	最小值	最大值	平均值	标准偏差
中亚地区	0	80.42	39.54	9.47	0	20154	17.19	155.87
中东欧地区	10.29	88.29	56.48	7.80	0	30163	81.14	331.79
西亚中东地区	2.93	91.83	41.07	8.94	0	94412	56.44	586.36
南亚地区	0	89.57	48.13	15.50	0	169393	340.04	1329.59
蒙俄地区	0.85	86.04	40.64	7.98	0	26376	7.88	117.21
东南亚地区	5.41	94.01	63.32	8.27	0	95997	140.87	910.90
中国	0	99.12	40.48	24.66	0	127133	143.19	792.02
全区	0	99.12	43.98	15.42	0	169393	88.62	655.73

具体来看，沿线国家和地区的人居环境适宜程度东南部高，如东南亚地区的人居环境指数平均值约高出全球平均水平的 44%；西北部次之，如中东欧地区人居环境指数平均值约高出全球平均水平的 28%；中部广大地区（由东北部的东西伯利亚山地到西南部的阿拉伯半岛）低，其中中亚地区的人居环境指数平均值最小，如哈萨克斯坦人居环境指数不足全区平均水平，其每平方千米人口不足 4 人。就七个地区而言，排除中国与南亚地区两个人口规模超大的地区而言，从蒙俄地区、中亚地区、西亚中东地区、中东欧地区到东南亚地区，人口密度与人居环境指数整体呈线性相关关系（R^2 为 0.78）。需要说明的是，基于公里格网汇总的区域统计相关性分析在一定程度上掩盖了人居环境指数与人口密度的相关性（下文还将基于公里格网开展相关性分析）。

具体而言，人居环境指数低值区集中在泛第三极[①]，分布范围极广，尤以青藏高原、兴都库什山脉、帕米尔高原、天山山脉、阿尔泰至蒙古高原等地适宜程度最低。这既是地球上生态环境最脆弱地区，也是对人类生存与发展的限制程度最高的区域，堪称是亚洲腹地人居环境"极端限制区"。比较而言，人居环境指数高值区分布范围相对集中，主要出现在中国东部季风区、东南亚（印度尼西亚的巴布亚岛毛克山脉除外）、南亚次大陆（印度大沙漠除外）、中东欧平原以及部分河口三角洲（如尼罗河）、亚洲腹地大型绿洲等。

由此可推断，地形条件，即地形起伏度，在宏观层面勾画了沿线国家和地区的人居环境适宜性与限制性空间格局，而气候特征、水文条件与地被状况在区域层面进一步刻画了区域人居环境适宜性与限制性的空间差异。

在国家层面，各国人居环境指数平均水平差异更大。包括俄罗斯、中国、哈萨克斯坦在内的 21 个国家人居环境指数平均值低于全区平均水平（43.98），其中塔吉克斯坦、吉尔吉斯斯坦、蒙古国与马尔代夫四国位于末四位，相应平均值在 30 以下。值得注意的是，沿线国家人口密度末五位的分别是蒙古国、哈萨克斯坦、俄罗斯、土库曼斯坦与阿曼，人口密度均在 10 人/km² 以下。其中蒙古国与阿曼两国同时为人居环境指数低值区与人口分布低密度区。其他 44 个国家人居环境指数平均值均在全区平均水平之上，其中越南、孟加拉国、马来西亚与老挝四国居前四位，相应平均值在 65 以上。值得注意的是，全区人居环境指数平均值前十位中，除匈牙利与孟加拉国外，其他 8 个国家均为东南亚国家，分别是越南、马来西亚、老挝、柬埔寨、菲律宾、印度尼西亚、文莱与泰国。

8.2.2 人居环境指数与人口–土地分布的相关性分析

为满足沿线国家和地区的人居环境适宜性综合评价，进一步评价了人居环境指数与公里格网人口分布的相关性，以定量揭示人居环境指数与人口分布的相关程度。图 8-4 展示了沿线国家和地区人居环境指数与人口分布的相关性分布情况。散点图及多项式拟合回归分析表明，两者的相关系数高达 0.99，远高于地形起伏度、温湿指数、水文指数

[①] 泛第三极指以青藏高原为起点向西辐散，涵盖青藏高原、帕米尔高原、兴都库什、天山、伊朗高原、高加索、喀尔巴阡等山脉，面积约 2000×10⁴km²（姚檀栋等，2017）。

（地表水丰缺指数）和地被指数与人口分布的相关系数。由此可见，人居环境指数对四个单项指标综合处理的有效性。就土地面积占比而言，人居环境指数低值区（小于35）与高值区（大于80）的土地面积占比较低，且人居环境指数介于50~55的区域土地面积占比极低，而土地面积占比较大的区域人居环境指数介于55~75。

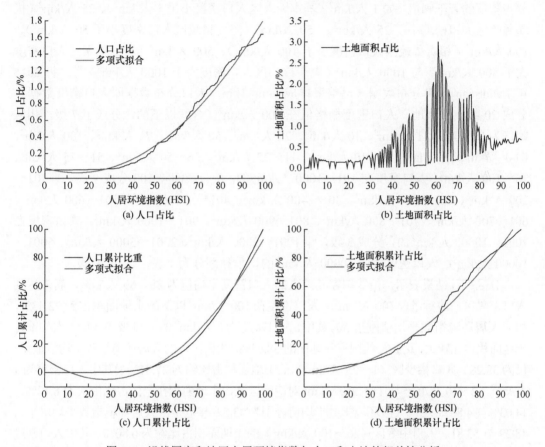

图8-4　沿线国家和地区人居环境指数与人口和土地的相关性分析

图8-4还分别展示了沿线国家和地区人居环境指数的人口与土地面积累计占比分布曲线。可知，人口分布对人居环境指数的响应极其显著，沿线国家和地区的大部分人口集中分布于人居环境指数较高的地区。人居环境指数（HSI）取值为10、20、30时，相应土地面积较快增长，占比分别为2.72%、5.19%、8.62%，相应人口数量增长却较为迟缓，占比仅为全区的0.02%、0.11%、0.34%。人居环境指数在40以下的地区，土地面积占比增加到13.95%，相应人口总量也只占到全区的1.24%；人居环境指数在50以下的地区，土地面积占比约翻了一番（25.82%），相应人口总量占比也有大幅度增加，但也只占到全区的4.38%。换言之，沿线国家和地区的土地面积超过1/4的地区仅分布了不及全区1/20的人口。相反，人居环境指数在80以上的地区只占沿线国家和地区土地面积的23.82%，相应人口数量却占到了全区的55.68%，即过半的人口居住在不到1/4

的土地上。再者，有近 30%的人口居住在约 1/10 的土地上。分析表明，沿线国家和地区的人口分布与人居环境指数具有很强的相关性。

在分析人居环境指数与人口–土地分布相关性的基础上，参照人口密度分级数与分级间隔等标准（党安荣，1990；葛美玲和封志明，2009），并结合相关能反映人口地理分布特征的若干阈值，如 1 人/km²（基本无人区人口密度小于 1 人/km²）、25 人/km²（极端稀疏区人口密度小于 25 人/km²）、50 人/km²（绝对稀疏区人口密度小于 50 人/km²）、100 人/km²（相对稀疏区人口密度小于 100 人/km²）、500 人/km²（高度集聚区人口密度大于 500 人/km²）与 1000 人/km²（集聚核心区人口密度大于 1000 人/km²）等，将 2015 年 LandScan 人口分布数据（已重采样成 1km×1km，人口分布数据即人口密度数据）分成 20 级。具体地，人口密度栅格值在 100 人/km²（含）以下的，分成了 7 级，相应阈值为 0 人/km²、1 人/km²、10 人/km²、25 人/km²、50 人/km²、75 人/km²、100 人/km²，即 0 人/km²、1 人/km²、2～10 人/km²、11～25 人/km²、26～50 人/km²、51～75 人/km²、76～100 人/km²；人口密度在 101～1000 人/km² 的，按分级间隔 100 分成 9 级，即 101～200 人/km²、201～300 人/km²、301～400 人/km²、401～500 人/km²、501～600 人/km²、601～700 人/km²、701～800 人/km²、801～900 人/km²、901～1000 人/km²；人口密度在 1001～10000 人/km² 的，分成 3 级，即 1001～2000 人/km²、2001～5000 人/km²、5001～10000 人/km²；人口密度大于 10000 人/km² 的，单独划分为 1 级，总共 20 级。

分区统计结果表明，沿线国家和地区的人口密度平均值为 88～89 人/km²，尚未达到人口密集区一般标准（>100 人/km²）。人口密度在 100 人/km² 以下的土地面积占到 92.43%，相应人居环境指数平均值刚过 50。其中，人口密度为 0 人/km² 的人口极稀区（<1 人/km²），土地面积占比较大，达到沿线国家和地区的 58.62%，相应区域的人居环境指数平均值最小，仅为 38.28。人口稀少区（1～25 人/km²）的土地面积占比约为 27.01%。其中人口密度为 1 人/km²、2～10 人/km² 与 11～25 人/km² 对应的区域，土地面积在全区占比依次为 8.13%、14.03%与 4.86%，相应人居环境指数平均值分别为 43.52（接近全区人居环境指数平均水平）、48.29 与 53.81。人口中等区（26～100 人/km²）的土地面积占比约为 6.80%。其中人口密度为 26～50 人/km²、51～75 人/km² 与 76～100 人/km² 对应区域的土地面积在全区占比依次为 3.52%、1.98%与 1.29%，相应人居环境指数平均值分别为 56.68、59.17 与 60.46。

根据上述人口密度分级，从人口密度第一级（不足 1 人/km²）到第 20 级（>10000 人/km²），从人口极稀区、人口稀少区、人口中等区到人口密集区，显示相应区域的土地面积占比急剧下降，对应区域人居环境指数平均值先快速增加（由 38 增加到 64），再波动减少，并维持在一个较高水平（50～55）。值得注意的是，无论是人口极稀区、人口稀少区，还是人口中等区、人口密集区，甚至人口密度更大的区域，所在区域人居环境指数最大值保持在 92 以上。这说明沿线国家和地区的部分区域尽管人居环境指数较高，但其现状人口密度在未来一段时期内仍有显著提升的空间。类似地，随着人口密度分级数的增加，相应区域的人居环境指数最小值也从 0 增加到 20 左右。值得一提的是，人口非密集区的人居环境指数最小值在 2 以下。

8.2.3　基于指数与因子判别的人居环境适宜性分类框架

根据人居环境自然适宜性与适宜程度、限制性与限制程度，本章将沿线国家和地区的人居环境自然适宜性与限制性划分为如下三个大类、7 个小类。

1. 人居环境不适宜地区（Non-Suitability Area，NSA）

根据地形、气候、水文、地被等限制性因子类型（即不适宜）及其组合特征，把人居环境不适宜地区再分为人居环境永久不适宜区（Permanent NSA，PNSA）和条件不适宜区（Conditional NSA，CNSA）。不适宜地区往往也是生态环境脆弱地区，应该优先保护生态。需要说明的是，人居环境不适宜地区是一个相对概念，即指人居环境不适宜人类长年生活和居住的地区。因此，本书所讲的人居环境不适宜地区与严格意义上的无人区有明显差异，前者是一个相对概念，后面是一个绝对概念。

2. 人居环境临界适宜地区（Critical Suitability Area，CSA）

根据地形、气候、水文、地被等限制性因子类型（即临界适宜）及其组合特征，把人居环境临界适宜地区再分为人居环境限制性临界区（Restrictively CSA，RCSA）与适宜性临界区（Narrowly CSA，NCSA）。限制性临界与适宜性临界分别表示人居环境不适宜地区向适宜地区的过渡类型和人居环境适宜地区向不适宜地区的过渡类型。随着科技进步，未来这部分区域通过改造利用也可能转变为适宜地区；如果环境破坏、生态退化，其也可能转变成不适宜地区。

3. 人居环境适宜地区（Suitability Area，SA）

根据地形、气候、水文、地被等适宜性因子类型（主要是高度适宜与比较适宜）及其组合特征，将人居环境适宜地区再分为一般适宜地区（Low Suitability Area，LSA）、比较适宜地区（Moderate Suitability Area，MSA）与高度适宜地区（High Suitability Area，HSA）。适宜地区特别是比较适宜地区和高度适宜地区是人类生存与发展的核心地区。而一般适宜地区在发展的同时，也要重视生态环境保护。

根据人居环境指数所表征的适宜性与限制性差异，图 8-5 给出了基于人居环境指数表征的适宜性与适宜程度、限制性与限制程度的分类框架示意图。由该图可知，人居环境指数越小，区域受到地形、气候、水文与地被等方面的限制性越突出。人类长期生活与居住受到的限制程度越强，限制程度远远超过适宜程度。反之，人居环境指数越大，区域受到地形、气候、水文与地被等方面的适宜性越明显，相应区域对人类生活与居住的适宜程度就越高，适宜程度远远超过限制程度。在本书中，人居环境不适宜、临界适宜与适宜三大类通过人居环境指数特征值变化进行划分，而 7 个小类之间主要通过限制性因子类型及其组合数量进行区分。需要说明的是，在利用人居环境指数进行人居环境自然适宜性评价时，人居环境自然适宜性与限制性三个大类、7 个小类之间的特征阈值与指数大小是动态变化的，不同区域相应的特征值会有所差别。

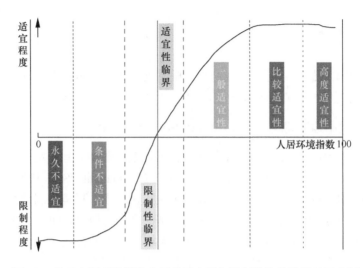

图 8-5　基于人居环境指数表征的适宜性与限制性的分类框架示意图

8.2.4　人居环境适宜性分区的分类划分标准

1. 人居环境不适宜地区

人居环境不适宜地区（NSA）是指人居环境受到地形、气候、水文、地被等自然因子强限制，不适宜人类常年生活和居住的地区。根据地形不适宜、气候不适宜、水文不适宜与地被不适宜与人居环境指数（HSI）空间叠加统计分析，显示四个单要素人居环境不适宜地区对应的人居环境指数平均值分别为10.29、34.66、34.92与34.74（表8-2）。同样地，对于人居环境单要素适宜性与限制性组合类型，从地形、气候、水文与地被四要素中至少有一个不适宜、同时有两个不适宜、同时有三个不适宜、同时有四个不适宜看，相应人居环境指数由35、33左右迅速减少到6、1左右（表8-3）。因此，本章将人居环境指数平均值35作为划分人居环境不适宜与临界适宜类型的阈值，即HSI<35对应的部分为人居环境不适宜地区。

表 8-2　沿线国家和地区人居环境单项适宜性及其人居环境指数特征值

分级类型	最小值	最大值	平均值	标准偏差
地形不适宜地区	0.00	73.79	10.29	8.43
地形临界适宜地区	0.00	83.77	19.76	14.65
地形一般适宜地区	10.36	93.76	39.93	13.49
地形比较适宜地区	20.76	98.58	45.46	11.27
地形高度适宜地区	24.52	99.12	50.94	12.33
气候不适宜地区	0.00	69.32	34.66	12.31
气候临界适宜地区	0.52	79.96	39.91	14.29
气候一般适宜地区	5.41	83.39	47.15	13.25
气候比较适宜地区	17.30	91.45	52.16	13.81

续表

分级类型	最小值	最大值	平均值	标准偏差
气候高度适宜地区	18.90	99.12	54.89	14.06
水文不适宜地区	0.00	72.79	34.92	10.20
水文临界适宜地区	1.75	74.27	32.90	15.05
水文一般适宜地区	4.66	90.27	44.55	13.10
水文比较适宜地区	7.75	87.26	43.67	12.09
水文高度适宜地区	9.02	99.12	55.51	15.51
地被不适宜地区	0.00	74.99	34.74	11.44
地被临界适宜地区	0.28	77.11	33.30	12.23
地被一般适宜地区	3.89	80.03	41.42	8.61
地被比较适宜地区	5.71	80.94	55.46	9.82
地被高度适宜地区	8.81	99.12	63.84	10.99

表 8-3　沿线国家和地区人居环境单项适宜性组合类型与人居环境指数特征值

地形、气候、水文与地被因子组合	最小值	最大值	平均值	标准偏差
至少有一个不适宜	0.00	74.99	35.28	11.09
同时有两个不适宜	0.00	51.20	33.22	12.06
同时有三个不适宜	0.00	25.85	6.40	5.90
同时有四个不适宜	0.00	2.01	1.49	0.27
至少有一个临界适宜	0.00	83.77	37.71	14.67
同时有两个临界不适宜	0.52	60.84	28.23	12.78
同时有三个临界不适宜	1.57	40.72	23.31	10.92
同时有四个临界不适宜	2.30	25.06	11.83	5.25
至少有一个一般适宜	3.89	93.76	43.81	13.21
同时有两个一般适宜	7.30	85.80	42.60	10.33
同时有三个一般适宜	15.62	77.47	41.92	8.93
同时有四个一般适宜	25.92	57.86	40.88	5.47
至少有一个比较适宜	5.71	98.58	47.14	12.65
同时有两个比较适宜	12.26	91.45	49.43	11.80
同时有三个比较适宜	30.09	81.93	54.85	9.15
同时有四个比较适宜	43.30	64.92	55.23	4.31
至少有一个高度适宜	8.81	99.12	50.72	13.07
同时有两个高度适宜	16.98	99.12	61.16	11.39
同时有三个高度适宜	41.95	99.12	70.82	9.84
同时有四个高度适宜	55.31	99.12	80.22	9.16

在自然情形下，截至目前，海拔与坡度等地形因子被认为是影响人口潜在分布的决定性因素。从实际情况看：生活在低海拔的人一般在海拔 2400m 以下感觉基本正常，没有明显反应；2400~3500m 的高海拔区域，如果有合理的海拔阶梯与足够时间，大多数人能够逐步适应低氧环境；而在 3500~5500m 的超高海拔区域，其适应能力取决于个体差异；当海拔超过 5500m，人体机能会严重下降，甚至出现不可逆的损害。没有人能在这个高度待上一年。即使是青藏高原的藏民和夏尔巴人，一般也都生活在 5500m 以下的区域。可见，尽管人类会频繁出现在地球上高海拔区域（如 5000m 以上），但是当海拔超过一定高度（区间）时，长期生活与居住则是不切实际的。因此，海拔因子（特别是高海拔）可作为界定大尺度人居环境自然限制性的重要指标。同样，非常陡峭的坡度、较大的相对高差等也会抑制人类居民点分布、工农业布局与发展等。在《城市建设用地竖向规划规范》（CJJ 83-2016）中规定，城市各类建设用地最大坡度不超过 20°，其中城市道路用地等交通用地最大坡度不超过 8°。这种受到地形这一极端地理因子（如高海拔、较高相对高差、陡坡等）刚性制约的区域，本章将其视为永久不适宜区（PNSA）。在一定时期内，永久不适宜区可视为人类常年生活和居住的禁区。

地形决定气候，气候重塑地形。相较于地形与气候两个决定性限制因子，水文与地被两个地理因子在很大程度上从属于前两个主要因子。从区域水文条件看，地形起伏特征决定水文条件，气候特征控制水文差异。就地被而言，气候特征决定植被覆盖状况与土地利用类型，地形也在一定程度上决定其土地利用类型。由此可见，气候是仅次于地形对区域人居环境起强作用的地理因子。据此，将同时受到地形以外的气候与水文、气候与地被或水文与地被双重因素限制的不适宜地区也划分为永久不适宜区。在此基础上，将人居环境不适宜地区中的其他部分列为条件不适宜区（CNSA）。相对永久不适宜区，条件不适宜区是指水和地被具有条件改进和人工建设的空间。从永久不适宜区到条件不适宜区，人居环境限制性程度逐渐减弱，适宜性程度有所增强。

人居环境永久不适宜区（PNSA）与人居环境条件不适宜区（CNSA）的人居环境指数平均值分别约为 22 与 26，其他特征值见表 8-4。

表 8-4　沿线国家和地区人居环境适宜性 7 小类与人居环境指数特征值

人居环境适宜性类型		HSI	最小值	最大值	平均值	标准偏差
永久不适宜区	PNSA	0~35	0.00	35.00	21.73	11.81
条件不适宜区	CNSA		1.57	35.00	26.22	7.94
限制性临界区	RCSA	35~51	35.00	44.00	39.20	2.37
适宜性临界区	NCSA		35.00	51.02	40.95	3.00
一般适宜地区	LSA	44~99	44.00	85.80	49.98	5.59
比较适宜地区	MSA		44.00	91.45	60.93	7.83
高度适宜地区	HSA		44.00	99.12	70.87	9.83

2. 人居环境临界适宜地区

人居环境临界适宜地区（CSA）是指受地形、气候、水文、地被等自然因子影响，人居环境处于适宜与否的过渡地区。根据地形临界适宜、气候临界适宜、水文临界适宜与地被临界适宜与人居环境指数（HSI）空间叠加统计分析，显示四个单要素人居环境临界适宜地区对应的人居环境指数平均值分别为 19.76、39.91、32.90 与 33.30（表 8-2）。由于人居环境临界适宜类型介于不适宜与适宜两种类型之间，沿线国家和地区的人居环境指数平均值约为 44（表 8-1）。同样地，从人居环境单要素适宜性与限制性组合类型看，地形、气候、水文与地被四要素中至少有一个一般适宜、同时有两个一般适宜、同时有三个一般适宜、同时有四个一般适宜对应的人居环境指数平均值分别从 44、43、42 减少到 41 左右（表 8-3）。综上，故将人居环境指数特征值 44 作为区分人居环境临界适宜与适宜类型的阈值。

人居环境限制性临界区划分标准由两部分组成：一是人居环境不适宜部分，包括地形不适宜、气候与水文同时不适宜、气候与地被同时不适宜、水文与地被同时不适宜四个部分；二是人居环境临界适宜对应的部分，包括地形临界适宜、气候与水文同时临界适宜、气候与地被同时临界适宜、水文与地被同时临界适宜四个部分。相应地，人居环境临界适宜地区中限制性临界区（RCSA）以外的部分就划归为人居环境适宜性临界区（NCSA）。人居环境适宜性临界区相对较好，限制性临界区相对较差。从限制性临界到适宜性临界，人居环境限制性程度逐渐减弱，适宜性程度逐渐增强。限制性临界区的人居环境指数平均值约为 39，而适宜性临界区的人居环境指数平均值约为 41，其他特征值见表 8-4。

3. 人居环境适宜地区

人居环境适宜地区（SA）是指基本不受地形、气候、水文、地被等自然因子限制，不同程度地适宜人类常年生活和居住的地区。根据地形适宜、气候适宜、水文适宜与地被适宜与人居环境指数（HSI）空间叠加统计分析，显示四个单要素人居环境一般适宜地区对应的人居环境指数平均值分别为 39.93、47.15、44.55 与 41.42（表 8-2）。以人居环境指数特征值 44（即四要素一般适宜对应的最大值）为区分人居环境临界适宜与适宜类型的阈值，即 HSI>44 对应的部分为人居环境适宜地区。

根据沿线国家和地区的人居环境适宜程度高低，可以进一步细分为一般适宜地区（LSA）、比较适宜地区（MSA）与高度适宜地区（HSA）三个类型。从一般适宜、比较适宜到高度适宜，人居环境适宜性程度逐渐增强，限制性程度逐渐减弱。人居环境一般适宜（LS）对应地形、气候、水文与地被综合作用下的低层次适宜程度，比较适宜（MS）对应地形、气候、水文与地被综合作用下的较高层次适宜程度，而高度适宜（HS）则对应地形、气候、水文与地被综合作用下的高层次适宜程度。从一般适宜、比较适宜到高度适宜，人居环境适宜性程度逐渐增强，限制性程度逐渐减弱。具体划分依据是，人居环境的地形、气候、水文与地被等自然因子有三个及以上高度适宜的区域即为高度适宜地区；类似地，有三个及以上比较适宜的区域即为比较适宜地区。适宜地区中扣除高度适宜、比较适宜剩余的区域，即为一般适宜地区（表 8-5）。

表 8-5　沿线国家和地区的人居环境适宜性或限制性组合类型

人居环境适宜性类型	适宜性或限制性因子数量及组合类型　（以下分别以 T、C、H 与 V 代表地形适宜性、气候适宜性、水文适宜性与地被适宜性，以 1、2、3、4 与 5 分别代表人居环境不适宜、临界适宜、一般适宜、比较适宜与高度适宜）	
高度适宜地区（HSA）	3 个高度适宜以上的地区，不含不适宜地区	1）3 个高度适宜以上的地区，简称为"555 型"，包括 T5C5H5、T5C5V5、C5H5V5 与 T5H5V5 共 4 种亚型； 2）将高度适宜地区中的单要素不适宜地区降级处理，即归入比较适宜地区
比较适宜地区（MSA）	3 个比较适宜（含高度适宜）以上的地区，不含不适宜地区	1）3 个比较适宜以上的地区，简称为"444 型"，包括 T4C4H4、T4C4V4、C4H4V4 与 T4H4V4 共 4 种亚型； 2）2 个比较适宜、1 个高度适宜的地区，简称为"445 型""454 型"或"544 型"，包括 T4C4H5、T4C5H4、T5C4H4；T4C4V5、T4C5V4、T5C4V4；C4H4V5、C4H5V4、C5H4V4；T4H4V5、T4H5V4、T5H4V4 共 12 种亚型； 3）1 个比较适宜、2 个高度适宜的地区，简称为"455 型"、"554 型"或"545 型"，包括 T4C5H5、T5C5H4、T5C4H5；T4C5V5、T5C5V4、T5C4V5；C4H5V5、C5H5V4、C5H4V5；T4H5V5、T5H5V4、T5H4V5 共 12 种亚型； 4）将比较适宜地区中的单要素不适宜地区降级处理，即归入一般适宜地区
一般适宜地区（LSA）	2 个一般适宜（含比较适宜或高度适宜）以上的地区，没有同时有两个不适宜的地区	1）2 个一般适宜以上的地区，简称为"33 型"，包括 T3C3、T3H3、T3V3、C3H3、C3V3、H3V3 共 6 种亚型； 2）1 个一般适宜、1 个比较适宜的地区，简称为"34 型"或"43 型"，包括 T4C3、T4H3、T4V3、C4H3、C4V3、H4V3、T3C4、T3H4、T3V4、C3H4、C3V4、H3V4 共 12 种亚类； 3）1 个一般适宜、1 个高度适宜的地区，简称为"35 型"或"53 型"，包括 T5C3、T5H3、T5V3、C5H3、C5V3、H5V3、T3C5、T3H5、T3V5、C3H5、C3V5、H3V5 共 12 种亚类； 4）1 个比较适宜、1 个高度适宜的地区，简称为"45 型"或"54 型"，包括 T4C5、T4H5、T4V5、C4H5、C4V5、H4V5、T5C4、T5H4、T5V4、C5H4、C5V4、H5V4 共 12 种亚类； 5）2 个比较适宜以上的地区，简称为"44 型"，包括 T4C4、T4H4、T4V4、C4H4、C4V4、H4V4 共 6 种亚型； 6）2 个高度适宜以上的地区，简称为"55 型"，包括 T5C5、T5H5、T5V5、C5H5、C5V5、H5V5 共 6 种亚型； 7）将一般适宜地区中的双要素不适宜地区降级处理，即归入适宜性临界适宜地区
适宜性临界区（NCSA）	至少有一个临界适宜地区或仅一个一般适宜的地区	1）人居环境临界适宜区中限制性临界以外的地区； 2）人居环境一般适宜地区中受双要素不适宜影响的地区
限制性临界区（RCSA）	地形临界适宜地区，以及气候、水文与地被任意两个同时为临界适宜的地区	1）包括地形临界适宜（T2）的地区、气候与水文同时临界适宜（C2H2）的地区、气候与地被同时临界适宜（C2V2）的地区以及水文与地被同时临界适宜（H2V2）的地区； 2）人居环境指数大于 35 且仍受到单要素不适宜限制的地区，包括地形不适宜（T1）的地区、气候与水文同时不适宜（C1H1）的地区、气候与地被同时不适宜（C1V1）的地区以及水文与地被同时不适宜（H1V1）的地区
条件不适宜区（CNSA）	至少有一个限制性（不适宜）的地区	人居环境不适宜地区中永久不适宜以外的地区
永久不适宜区（PNSA）	地形不适宜，以及气候、水文与地被任意两个同时为不适宜的地区	包括地形不适宜（T1）的地区、气候与水文同时不适宜（C1H1）的地区、气候与地被同时不适宜（C1V1）的地区以及水文与地被同时不适宜（H1V1）的地区

人居环境一般适宜地区（LSA）、比较适宜地区（MSA）与高度适宜地区（HSA）对应的人居环境指数平均值分别约为 50、61、71，其他特征值见表 8-4。

8.3　基于人居环境指数的人居环境适宜性综合分区

根据绿色丝绸之路沿线国家和地区的人居环境适宜性分区土地面积与人口数量计算结果，分别展示了沿线国家和地区的人居环境适宜性与适宜程度、限制性与限制程度三大类（不适宜地区、临界适宜地区、适宜地区，如图 8-6 所示）、7 小类（永久不适宜区、条件不适宜区、限制性临界区、适宜性临界区、一般适宜地区、比较适宜地区与高原适宜地区，详见图 8-7）的对应空间特征与区域差异。

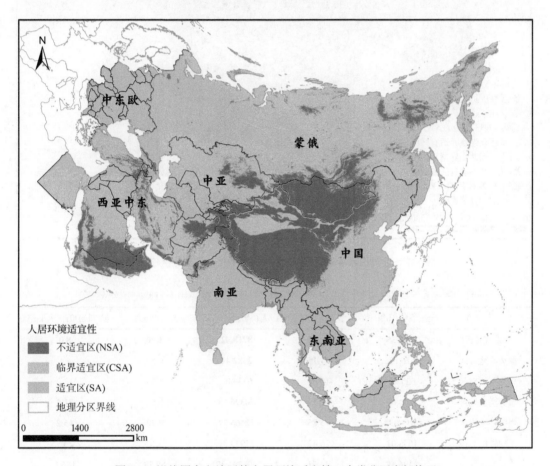

图 8-6　沿线国家和地区的人居环境适宜性三大类分区空间格局

在此基础上，分别统计了全区人居环境适宜性三个大类（表 8-6）与沿线 7 个国家和地区 7 个小类的土地面积及其占比、人口数量及其占比以及人口密度。鉴于公里格网分析造成的估算误差，本书统一用世界银行发布的各国土地与人口数据进行折算。

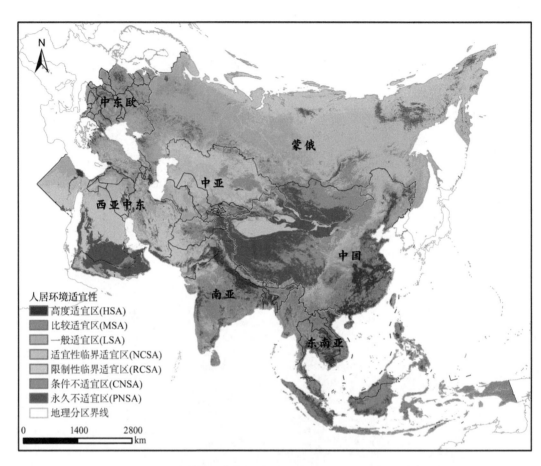

图 8-7 沿线国家和地区的人居环境适宜性七小类分区空间格局

表 8-6 基于人居环境指数的沿线国家和地区人居环境适宜性分区结果

分区大/小类	土地面积/10⁴km²	土地占比/%	人口数量/10⁴ 人	人口占比/%	人口密度/（人/km²）
不适宜地区	**1096.55**	**21.22**	**8718.42**	**1.90**	**8.0**
永久不适宜区	576.13	11.15	2382.41	0.52	4.1
条件不适宜区	520.42	10.07	6336.01	1.38	12.2
临界适宜地区	**1874.09**	**36.27**	**40396.58**	**8.82**	**21.6**
限制性临界区	819.02	15.85	12466.77	2.72	15.2
适宜性临界区	1055.07	20.42	27929.81	6.10	26.5
适宜地区	**2196.45**	**42.51**	**408791.37**	**89.28**	**186.1**
一般适宜地区	1009.74	19.54	89597.32	19.57	88.7
比较适宜地区	885.06	17.13	189543.14	41.39	214.2
高度适宜地区	301.65	5.84	129650.91	28.32	429.8
沿线国家全区	**5167.09**	**100.00**	**457906.37**	**100.00**	**88.6**

8.3.1　人居环境不适宜地区（NSA）的限制性

　　沿线国家和地区人居环境不适宜地区（NSA）的空间分布（图 8-8）表明，人居环境不适宜地区超过 $1096×10^4 km^2$，在全区占地超过 21%；相应人口约为 $8718×10^4$ 人，占比不及全区的 2%。该地区平均人口密度仅约 8 人/km^2，不及同期全区平均水平（88～89 人/km^2）的 1/10。人居环境永久不适宜区（PNSA）与条件不适宜区（CNSA）在人居环境不适宜地区中相应的土地面积之比约为 53∶47，相应人口数量之比约为 27∶73。人居环境永久不适宜区地多人少，而条件不适宜区则相对地少人多，人口主要分布在人居环境相对较好的条件不适宜区。

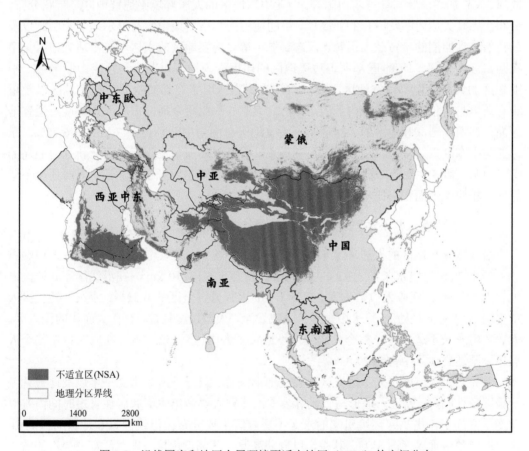

图 8-8　沿线国家和地区人居环境不适宜地区（NSA）的空间分布

　　具体地，中国、蒙俄地区与西亚中东地区的人居环境不适宜地区面积在沿线国家和地区的人居环境不适宜地区总面积中占到 85.75%，三者分别占 38.11%、29.59% 与 18.05%。在空间上，人居环境不适宜地区在这三个地区中集中分布在三大区域，分别是青藏高原及其以西高山地区（包括天山与兴都库什山脉等）、蒙古高原及其周边高山地区（由西向东主要有阿尔泰山、西/东萨彦岭、雅布洛诺夫山与大兴安岭等）、阿拉伯半岛南部地区（集中分布在鲁卜哈利沙漠）。在青藏高原及其以西高山地区、蒙古高原及其周边高山地区两大人居环境不适宜地区的过渡地带，即巴丹吉林沙漠、腾格里沙漠、毛乌素沙漠也属于不适宜地区，从而形成了沿线国家和地区人居环境不适宜地区的核心区。这里深居亚洲内陆腹地，其东部边缘距渤海最近处约 500km，最远处接近 2000km。南部边缘距离孟加拉湾超过 600km，北部边缘距北冰洋 1400～2400km，西部边缘则更远，距大西洋则超过 3000km。

除此之外，人居环境不适宜地区在其他区域的分布则相对零散。在俄罗斯远东地区的上扬斯克山脉、切尔斯基山脉、科雷马山脉、楚科奇山原、科里亚克山原以及堪察加半岛的中部山脉呈带状分布。在俄罗斯境内的分布地区还有中西伯利亚高原的普托拉纳高原、大高加索山脉与乌拉尔山脉等。西亚中东地区的人居环境不适宜地区呈带状分布，分布在土耳其境内的安纳托利亚高原、伊朗境内的扎格罗斯山脉与厄尔布尔士山脉以及阿拉伯半岛西侧的希贾兹山山脉（汉志山脉）等。南亚地区的人居环境不适宜地区集中在阿富汗中东部、印度-巴基斯坦边境地区的印度沙漠地区以及喜马拉雅山脉南坡。中亚地区的人居环境不适宜地区主要分布在哈萨克斯坦东北部的哈萨克丘陵地区以及塔吉克斯坦与吉尔吉斯斯坦境内的天山余脉。南亚与中亚两个地区中的人居环境不适宜地区面积在沿线国家和地区的人居环境不适宜地区总面积中分别占到 7.11% 与 6.72%。东南亚与中东欧人居环境不适宜地区面积较少，前者主要分布在印度尼西亚新几内亚岛的毛克山脉，后者主要分布在巴尔干半岛的丘陵山地与喀尔巴阡山山脉等，人居环境不适宜地区相应土地面积占比不足 0.50%。

1. 人居环境永久不适宜区：占地约 11%，人口占比约 5‰

沿线国家和地区的人居环境永久不适宜区（PNSA）占地约为 11%，相应人口约占5‰。全区人居环境永久不适宜区的土地面积约为 $576.13 \times 10^4 km^2$，在沿线国家和地区占地约为 11.15%；相应人口数量为 2382.41×10^4 人，只占全区的 0.52%。永久不适宜区人口平均密度约为 4 人/km^2，大多数地区人迹罕至，人口极度稀疏，存在大面积的无人区。人居环境永久不适宜区在整个人居环境不适宜区占比达到 52.54%，相应人口在整个人居环境不适宜地区中占到 27.33%。

首先，人居环境永久不适宜区主要受地形高耸、气候严寒、水文干旱以及地被荒芜等极端条件制约，表现为地形与气候等多重不适宜人类常年生活和居住且短时间内难以改变。空间上，由高寒环境引起的永久不适宜区主要分布在沿线国家和地区的极高山/高原以及蒙俄地区（图 8-9）。其中，以青藏高原及其邻近山区（即"泛第三极"的核心区域）尤为突出；另外，蒙古国南部的戈壁荒漠地区（向西延伸至阿尔泰山脉等）、俄罗斯的东部西伯利亚山地（如上扬斯克山脉）也有大规模分布。由干旱与荒漠引起的永久不适宜区主要分布在西亚中东阿拉伯半岛南部的鲁卜哈利沙漠地区与西部狭长的阿拉伯高原地区，其中以阿拉伯半岛南部最为突出，涉及沙特阿拉伯、阿曼、阿联酋以及也门等国。

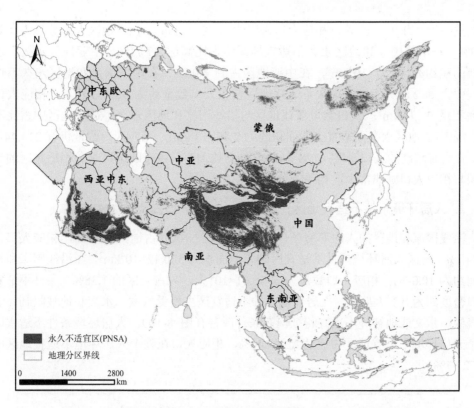

图 8-9　沿线国家和地区人居环境永久不适宜区（PNSA）的空间分布

就中国及其他 6 个地区而言，中国人居环境永久不适宜区的土地面积最大，为 248.07×10⁴km²。这一类型既在中国人居环境适宜性 7 个类型中占比最大（25.63%），在沿线国家和地区永久不适宜地区中占比也是最大的（43.06%）。相应人口仅有 281.09×10⁴人，占中国总人口的 0.21%，在沿线国家和地区永久不适宜地区中占到 11.80%。集中连片分布在中国广大西部，其中以青藏高原、新疆天山山脉以及内蒙古西部地区最为明显，其人口密度平均水平约为 1 人/km²，大多荒无人烟。

其次，人居环境永久不适宜区在西亚中东地区与蒙俄地区也有相当规模，土地面积分别为 141.40×10⁴km² 与 124.57×10⁴km²，在西亚中东地区与蒙俄地区分别占到 19.52%与 6.61%，在沿线国家和地区永久不适宜区中占比分别为 24.54%与 21.62%。尽管两个地区永久不适宜区的土地面积规模相当，但其人口承载规模差别很大。在西亚中东地区，永久不适宜区人口数量达到 1315.73×10⁴ 人，相应人口密度约为 9 人/km²；在该地区人口数量占比约为 3.25%，在沿线国家和地区永久不适宜区中占比高达 55.23%，占比最大。在蒙俄地区，永久不适宜区人口规模仅为 43.26×10⁴ 人，相应人口密度不足 1 人/km²；在该地区人口数量占比约为 0.43%，在沿线国家和地区永久不适宜地区中占比为 1.81%。

最后，南亚地区永久不适宜区的土地面积约为 42.91×10⁴km²，在南亚地区占到 8.46%，在沿线国家和地区永久不适宜地区中占到 7.45%。该区永久不适宜地区相应人口数量约为 421.95×10⁴ 人，相应人口密度约为 10 人/km²；在该地区人口数量占比约为 0.23%，在沿线国家和地区永久不适宜地区中占比高达 17.71%。中亚地区永久不适宜土地面积约为 16.57×10⁴km²，在中亚地区占到 4.06%，在沿线国家和地区永久不适宜地区中占到 2.88%。该区永久不适宜地区相应人口数量约为 5.84×10⁴ 人，相应人口密度远不足 1 人/km²；人口数量在该地区与沿线国家和地区永久不适宜地区中占比不足 1%。东南亚地区永久不适宜土地面积约为 2.46×10⁴km²，相应人口数量仍有 314.44×10⁴ 人，且具有较高的人口密度（128 人/km²）。对比而言，中东欧地区永久不适宜区的土地面积与相应人口则非常少，相差十分悬殊。

2. 人居环境条件不适宜地区：占地约 1/10，人口占比约 1%

沿线国家和地区的人居环境条件不适宜区（CNSA）占地约为 1/10，相应人口占比约为 1%。全区人居环境条件不适宜区的土地面积为 520.42×10⁴km²，在沿线国家和地区占地约为 10.07%；相应人口数量为 6336.01×10⁴ 人，只占全区的 1.38%。条件不适宜区人口密度约为 12 人/km²。人居环境条件不适宜区主要受气候、水文和地被限制，表现为气候、水文或地被等不适宜特征但有条件改善（图 8-10）。人居环境条件不适宜区在整个人居环境不适宜地区占比达到 47.46%，相应人口在整个人居环境不适宜地区中占到 72.67%。

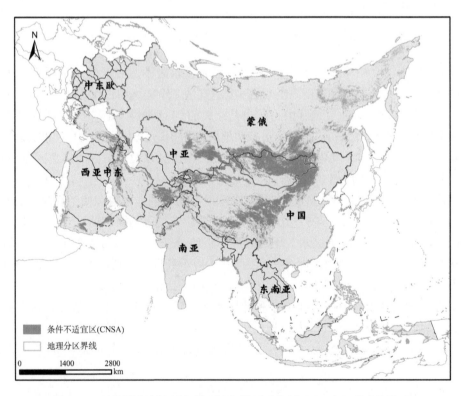

图 8-10　沿线国家和地区人居环境条件不适宜区（CNSA）的空间分布

首先，人居环境条件不适宜区主要是指人居环境不适宜地区受地形高耸、气候严寒、干旱以及地被荒芜等极端条件制约以外的区域。在空间上，由气候单因子（即高寒）引起的条件不适宜区主要分布在蒙俄地区的蒙古国与俄罗斯远东地区。具体地，在蒙古国主要分布在南部戈壁区以北的西北部高山区、北部山地高原区、东部平原区。在俄罗斯多分布在东部西伯利亚山区永久不适宜区的周围地区以及西伯利亚与蒙古国接壤地区。由干旱或荒漠单因子引起的条件不适宜区主要分布在西亚中东地区的伊朗高原（尤其是扎格罗斯山脉）、南亚地区西北部（兴都库什山区）与中亚地区东部（如哈萨克丘陵）等。

就中国及其他 6 个地区而言，人居环境条件不适宜区土地面积在蒙俄地区与中国大致相当，分别为 $199.89\times10^4km^2$ 与 $169.83\times10^4km^2$，在蒙俄地区与中国分别占到 10.60% 与 17.55%，在沿线国家和地区条件不适宜区中占比分别为 38.41% 与 32.63%。尽管两个地区条件不适宜区的土地面积规模大致相当，但其人口承载规模差别很大。在蒙俄地区，条件不适宜区人口数量约为 487.01×10^4 人，相应人口密度不到 3 人/km^2；在该地区人口数量占比约为 4.87%，在沿线国家和地区条件不适宜区中占比约为 7.69%。在中国，条件不适宜区人口规模约为 2037.89×10^4 人，相应人口密度约为 12 人/km^2；在该地区人口数量占比约为 1.49%，在沿线国家和地区条件不适宜区中占比高达 32.16%。空间上，主要集中在中国大兴安岭、黄土高原与青藏高原东部地区。

其次，人居环境条件不适宜区土地面积在中亚与西亚中东地区大致相当，分别为 $57.17\times10^4km^2$ 与 $56.53\times10^4km^2$，在中亚与西亚中东地区分别占到 13.99% 与 7.80%，在沿线国家和地区条件不适宜区中占比分别为 10.99% 与 10.86%。尽管两个地区条件不适宜土地面积规模大致相当，但其人口承载规模差别很大。在中亚地区，条件不适宜区人口数量仅为 147.34×10^4 人，相应人口密度不及 3 人/km^2；在该地区人口数量占比约为 2.57%，在沿线国家和地区条件不适宜区中占比约为 2.33%。空间上，主要分布在哈萨克斯坦东北部、塔吉克斯坦与吉尔吉斯斯坦等地。在西亚中东地区，条件不适宜区人口规模约为 1987.08×10^4 人，相应人口密度约为 35 人/km^2；在该地区人口数量占比约为 4.90%，在沿线国家和地区条件不适宜区中占比高达 31.36%。空间上，主要集中在扎格罗斯山脉与厄尔布尔士山脉等山区。

最后，南亚人居环境条件不适宜地区土地面积为 $35.05\times10^4km^2$，在南亚地区所占比重为 6.91%，在沿线国家和地区条件不适宜区中占到 6.74%。相应人口数量为 1482.56×10^4 人，人口密度约为 42 人/km^2。人口数量在南亚地区占比仅为 0.82%，在沿线国家和地区条件不适宜区人口数量中占到 23.40%。东南亚与中东欧人居环境条件不适宜区土地面积分别为 $1.00\times10^4km^2$ 与 $0.95\times10^4km^2$，相应土地面积在两个地区及其在沿线国家和地区条件不适宜区面积中占比均不及 5‰。空间上仅分布在东南亚巴布亚岛的中央山脉以及中东欧的阿尔卑斯山地。就东南亚与中东欧两地区而言，人居环境条件不适宜区土地面积大致相当，但两个地区的人口数量差异悬殊。东南亚条件不适宜区人口数量达 191.58×10^4 人，但中东欧条件不适宜区人口数量仅为 2.54×10^4 人，相应人口密度分别约为 191 人/km^2 与 3 人/km^2，差距悬殊。

基于人居环境指数的绿色丝绸之路沿线国家和地区的人居环境不适宜评价结果见表 8-7。

表 8-7　基于人居环境指数的沿线国家和地区人居环境不适宜评价结果

人居环境适宜性分区评价		不适宜地区	永久不适宜区	条件不适宜区	代表性区域
中亚地区 （CA）	面积/10⁴km²	73.74	16.57	57.17	哈萨克斯坦、塔吉克斯坦、吉尔吉斯斯坦等
	面积比例/%	6.72	2.88	10.99	
	人口数量/10⁴ 人	153.18	5.84	147.34	
	人口数量比例/%	1.76	0.24	2.33	
中东欧地区 （CCE）	面积/10⁴km²	1.09	0.14	0.95	阿尔卑斯山区等
	面积比例/%	0.10	0.02	0.18	
	人口数量/10⁴ 人	2.65	0.10	2.54	
	人口数量比例/%	0.03	0.01	0.04	
中国	面积/10⁴km²	417.90	248.07	169.83	西藏、青海及新疆天山山脉地区等
	面积比例/%	38.11	43.06	32.63	
	人口数量/10⁴ 人	2318.98	281.09	2037.89	
	人口数量比例/%	26.60	11.80	32.16	
蒙俄地区 （MR）	面积/10⁴km²	324.46	124.57	199.89	蒙古国、俄罗斯远东地区
	面积比例/%	29.59	21.62	38.41	
	人口数量/10⁴ 人	530.27	43.26	487.01	
	人口数量比例/%	6.08	1.81	7.69	
南亚地区 （SA）	面积/10⁴km²	77.96	42.91	35.05	阿富汗、印度西北部、巴基斯坦、尼泊尔、不丹等
	面积比例/%	7.11	7.45	6.74	
	人口数量/10⁴ 人	1904.51	421.95	1482.56	
	人口数量比例/%	21.85	17.71	23.40	
东南亚地区 （SEA）	面积/10⁴km²	3.47	2.46	1.00	印度尼西亚巴布亚岛中央山脉等
	面积比例/%	0.32	0.43	0.19	
	人口数量/10⁴ 人	506.02	314.44	191.58	
	人口数量比例/%	5.80	13.20	3.02	
西亚中东地区 （WA&ME）	面积/10⁴km²	197.93	141.40	56.53	阿拉伯半岛南部、伊朗高原等
	面积比例/%	18.05	24.54	10.86	
	人口数量/10⁴ 人	3302.81	1315.73	1987.08	
	人口数量比例/%	37.88	55.23	31.36	
沿线国家和地区	面积/10⁴km²	1096.55	576.13	520.42	中国、蒙古国、阿拉伯半岛及俄罗斯远东地区等
	面积比例/%	21.22	11.15	10.07	
	人口数量/10⁴ 人	8718.42	2382.41	6336.01	
	人口数量比例/%	1.90	0.52	1.38	

8.3.2　人居环境临界适宜地区（CSA）的适宜性与限制性

沿线国家和地区人居环境临界适宜地区的空间分布（图 8-11）表明，人居环境临界适宜地区超过 $1874 \times 10^4 km^2$，在全区占地超过 36%；相应人口超过 4.0×10^8 人，占比接近 9%。临界适宜地区人口密度约为 21 人/km^2，约为全区平均水平的 1/4。其中，人居环境限制性临界地区（RCSA）与适宜性临界地区（NCSA）在人居环境临界适宜地区中相应的土地面积之比约为 44：56，相应人口数量之比约为 31：69。人居环境临界适宜性两种类型尽管土地面积大致相当，但前者地区相应人口数量不及后者的一半，人口主要分布在相对较好的人居环境适宜性临界地区。

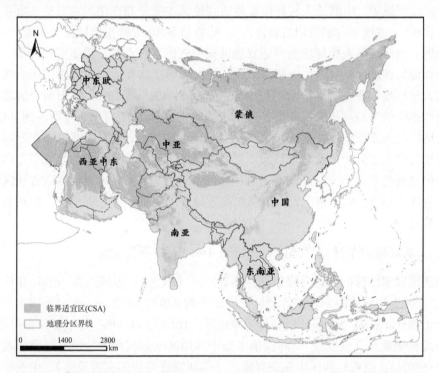

图 8-11　绿色丝绸之路沿线国家和地区人居环境临界适宜区（CSA）的空间分布

具体地，蒙俄、西亚中东与中亚三个地区中的人居环境临界适宜地区面积在沿线国家和地区的人居环境临界适宜地区总面积中占到 85.60%，三者分别占 51.64%、20.34%与 13.62%。在空间上，人居环境临界适宜地区在前述三个地区中集中分布在四大区域，分别是西西伯利亚平原以东的广大远东地区（如中西伯利亚高原以及除该区域不适宜地区以外的广大区域）、阿拉伯半岛北部地区（由北向南分别是内夫得沙漠、代赫纳沙漠，以及西侧的阿拉伯高原）、埃及南部沙漠[包括撒哈拉沙漠东部与东部沙漠（阿拉伯沙漠）]，以及中亚中北部地区（集中分布在哈萨克斯坦、乌兹别克斯坦与土库曼斯坦等国境内）。总体而言，人居环境临界适宜地区在绿色丝绸之路沿线中部地区，主要分布在近东地区的非洲东北部、西亚中东地区、中亚地区，以及远东的俄罗斯东部。这里介于绿色丝绸之路沿线极高山、高原与丘陵、平原的中间地带，范围广阔。值得注意的是，人居环境临界适宜地区多分布在人居环境不适宜地区以北及其以西地区。例如，俄罗斯远东地区的人居环境临界适宜地区位于蒙古高原人居环境不适宜地区以北，中亚地区的人居环境临界适宜地区位于青藏高原人居环境不适宜地区以北。类似地，阿拉伯半岛的人居环境适宜地区同样位于其不适宜地区以北。这也印证了高海拔对应的高寒以及极干极荒是决定人居环境不适宜地区的主要因素，而高纬的严寒、较高海拔、较干较荒等自然条件是形成人居环境临界适宜地区的主要因素。

除此之外，人居环境临界适宜地区在其他区域的分布则相对零散。在西亚中东地区，人居环境临界适宜地区呈带状分布，分布在阿拉伯半岛西侧的阿拉伯高原以及半岛南部边缘、伊朗高原等。中国的人居环境临界适宜地区主要分布在塔里木盆地（塔克拉玛干沙漠）、准噶尔盆地（古尔班通古特沙漠）、吐鲁番盆地–哈密盆地以及大兴安岭–太行山以西等地。南亚地区人居环境临界适宜地区集中在阿富汗西部、巴基斯坦西部，以及印度德干高原局部地区。中国与南亚两个地区的人居环境临界适宜地区面积在沿线国家和地区的人居环境临界适宜地区总面积中分别占到 8.08% 与 5.80%；然而两个区域临界适宜性类型相应的人口规模存在明显差异，中国约占 16%，而南亚地区则占到 44.19%。中东欧地区与东南亚地区人居环境临界适宜地区面积较少，前者主要分布在巴尔干半岛丘陵山地与喀尔巴阡山山脉人居环境不适宜地区的邻近区域，后者主要分布在印度尼西亚新几内亚岛毛克山脉人居环境不适宜地区的邻近区域，人居环境临界适宜地区相应土地面积占比不足 0.50%，相应人口规模东南亚地区明显多于中东欧地区，但前者人口占比仍不超过 5%。

1. 人居环境限制性临界地区：占地近 1/6，人口不及 3%

沿线国家和地区的人居环境限制性临界地区（RCSA）占地约为 16%，相应人口不及 3%。全区人居环境限制性临界地区土地面积为 819.02×10⁴km²，在沿线国家和地区占地约为 15.85%，在整个人居环境临界适宜地区占比约为 43.70%。其主要分布在北纬 60° 以北的北极圈地区（俄罗斯）、阿拉伯半岛中部地区（如代赫纳沙漠）以及埃及东南部（20°N～30°N）、南亚与西亚中东交界地区（即阿富汗与伊朗交界地区）、中亚哈萨克斯坦（北部丘陵地区）与乌兹别克斯坦以及中国塔里木盆地与 400mm 等降水量线东西两侧等（图 8-12）。绿色丝绸之路限制性临界地区人口数量约为 $1.25×10^8$ 人，在沿线国家和地区占比约为 2.72%，在整个限制性临界地区占比约为 30.86%。人居环境限制性临界地区人口密度约为 15 人/km²，大多数地区人烟稀少。

就中国及其他 6 个地区而言，首先，蒙俄地区（尤其是俄罗斯北极圈地区）人居环境限制性临界地区土地面积最大，为 334.52×10⁴km²，在沿线国家和地区限制性临界地区中占到 40.85%，在蒙俄地区约占到 17.74%。相应人口约为 537.12×10⁴ 人，占蒙俄地区总人口的 5.38%，在沿线国家和地区限制性临界地区中占到 4.31%。人口密度不足 2 人/km²，地广人稀。

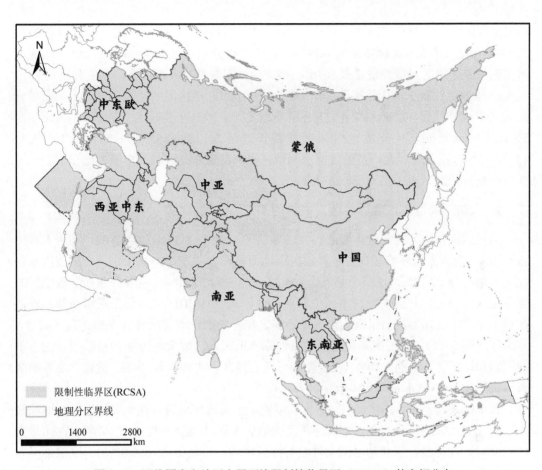

图 8-12　沿线国家和地区人居环境限制性临界区（RCSA）的空间分布

其次，西亚中东地区限制性临界地区土地面积居第二位，达到 226.81×10⁴km²。这一类型在西亚中东境内人居环境适宜性 7 个类型中占比最大（31.31%），在沿线国家和地区限制性临界地区中占到 27.69%。西亚中东地区限制性临界地区人口数量为 3977.22×10⁴ 人，在西亚中东地区总人口中占比为 9.82%，在沿线国家和地区限制性临界地区中约占 31.90%。人口密度不足 18 人/km²。

再次，中亚地区限制性临界地区土地面积居第三位，约为 114.57×10⁴km²。这一类型在中亚地区人居环境适宜性 7 个类型中占比约为 28.04%，在沿线国家和地区限制性临界地区中约占 13.99%。中亚地区限制性临界地区人口数量为 431.35×10⁴ 人，在中亚地区总人口中占比为 7.51%，在沿线国家和地区限制性临界地区中约占 3.46%。人口密度约为 4 人/km²。

最后，中国与南亚地区限制性临界地区土地面积在 100×10⁴km² 以内，其对应土地面积与相应人口差异较大，分别为 83.25×10⁴km² 与 57.05×10⁴km²。这一类型在中国与南亚地区人居环境适宜性 7 个类型中占比分别为 8.60% 与 11.24%，在沿线国家和地区限制性临界地区中占比分别为 10.16% 与 6.97%。中国与南亚地区限制性临界地区人口数量为

1432.87×10^4 人与 5894.77×10^4 人，在中国与南亚地区总人口中占比分别为 1.05%与 3.26%，在沿线国家和地区限制性临界地区总人口中分别占到 11.49%与 47.28%。南亚地区限制性临界地区人口数量最多。中国与南亚地区限制性临界地区人口密度分别约为 17 人/km^2 与 103 人/km^2。相比之下，东南亚地区与中东欧地区限制性临界地区土地面积分别为 2.07×10^{4}km^2 与 0.74×10^{4}km^2，在各区及沿线国家和地区限制性临界地区中占比均在 1%以下。东南亚与中东欧地区限制性临界地区人口数量分别为 177.65×10^4 人与 15.78×10^4 人，在各区总人口及沿线国家和地区限制性临界地区总人口中占比在 1%上下。人口密度分别约为 86 人/km^2 与 21 人/km^2。

2. 人居环境适宜性临界地区：占地约 1/5，人口占比约 6%

沿线国家和地区的人居环境适宜性临界地区（NCSA）占地约为 20%，相应人口约占到 6%。全区人居环境适宜性临界地区土地面积约为 1055.07×10^{4}km^2，在沿线国家和地区占地约为 20.42%，在整个临界适宜地区占比约为 56.30%。主要分布在蒙俄地区的远东地区（中西伯利亚高原与东西伯利亚山地等）、中亚地区（哈萨克斯坦南部）以及西亚中东地区（如阿拉伯半岛的内夫德沙漠、埃及中部沙漠与土耳其安那托利亚高原）等地区（图 8-13）。沿线国家和地区适宜性临界地区人口数量约为 2.79×10^8 人，约占沿线国家和地区总人口的 6.10%，在整个临界适宜地区占比约为 69.14%。适宜性临界地区人口密度约为 27 人/km^2，大多数地区人口较少。

就中国及其他 6 个地区而言，首先，蒙俄地区人居环境适宜性临界地区土地面积最大，为 633.32×10^{4}km^2，这一类型既在蒙俄地区人居环境适宜性 7 个类型中占比最大（33.59%），在沿线国家和地区适宜性临界地区中占比也是最大（60.03%）。蒙俄地区人居环境适宜性临界地区相应人口约为 2339.93×10^4 人，占蒙俄地区总人口的 23.42%，在沿线国家和地区适宜性临界地区中占到 8.38%。人口密度约为 4 人/km^2，地广人稀。

其次，人居环境适宜性临界地区土地面积在西亚中东地区与中亚地区大致相当，分别为 154.41×10^{4}km^2 与 140.62×10^{4}km^2，在西亚中东地区与中亚地区分别占到 21.31%与 34.42%，其中适宜性临界类型是中亚五国人居环境适宜性 7 小类面积最大的一种。在沿线国家和地区适宜性临界地区中占比分别为 14.63%与 13.33%。尽管两个地区适宜性临界土地面积规模大致相当，但其人口承载规模差别很大。在西亚中东地区，适宜性临界地区人口数量约为 6087.10×10^4 人，相应人口密度约为 39 人/km^2；在该地区人口数量占比约为 15.02%，在沿线国家和地区适宜性临界地区中占比约为 21.79%。在中亚地区，适宜性临界地区人口数量约为 630.59×10^4 人，相应人口密度约为 5 人/km^2；在该地区人口数量占比约为 10.98%，在沿线国家和地区适宜性临界地区中占比约为 2.26%。

再次，人居环境适宜性临界地区土地面积在中国与南亚地区也大致相当，分别为 68.13×10^{4}km^2 与 51.72×10^{4}km^2，在中国与南亚地区分别占到 7.04%与 10.19%，其中适宜性临界类型是中国人居环境适宜性 7 小类面积最小的一种。在沿线国家和地区适宜性

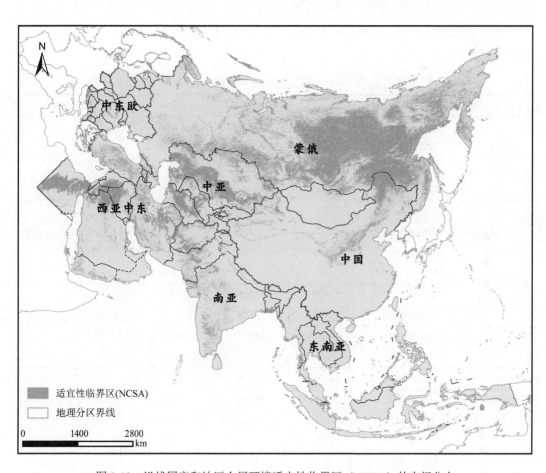

图 8-13　沿线国家和地区人居环境适宜性临界区（NCSA）的空间分布

临界地区中占比分别为 6.46%与 4.90%。尽管两个地区适宜性临界土地面积规模大致相当，但其人口承载规模差别很大。在中国地区，适宜性临界地区人口数量约为5032.70×10^{4}人，相应人口密度约为 74 人/km^2；在该地区人口数量占比约为 3.69%，在沿线国家和地区适宜性临界地区中占比约为 18.02%。在南亚地区，适宜性临界地区人口数量约为 1.20×10^{8}人，相应人口密度约为 231 人/km^2；在该地区人口数量占比约为6.62%，在沿线国家和地区适宜性临界地区中占比约为 42.81%，占比最大。

　　最后，人居环境适宜性临界地区土地面积在中东欧与东南亚地区也大致相当，分别为 5.72×10^{4}km^2 与 1.14×10^{4}km^2，在中东欧与东南亚以及沿线国家和地区适宜性临界地区中占比为 1%左右。尽管两个地区适宜性适宜土地面积规模较小，但其人口承载规模差别很大。在中东欧地区，适宜性临界地区人口数量约为 111.29×10^{4}人，相应人口密度约为 19 人/km^2；在该地区人口数量与在沿线国家和地区适宜性临界地区总人口中占比不及 1%。在东南亚地区，适宜性临界地区人口数量约为 1770.18×10^{4}人，相应人口密度约为 1552 人/km^2；在该地区人口数量与在沿线国家和地区适宜性临界地区总人口中占比分别约为 1%与 6%。

基于人居环境指数的绿色丝绸之路沿线 7 个国家和地区人居环境临界适宜评价结果见表 8-8。

表 8-8　基于人居环境指数的沿线国家和地区人居环境临界适宜评价结果

人居环境适宜性分区评价		总量	限制性临界区	适宜性临界区	代表性区域
中亚地区 （CA）	面积/10⁴km²	255.20	114.57	140.62	哈萨克斯坦、乌兹别克斯坦、土库曼斯坦等
	面积比例/%	13.62	13.99	13.33	
	人口数量/10⁴人	1061.94	431.35	630.59	
	人口数量比例/%	2.63	3.46	2.26	
中东欧地区 （CCE）	面积/10⁴km²	6.46	0.74	5.72	阿尔卑斯山脉与喀尔巴阡山脉等
	面积比例/%	0.35	0.09	6.54	
	人口数量/10⁴人	127.08	15.78	111.29	
	人口数量比例/%	0.32	0.13	0.40	
中国	面积/10⁴km²	151.38	83.25	68.13	新疆大部、内蒙古、甘肃、宁夏等
	面积比例/%	8.08	10.16	6.46	
	人口数量/10⁴人	6465.57	1432.87	5032.70	
	人口数量比例/%	16.01	11.49	18.02	
蒙俄地区 （MR）	面积/10⁴km²	967.85	334.52	633.32	俄罗斯西伯利亚与远东联邦管区、蒙古国北部等
	面积比例/%	51.64	40.85	60.03	
	人口数量/10⁴人	2877.05	537.12	2339.93	
	人口数量比例/%	7.12	4.31	8.38	
南亚地区 （SA）	面积/10⁴km²	108.77	57.05	51.72	阿富汗、印度、巴基斯坦、尼泊尔、不丹等
	面积比例/%	5.80	6.97	4.90	
	人口数量/10⁴人	17852.79	5894.77	11958.01	
	人口数量比例/%	44.19	47.28	42.81	
东南亚地区 （SEA）	面积/10⁴km²	3.21	2.07	1.14	印度尼西亚巴布亚岛（毛克山）
	面积比例/%	0.17	0.25	0.11	
	人口数量/10⁴人	1947.83	177.65	1770.18	
	人口数量比例/%	4.82	1.43	6.34	
西亚中东地区 （WA&ME）	面积/10⁴km²	381.22	226.81	154.41	沙特阿拉伯、也门、阿曼、阿联酋等国
	面积比例/%	20.34	27.69	14.63	
	人口数量/10⁴人	10064.33	3977.22	6087.10	
	人口数量比例/%	24.91	31.90	21.79	
沿线国家和地区	面积/10⁴km²	1874.09	819.02	1055.07	俄罗斯、阿拉伯半岛、哈萨克斯坦、中国等
	面积比例/%	36.27	15.85	20.42	
	人口数量/10⁴人	40396.58	12466.77	27929.81	
	人口数量比例/%	8.82	2.72	6.10	

8.3.3　人居环境适宜地区（SA）的适宜性

　　沿线国家和地区人居环境适宜地区的空间分布（图 8-14）表明，人居环境适宜地区约 $2196×10^4km^2$，在全区占地约为 43%；相应人口接近 $41×10^8$ 人，占比接近九成。对应人口密度约为 186 人/km^2，远远超出沿线国家和地区人口密度的平均水平（88～89 人/km^2）。人居环境一般适宜地区、比较适宜地区与高度适宜地区土地面积之比约为 46：40：14，相应人口之比约为 22：46：32。比较而言，从一般适宜、比较适宜到高度适宜，土地面积总体减少，而相应人口数量总体增加，人口由一般向高度适宜地区聚集。

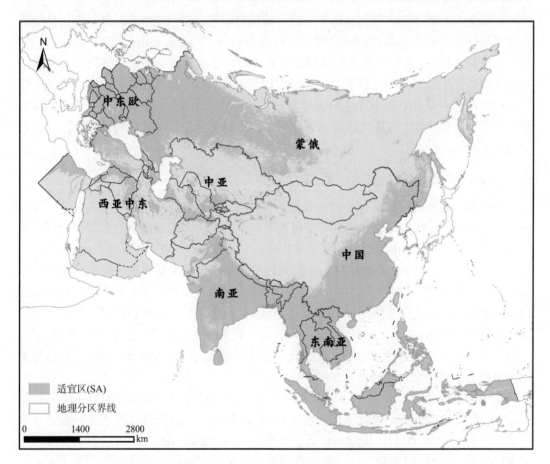

图 8-14　沿线国家和地区人居环境适宜地区（SA）的空间分布

　　具体地，蒙俄、东南亚、中国、南亚与中东欧五个地区中的人居环境适宜地区面积在沿线国家和地区人居环境适宜地区总面积中占到 89.75%，五者分别占 27.00%、20.24%、18.14%、14.60% 与 9.77%。在空间上，人居环境适宜地区在前述地区中集中分布在四大区域，分别是西西伯利亚平原及其以西的广大平原地区（包括东欧平原）、东南亚广大地区、中国广大东部（从东北向西南分别是东北平原、华北平原及整个南方）、南亚地区（除印度沙漠以及喜马拉雅–兴都库什山脉以外）。总体而言，绿色丝绸之路沿线国家和地区的人居环境适宜地区主要分布在全区的东南部与西北部，一是全区东南部的东亚–东南亚–南亚季风区；二是全区西北部的东欧平原–西西伯利亚平原地势低平区。具体而言，集中连片分布在低平地区，包括高纬的东欧平原西西伯利亚平原与低纬度的南亚/东南亚地区。值得注意的是，全区人居环境适宜地区受人居环境不适宜与临界适宜地区阻隔，而使得两大适宜区在空间上出现中断。这也印证了低海拔对应的温带（半）湿润地区以及水热、地被条件是形成人居环境适宜地区的主要因素。

除此之外，人居环境适宜地区在其他区域的分布则相对零散。尽管中国人居环境适宜地区主要分布在东部季风区，但西部地区的河套平原（包括西套、后套与前套三个部分）与塔里木盆地边缘的绿洲也属于人居环境适宜地区。在西亚中东地区，人居环境适宜地区呈带状分布，分布在两河流域（星月地带）、埃及北部（如尼罗河三角洲冲积平原与盖塔拉洼地）、小亚细亚半岛西部以及里海沿岸地区。西亚中东地区的人居环境适宜地区面积在沿线国家和地区人居环境适宜地区总面积中占到 6.62%。中亚地区的人居环境适宜地区主要分布在土库曼斯坦西部（里海沿岸）与南部、乌兹别克斯坦南部与哈萨克斯坦西南部，其人居环境适宜地区面积在沿线国家和地区人居环境适宜地区总面积中占到 3.63%。

1. 人居环境一般适宜地区：占地 1/5，人口近 1/5

沿线国家和地区人居环境一般适宜地区（LSA）占地接近 20%，相应人口占比接近 20%。一般适宜地区是绿色丝绸之路沿线国家和地区人居环境适宜主导类型。全区人居环境一般适宜地区土地面积为 $1009.74 \times 10^4 km^2$，在沿线国家和地区占地约为 19.54%，在整个适宜地区占比约为 45.97%。空间上，主要分布在俄罗斯西部（包括乌拉尔山脉以西的俄罗斯平原与西西伯利亚平原）、中东欧大部、西亚中东（如土耳其）与中国（400mm 等降水量线东西两侧，如图 8-15 所示）。绿色丝绸之路沿线地区一般适宜地区人口数量约为 8.96×10^8 人，约占全区的 19.57%，在整个适宜地区人口总量中占到 21.92%。一般适宜地区人口密度为 $88 \sim 89$ 人/km^2，与绿色丝绸之路沿线国家和地区人口密度平均情况相近，处于全区平均水平。

就中国及其他 6 个地区而言，首先，蒙俄地区人居环境一般适宜地区土地面积最大，为 $495.88 \times 10^4 km^2$。在蒙俄地区占比约为 26.30%，在沿线国家和地区一般适宜地区中占比最大（49.11%）。蒙俄地区人口数量约为 3988.86×10^4 人，占蒙俄地区总人口的 39.92%，在沿线国家和地区一般适宜地区中占到 4.45%。人口密度约为 8 人/km^2，地广人稀。

其次，人居环境一般适宜地区土地面积在中东欧与中国地区也大致相当，分别为 $124.77 \times 10^4 km^2$ 与 $110.13 \times 10^4 km^2$，在中东欧地区与中国地区分别占到 56.17% 与 11.38%，其中一般适宜类型是中东欧人居环境适宜性 7 小类面积最大的一种。在沿线国家和地区一般适宜地区中占比分别为 12.36% 与 10.91%。尽管两个地区一般适宜土地面积规模

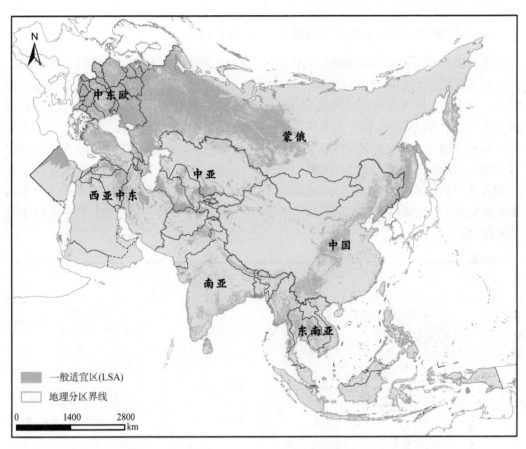

图 8-15　沿线国家和地区人居环境一般适宜地区（LSA）空间分布

大致相当，但其人口承载规模差别很大。在中东欧地区，一般适宜地区人口数量约为 6697.82×10⁴ 人，相应人口密度约为 54 人/km²；在该地区人口数量占比约为 47.71%，在沿线国家和地区一般适宜地区中占比约为 7.48%。在中国地区，一般适宜地区人口数量约为 $1.92×10^8$ 人，相应人口密度约为 175 人/km²；在该地区人口数量占比约为 14.09%，在沿线国家和地区一般适宜地区中占比约为 21.47%。

最后，西亚中东地区、东南亚地区、中亚地区与南亚地区一般适宜地区土地面积介于 55～100×10⁴km²，分别为 95.43×10⁴km²、65.84×10⁴km²、60.48×10⁴km² 与 57.21×10⁴km²。在上述四个地区的土地占比分别为 13.17%、14.59%、14.80% 与 11.27%，在绿色丝绸之路沿线国家和地区一般适宜地区中分别占到 9.45%、6.52%、5.99% 与 5.66%。西亚中东地区、东南亚地区、中亚地区与南亚地区人口数量差异悬殊。四个地区相应人口数量分别约为 $1.39×10^8$ 人、$2.07×10^8$ 人、1598.92×10⁴ 人与 $2.35×10^8$ 人，人口密度分别为 145 人/km²、314 人/km²、26 人/km² 与 411 人/km²。西亚中东地区、东南亚地区、中亚地区与南亚地区人口数量分别在上述各区总人口中占到 34.21%、29.33%、27.85% 与 13.03%，在沿线国家和地区一般适宜地区总人口中分别占到 15.47%、23.09%、1.78% 与 26.26%。

2. 人居环境比较适宜地区：占地超 1/6，人口超 2/5

沿线国家和地区人居环境比较适宜地区（MSA）占地约为 17%，相应人口约占 41%。人居环境比较适宜地区是绿色丝绸之路沿线国家和地区人居环境适宜的次要类型，但其人口最多。全区人居环境比较适宜地区土地面积为 $885.06×10^4km^2$，在沿线国家和地区占地约为 17.13%，在整个人居环境适宜地区土地占比为 40.30%。空间上，主要分布在东南亚地区、南亚地区与中国以及蒙俄地区及中东欧地区（图 8-16）。人居环境比较适宜地区相应人口数量约为 $18.95×10^8$ 人，占到全区的 41.39%，在整个人居环境适宜地区人口占比也是最高，约为 46.36%。人居环境比较适宜地区人口密度较大，约为 214 人/km^2，约为绿色丝绸之路沿线国家和地区人居密度平均值的三倍，属于人口中度密集地区。

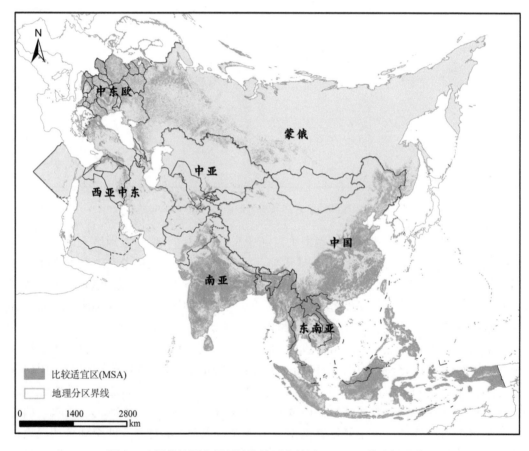

图 8-16　沿线地区人居环境比较适宜地区（MSA）的空间分布

就中国及其他 6 个地区而言，首先，东南亚地区人居环境比较适宜地区土地面积最大，为 $295.60×10^4km^2$。这一类型既在东南亚境内人居环境适宜性 7 个类型中占比最大（65.52%），在沿线国家和地区比较适宜地区中占比也是最大（33.40%）。东南亚地区人口数量约为 2.29×10⁸ 人，占东南亚地区总人口的 32.41%，在沿线国家和地区比较适宜地区中占到 12.06%。人口密度约为 77 人/km²。

其次，人居环境比较适宜地区土地面积在南亚与中国地区也大致相当，分别为 200.26×10⁴km² 与 189.37×10⁴km²，在南亚与中国地区分别占到 39.47% 与 19.57%，其中比较适宜类型是南亚人居环境适宜性 7 小类面积最大的一种。在沿线国家和地区比较适宜地区中占比分别为 22.63% 与 21.40%。尽管两个地区比较适宜土地面积规模大致相当，但其人口承载规模差别很大。在南亚地区，比较适宜地区人口数量约为 9.10×10⁸ 人，相应人口密度约为 455 人/km²；在该地区人口数量占比约为 50.40%，在沿线国家和地区比较适宜地区中占比约为 48.03%。在中国地区，比较适宜地区人口数量约为 5.95×10⁸ 人，相应人口密度约为 314 人/km²；在该地区人口数量占比约为 43.57%，在沿线国家和地区比较适宜地区中占比约为 31.37%。

再次，人居环境比较适宜地区土地面积在蒙俄地区与中东欧地区也大致相当，分别为 78.21×10⁴km² 与 72.19×10⁴km²，在蒙俄地区与中东欧地区分别占到 4.15% 与 32.50%，在沿线国家和地区比较适宜地区中占比分别为 8.84% 与 8.15%。尽管两个地区比较适宜土地面积规模大致相当，但其人口承载规模差别很大。在蒙俄地区，比较适宜地区人口数量约为 1916.96×10⁴ 人，相应人口密度约为 25 人/km²；在该地区人口数量占比约为 19.19%，在沿线国家和地区比较适宜地区中占比约为 1.01%。在中东欧地区，比较适宜地区人口数量约为 5313.69×10⁴ 人，相应人口密度约为 74 人/km²；在该地区人口数量占比约为 37.85%，在沿线国家和地区比较适宜地区中占比约为 2.80%。

最后，人居环境比较适宜地区土地面积在西亚中东与中亚地区也大致相当，分别为 33.74×10⁴km² 与 15.69×10⁴km²，在西亚中东与中亚地区分别占到 4.66% 与 3.84%，在沿线国家和地区比较适宜地区中占比分别为 3.81% 与 1.77%。尽管两个地区比较适宜土地面积规模大致相当，但其人口承载规模差别很大。在西亚中东地区，比较适宜地区人口数量约为 6219.46×10⁴ 人，相应人口密度约为 184 人/km²；在该地区人口数量占比约为 15.35%，在沿线国家和地区比较适宜地区中占比约为 3.28%。在中亚地区，比较适宜地区人口数量约为 2741.73×10⁴ 人，相应人口密度约为 175 人/km²；在该地区人口数量占比约为 47.76%，在沿线国家和地区比较适宜地区中占比约为 1.45%。

3. 人居环境高度适宜地区：占地近 6%，人口占比近 3/10

沿线国家和地区人居环境高度适宜地区（HSA）占地约为 6%，相应人口约占 28%。全区人居环境高度适宜地区土地面积为 301.65×10⁴km²，在沿线国家和地区占地仅为 5.84%，在整个人居环境适宜地区占到 13.73%。空间上，主要分布在中国东部低平地区（如长江中下游平原）、东南亚低平地区（湄公河三角洲平原、红河平原、泰国东北部等）、南亚低平地区（恒河平原及恒河三角洲等）、尼罗河三角洲等（图 8-17）。沿线国家和地区高度适宜地区人口约为 12.97×10⁸ 人，约占全区的 28.32%，在整个人居环境适宜地区人口占比约为 31.72%。人居环境高度适宜地区人口平均密度最大，达到 430 人/km²，约为绿色丝绸之路沿线国家和地区人口密度平均值的四倍多，属于人口高度密集地区。

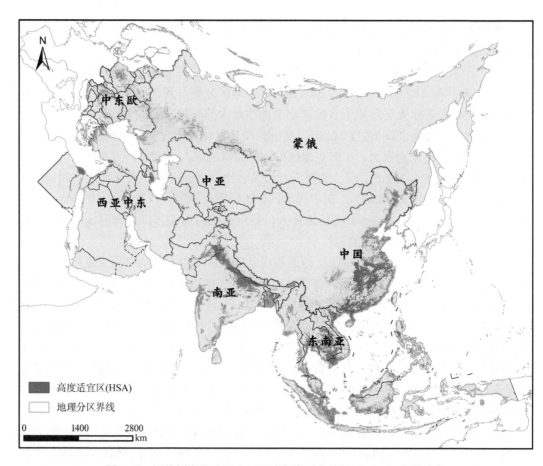

图 8-17　沿线国家和地区人居环境高度适宜地区（HSA）空间分布

就中国及其他 6 个地区而言，首先，中国地区人居环境高度适宜地区土地面积最大，为 $99.02×10^4km^2$。这一类型在中国境内人居环境适宜性 7 个类型中占比约为 10.23%，但在沿线国家和地区高度适宜地区中占比最大（32.83%）。中国高度适宜地区人口数量约为 $4.90×10^8$ 人，占中国总人口的 35.90%，在沿线国家和地区高度适宜地区中占到 37.78%。人口密度约为 495 人/km^2，远高出人居环境高度适宜地区人口密度平均水平。

其次，东南亚地区人居环境高度适宜地区土地面积居第二位，为 $83.05×10^4km^2$，在该区占比约为 18.41%，在沿线国家和地区高度适宜地区中占比约为 27.53%。东南亚高度适宜地区人口数量约为 $2.45×10^8$ 人，占到东南亚总人口的 34.78%，在沿线国家和地区高度适宜地区中占到 18.92%。人口密度约为 295 人/km^2。

再次，南亚地区人居环境高度适宜地区土地面积为 $63.24×10^4km^2$，在该区占比约为 12.46%，在沿线国家和地区高度适宜地区中占比约为 20.96%。南亚高度适宜地区人口数量约为 $4.63×10^8$ 人，占到南亚地区总人口的 25.64%，在沿线国家和地区高度适宜地区中占到 35.72%。人口密度约为 732 人/km^2，是所有地区的人口密度最大值。

　　最后，蒙俄、中东欧与西亚中东地区人居环境高度适宜地区土地面积分别为 $19.06 \times 10^4 km^2$、$17.63 \times 10^4 km^2$ 与 $16.17 \times 10^4 km^2$，分别在三个地区中占到 1.01%、7.94% 与 2.23%，而在沿线国家和地区高度适宜地区中占比分别为 6.32%、5.85% 与 5.36%。尽管蒙俄、中东欧与西亚中东地区人居环境高度适宜地区土地面积规模大致相当，但其人口数量存在明显差异。蒙俄地区、中东欧地区与西亚中东地区相应人口数量分别为 678.34×10^4 人、1897.33×10^4 人与 7068.66×10^4 人，在三个地区总人口中分别占到 6.79%、13.52% 与 17.45%，而在沿线国家和地区高度适宜地区总人口中占比均在 6% 以下。蒙俄、中东欧与西亚中东地区的人口密度分别约为 36 人/km^2、108 人/km^2 与 437 人/km^2。

　　基于人居环境指数的绿色丝绸之路沿线国家和地区人居环境适宜评价结果见表 8-9。

表 8-9　基于人居环境指数的沿线国家和地区人居环境适宜性评价结果

人居环境适宜性分区评价		总量	一般适宜区	比较适宜区	高度适宜区	代表性区域
中亚地区 （CA）	面积/$10^4 km^2$	79.65	60.48	15.69	3.48	土库曼斯坦等
	面积比例/%	3.63	5.99	1.77	1.15	
	人口数量/10^4 人	4525.46	1598.92	2741.73	184.82	
	人口数量比例/%	1.11	1.78	1.45	0.14	
中东欧地区 （CCE）	面积/$10^4 km^2$	214.58	124.77	72.19	17.63	除山区以外的大部分地区
	面积比例/%	9.77	12.36	8.15	5.85	
	人口数量/10^4 人	13908.85	6697.82	5313.69	1897.33	
	人口数量比例/%	3.40	7.48	2.80	1.46	
中国	面积/$10^4 km^2$	398.53	110.13	189.37	99.02	400mm 等降水量线以东广大地区以及新疆自治区的绿洲
	面积比例/%	18.14	10.91	21.40	32.83	
	人口数量/10^4 人	127670.67	19232.34	59455.26	48983.07	
	人口数量比例/%	31.23	21.47	31.37	37.78	
蒙俄地区 （MR）	面积/$10^4 km^2$	593.16	495.88	78.21	19.06	俄罗斯西伯利亚平原及其西部平原等
	面积比例/%	27.00	49.11	8.84	6.32	
	人口数量/10^4 人	6584.16	3988.86	1916.96	678.34	
	人口数量比例/%	1.61	4.45	1.01	0.52	
南亚地区 （SA）	面积/$10^4 km^2$	320.70	57.21	200.26	63.24	恒河平原及其三角洲平原以及印度大部分地区
	面积比例/%	14.60	5.66	22.63	20.96	
	人口数量/10^4 人	160871.39	23528.72	91033.29	46309.38	
	人口数量比例/%	39.35	26.26	48.03	35.72	
东南亚地区 （SEA）	面积/$10^4 km^2$	444.48	65.84	295.60	83.05	东南亚大部分地区
	面积比例/%	20.24	6.52	33.40	27.53	
	人口数量/10^4 人	68081.66	20689.62	22862.74	24529.30	
	人口数量比例/%	16.66	23.09	12.06	18.92	

续表

人居环境适宜性分区评价		总量	一般适宜区	比较适宜区	高度适宜区	代表性区域
西亚中东地区（WA&ME）	面积/10^4km^2	145.34	95.43	33.74	16.17	尼罗河以及两河流域冲积平原等
	面积比例/%	6.62	9.45	3.81	5.36	
	人口数量/10^4人	27149.16	13861.04	6219.46	7068.66	
	人口数量比例/%	6.64	15.47	3.28	5.45	
沿线国家和地区	面积/10^4km^2	2196.45	1009.74	885.06	301.65	中国、东南亚、南亚与俄罗斯西部等
	面积比例/%	42.51	19.54	17.13	5.84	
	人口数量/10^4人	408791.36	89597.32	189543.14	129650.51	
	人口数量比例/%	89.28	19.57	41.39	28.32	

8.4 小结

基于绿色丝绸之路沿线国家和地区人居环境指数（平均值）及其地形、气候、水文、地被不适宜、临界适宜与适宜地区叠加分析，分别以 35 与 44（人居环境指数平均值）作为划分人居环境不适宜地区与临界适宜地区、临界适宜地区与适宜地区的特征阈值。绿色丝绸之路沿线国家和地区永久不适宜地区、条件不适宜地区、限制性临界地区、适宜性临界地区、一般适宜地区、比较适宜地区与高度适宜地区相应人居环境指数平均值分别为 22、26、39、41、50、61 与 71。

绿色丝绸之路沿线国家和地区人居环境适宜地区、临界适宜地区与不适宜地区土地面积之比约为 21∶36∶43，相应人口总量之比约为 2∶9∶89。

人居环境适宜地区土地面积约为 2196.45×10^4km^2，含一般适宜地区 1009.74×10^4km^2、比较适宜地区 885.06×10^4km^2、高度适宜地区 301.65×10^4km^2。人居环境适宜地区相应人口数量约为 40.88×10^8人，其中一般适宜地区、比较适宜地区与高度适宜地区相应人口数量分别为 8.96×10^8人、18.95×10^8人与 12.97×10^8人。人居环境一般适宜地区、比较适宜地区与高度适宜地区相应人口密度分别约为 89 人/km^2、214 人/km^2、430 人/km^2。其中，人居环境适宜地区人口密度约为 186 人/km^2。比较适宜地区与高度适宜地区是绿色丝绸之路沿线国家和地区人口最密集分布的地区。

就沿线 7 个国家和地区而言，蒙俄地区人居环境一般适宜地区土地面积最大（495.88×10^4km^2），其次为中东欧地区（124.77×10^4km^2）与中国（110.13×10^4km^2），南亚地区一般适宜地区土地面积最小（57.21×10^4km^2）。就人口而言，南亚地区一般适宜地区人口数量反而最大（约 2.35×10^8人），其次为东南亚地区（约 2.07×10^8人）与中国（约 1.92×10^8人），中亚地区人口数量最少（约 1598.92×10^4人）。此外，东南亚地区人居环境比较适宜地区土地面积最大（295.60×10^4km^2），其次为南亚地区（200.26×10^4km^2）与中国（189.37×10^4km^2），中亚地区比较适宜地区土地面积最小（15.69×10^4km^2）。就人口而言，南亚地区比较适宜地区人口数量最大（约 9.10×10^8人），其次为中国（约 5.95×10^8人）与东南亚地区（约 2.29×10^8 人），蒙俄地区人口数量最少（约 1916.96×10^4 人）。最后，中国人居环境高度适宜地区土地面积最大（99.02×10^{4}km^2），其次为东南亚地区（83.05×10^{4}km^2）与南亚地区（63.24×10^{4}km^2），中亚地区高度适宜地区土地面积最小（3.48×10^{4}km^2）。就人口而言，中国高度适宜地区人口数量最大（约 4.90×10^8 人），其次为南亚（约 4.63×10^8 人）与东南亚地区（约 2.45×10^8 人），中亚地区人口数量最少（约 184.82×10^4 人）。

人居环境临界适宜地区土地面积约为 1874.09×10^{4}km^2，含限制性临界地区819.02×10^{4}km^2、适宜性临界地区 1055.07×10^{4}km^2。人居环境临界适宜地区人口数量约为4.04×10^8 人，其中限制性临界地区人口约为 1.25×10^8 人、适宜性临界适宜地区人口约为2.79×10^8 人。人居环境临界适宜地区、限制性临界地区与适宜性临界地区相应人口密度分别约为 22 人/km^2、15 人/km^2、27 人/km^2。

就沿线 7 个国家和地区而言，蒙俄地区人居环境限制性临界地区土地面积最大（334.52×10^{4}km^2），其次为西亚中东地区（226.81×10^{4}km^2）与中亚地区（114.57×10^{4}km^2），中东欧地区限制性临界地区土地面积最小（0.74×10^{4}km^2）。就人口而言，南亚地区限制性临界地区人口数量最大（5894.77×10^4 人），其次为西亚中东地区（3977.22×10^4 人）与中国（1432.87×10^4 人），中东欧地区人口数量最少（约 15.78×10^4 人）。此外，蒙俄地区人居环境适宜性临界地区土地面积最大（633.32×10^{4}km^2），其次为西亚中东地区（154.41×10^{4}km^2）与中亚地区（140.62×10^{4}km^2），东南亚地区适宜性临界地区土地面积最小（1.14×10^{4}km^2）。就人口而言，南亚地区适宜性临界地区人口数量最大（约 1.20×10^8 人），其次为西亚中东地区（6087.10×10^4 人）与中国（5032.70×10^4 人），中东欧地区人口数量最少（约 111.29×10^4 人）。

人居环境不适宜地区土地面积约为 1096.55×10^{4}km^2，含永久不适宜地区 576.13×10^{4}km^2、条件不适宜地区 520.42×10^{4}km^2。人居环境不适宜地区人口数量约为8718.42×10^{4}人，其中永久不适宜地区人口约为2382.41×10^4 人、条件不适宜地区人口约为6336.01×10^{4}人。人居环境不适宜地区、永久不适宜地区与条件不适宜地区相应人口密度分别约为 8人/km^2、4 人/km^2、12 人/km^2。

就沿线 7 个国家和地区而言，中国人居环境永久不适宜地区土地面积最大（248.07×10^{4}km^2），其次为西亚中东地区（141.40×10^{4}km^2）与蒙俄地区（124.57×10^{4}km^2），中东欧地区永久不适宜地区土地面积最小（0.14×10^{4}km^2）。就人口而言，西亚中东地区永久不适宜地区人口数量最大（1315.73×10^4 人），其次为南亚（421.95×10^4 人）与东南亚（314.44×10^4 人），中东欧地区人口数量最少（约 0.10×10^4 人）。此外，蒙俄地区人居环境条件不适宜地区土地面积最大（199.89×10^{4}km^2），其次为中国（169.83×10^{4}km^2）与中亚地区（57.17× 10^{4}km^2），中东欧地区条件不适宜地区土地面积最小（0.95×10^{4}km^2）。就人口而言，中国条件不适宜地区人口数量最大（2037.89×10^4 人），其次为西亚中东地区（1987.08×10^4 人）与南亚（1482.56×10^4 人），中东欧地区人口数量最少（约 2.54×10^4 人）。

参考文献

保继刚, 楚义芳. 2012. 旅游地理学. 北京: 高等教育出版社.

柏中强, 王卷乐, 杨飞. 2013. 人口数据空间化研究综述. 地理科学进展, 32(11): 1692~1702.

陈彦光, 周一星. 2005. 城市化 Logistic 过程的阶段划分及其空间解释——对 Northam 曲线的修正与发展. 经济地理, 25(6): 817~822.

程维明, 周成虎, 柴慧霞, 等. 2009. 中国陆地地貌基本形态类型定量提取与分析. 地球信息科学学报, 11(6): 725~736.

程维明, 周成虎, 申元村, 等. 2017. 中国近 40 年来地貌学研究的回顾与展望. 地理学报, 72(5): 755~775.

党安荣. 1990. 人口密度分级的一般原则与定量标准的探讨. 地理科学, 10(3): 264~270.

方创琳, 刘晓丽, 蔺雪芹. 2008. 中国城市化发展阶段的修正及规律性分析. 干旱区地理, 31(4): 512~523.

封志明. 2004. 资源科学导论. 北京: 科学出版社.

封志明, 李鹏. 2018. 承载力概念的源起与发展: 基于资源环境视角的讨论. 自然资源学报, 33(9): 1475~1489.

封志明, 李文君, 李鹏, 等. 2020. 青藏高原地形起伏度及其地理意义. 地理学报, 75(7): 1359~1372.

封志明, 唐焰, 杨艳昭, 等. 2007. 中国地形起伏度及其与人口分布的相关性. 地理学报, 62(10): 1073~1082.

封志明, 唐焰, 杨艳昭, 等. 2008. 基于 GIS 的中国人居环境指数模型的建立与应用. 地理学报, 63(12): 1327~1336.

封志明, 杨艳昭, 闫慧敏, 等. 2017. 百年来的资源环境承载力研究: 从理论到实践. 资源科学, 39(3): 379~395.

封志明, 张丹, 杨艳昭. 2011. 中国分县地形起伏度及其与人口分布和经济发展的相关性. 吉林大学社会科学学报, 51(1): 146~151.

葛美玲, 封志明. 2009. 中国人口分布的密度分级与重心曲线特征分析. 地理学报, 64(2): 202~210.

韩嘉福, 李洪省, 张忠. 2009. 基于 Lorenz 曲线的人口密度地图分级方法. 地球信息科学学报, 11(6): 833~838.

胡祖光. 2004. 基尼系数理论最佳值及其简易计算公式研究. 经济研究, 39(9): 60~69.

李炳元, 潘保田, 程维明, 等. 2013. 中国地貌区划新论. 地理学报, 68(3): 291~306.

李鹏, 祁月基, 封志明, 等. 2021. 地缘合作下柬老越发展三角区农进林退动态特征. 资源科学, 43(12): 2416~2427.

李秋, 仲桂清. 2005. 环渤海地区旅游气候资源评价. 干旱区资源与环境, 19(2): 149~153.

刘睿文, 封志明, 杨艳昭, 等. 2010. 基于人口集聚度的中国人口集疏格局. 地理科学进展, 29(10): 1171~1177.

刘卫东. 2015. "一带一路"战略的科学内涵与科学问题. 地理科学进展, 34(5): 538~544.

陆钢. 2018. "一带一路"地理空间认知与地理信息系统的大数据支持. 当代世界, (2): 69~72.

斯皮里顿诺夫. 1956. 地貌制图学. 北京: 地质出版社.

唐焰, 封志明, 杨艳昭. 2008. 基于栅格尺度的中国人居环境气候适宜性评价. 资源科学, 30(5): 648~653.

王远飞, 沈愈. 1998. 上海市夏季温湿效应与人体舒适度. 华东师范大学学报(自然科学版), (3): 60~66.

吴良镛. 2001. 人居环境科学导论. 北京: 中国建筑工业出版社.

吴绍洪, 刘路路, 刘燕华, 等. 2018. "一带一路"陆域地理格局与环境变化风险. 地理学报, 73(7): 1214~1225.

熊鹰, 曾光明, 董力三, 等. 2007. 城市人居环境与经济协调发展不确定性定量评价——以长沙市为例. 地理学报, 62(4): 397~406.

姚檀栋, 陈发虎, 崔鹏, 等. 2017. 从青藏高原到第三极和泛第三极. 中国科学院院刊, 32(9): 924~931.

中国人口分布适宜度研究课题组. 2014. 中国人口分布适宜度报告. 北京: 科学出版社.

周自翔, 李晶, 任志远. 2012. 基于 GIS 的关中–天水经济区地形起伏度与人口分布研究. 地理科学, 32(8): 951~957.

Barradas V L. 1991. Air temperature and humidity and human comfort index of some city parks of Mexico City. International Journal of Biometeorology, 35(1): 24~28.

Deosthali V. 1999. Assessment of impact of urbanization on climate: An application of bio-climatic index. Atmospheric Environment, 33(24): 4125~4133.

Dobson J E, Bright E A, Coleman P R, et al. 2000. LandScan: a global population database for estimating populations at risk. Photogrammetric Engineering and Remote Sensing, 66(7): 849~857.

Doxiadis C A. 1970. Ekistics, the science of human settlements. Science, 170(3956): 393~404.

Emmanuel R. 2005. Thermal comfort implications of urbanization in a warm-humid city: the Colombo Metropolitan Region (CMR), Sri Lanka. Building and Environment, 40(12): 1591~1601.

Esch T, Heldens W, Hirner A, et al. 2017. Breaking new ground in mapping human settlements from space-The Global Urban Footprint. ISPRS Journal of Photogrammetry and Remote Sensing, 134: 30~42.

Jenerette G D, Harlan S L, Brazel A, et al. 2007. Regional relationships between surface temperature, vegetation, and human settlement in a rapidly urbanizing ecosystem. Landscape Ecology, 22(3): 353~365.

Karger D N, Conrad O, Böhner J, et al. 2017. Climatologies at high resolution for the earth's land surface areas. Scientific Data, 4(1): 170122.

Matzarakis A, Mayer H. 1991. The extreme heat wave in Athens in July 1987 from the point of view of human biometeorology. Atmospheric Environment. Part B. Urban Atmosphere, 25(2): 203~211.

McBean G, Ajibade I. 2009. Climate change, related hazards and human settlements. Current Opinion in Environmental Sustainability, 1(2): 179~186.

Niu W, Harris W M. 1996. China: The Forecast of its Environmental Situation in the 21st Century. Journal of Environmental Management, 47(2): 101~114.

Northam R. 1979. Urban Geography. New York: John Wiley & Sons.

Oliver J E. 1973. Climate and Man's Environment: An Introduction to Applied Climatology//. New Jersey, USA: John Wiley.

Tachikawa T, Hato M, Kaku M, et al. 2011. Characteristics of ASTER GDEM version 2. 2011 IEEE International Geoscience and Remote Sensing Symposium (IGARSS): 3657~3660.

Vaneckova P, Neville G, Tippett V, et al. 2011. Do Biometeorological Indices Improve Modeling Outcomes of Heat-Related Mortality? Journal of Applied Meteorology and Climatology, 50(6): 1165~1176.

Xiao C, Feng Z, Li P, et al. 2018. Evaluating the suitability of different terrains for sustaining human settlements according to the local elevation range in China using the ASTER GDEM. Journal of Mountain Science, 15(12): 2741~2751.